实用化工产品配方与制备
（九）

李东光　主编

中国纺织出版社

内 容 提 要

本书收集了与国民经济和人民生活密切相关的、具有代表性的实用化学品以及一些具有非常良好发展前景的新型化学品,内容涉及保温涂料、建筑胶黏剂、金属清洗剂、除锈防锈剂、生物柴油、饲料添加剂、脱漆剂、除臭剂、抛光剂、皮革助剂等方面,以满足不同领域和层面使用者的需要。本书可作为有关新产品开发人员的参考读物。

图书在版编目(CIP)数据

实用化工产品配方与制备. 9/李东光主编. —北京:中国纺织出版社,2013.8
ISBN 978-7-5064-9932-3

Ⅰ.①实… Ⅱ.①李… Ⅲ.①化工产品—配方②化工产品—制备 Ⅳ.①TQ062②TQ072

中国版本图书馆 CIP 数据核字(2013)第 175992 号

策划编辑:朱萍萍 范雨昕 责任编辑:张晓蕾
责任校对:王花妮 责任设计:何 建 责任印制:何 艳
中国纺织出版社出版发行
地址:北京市朝阳区百子湾东里 A407 号楼 邮政编码:100124
邮购电话:010—67004461 传真:010—87155801
http://www.c-textilep.com
E-mail:faxing@c-textilep.com
北京通天印刷有限公司印刷 各地新华书店经销
2013 年 8 月第 1 版第 1 次印刷
开本:880×1230 1/32 印张:11
字数:242 千字 定价:40.00 元

前言

随着我国经济的高速发展,化学品与社会生活和生产的关系越来越密切。化学工业的发展在新技术的带动下形成了许多新的认识。人们对化学工业的认识更加全面、成熟,期待化学工业在高新技术的带动下加速发展,为人类进一步谋福。目前化学品的门类繁多,涉及面广,品种数不胜数。随着与其他行业和领域的交叉与逐步深入,化工产品不仅涉及与国计民生相关的工业、农业、商业、交通运输、医疗卫生、国防军事等各个领域,而且与人们的衣、食、住、行等日常生活的各个方面都息息相关。

目前我国化工领域已开发出不少工艺简单、实用性强、应用面广的新产品、新技术,不仅促进了化学工业的发展,而且提高了经济效益和社会效益。随着生产的发展和人民生活水平的提高,对化工产品的数量、质量和品种提出了更高的要求,加上发展实用化工投资少、见效快,使国内许多化工企业都在努力寻找和发展化工新产品、新技术。

为了满足读者的需要,我们在中国纺织出版社的组织下编写了这套"实用化工产品配方与制备"丛书,书中着重收集了与国民经济和人民生活高度相关的、具有代表性的化学品以及一些具有非常良好发展前景的新型化学品,并兼顾各个领域和层面使用者的需要。与以往出版的同类书相比,本套丛书有如下特点,一是注重实用性,在每个产品中着重介绍配方、制作方法和特性,使读者据此试验时,能够掌握方法和产品的应用特性;二是所收录的配方大部分是批量小、投资小、能耗低、生产工艺简单,有些是通过混配即可制得的产品;三是注重配方的新颖性;四是所收录配方的原材料立足于国内。因此,本书尤其适合于中小型企业、乡镇企业及个体生产者开发新产品时选用。

本书的配方是按产品的用途进行分类的,读者可据此查找所需的配方。由于每个配方都有一定的合成条件和应用范围限制,所以在产品的制备过程中影响因素很多,尤其是需要温度、压力、时间控制的反应性产品(即非物理混合的产品),每个条件都很关键。另外,本书的编写参考了大量的有关资料和专利文献,编者没有也不可能对每个配方进行逐一验证,所以读者在参考本书进行试验时,应本着先小试后中试再放大的原则,小试产品合格后才能进行下一步,以免造成不必要的损失。特别是对于食品及饲料添加剂等产品,还应符合国家规定的产品质量标准和卫生标准。

本书参考了近年来出版的书籍、各种化学化工期刊以及部分国内外专利资料等,在此谨向所有参考文献的作者表示衷心感谢。

本书由李东光主编,参加本书编写工作的还有翟怀凤、李桂芝、吴宪民、吴慧芳、蒋永波、邢胜利、李嘉等。由于编者水平有限,书中难免有疏漏之处,请读者在应用中发现问题及不足之处及时予以批评指正。

编者
2012 年 12 月

目录

第一章　保温涂料

第二章　建筑胶黏剂

第三章　金属清洗剂

第四章　除锈防锈剂

第五章　生物柴油

第六章　饲料添加剂

第七章 脱漆剂

第八章 除臭剂

第九章　抛光剂

第十章　皮革助剂

第一章　保温涂料

实例1　隔热保温涂料(1)

【原料配比】

原料	配比(质量份)		
	1#	2#	3#
珍珠岩	37.5	20	25
石棉绒	25	18	17
耐高温胶黏剂(铁锚牌204胶黏剂即JF-1胶)	1	7	6
海泡石	2	10	8
玻璃微珠	1.55	3	3
硅酸铝	18.75	17	15
硅藻土	4	7	7
渗透剂T	2	6.5	8
漂珠	4.2	8	7
聚乙烯醇缩甲醛水溶液	4	3.5	4

【制备方法】　将聚乙烯醇缩甲醛水溶液、耐高温胶黏剂同时投入蒸馏釜中搅拌均匀。将石棉绒、硅酸铝同时投入烘干箱中进行加热烘干,温度控制在100~150℃;将加热烘干后的石棉绒、硅酸铝即时投入双向搅拌机中进行双向搅拌,而后再将聚乙烯醇缩甲醛水溶液、耐高温胶黏剂的混合液一次投入搅拌机中,先低速(250~400r/min)搅拌3min,再高速(1000~1300r/min)搅拌至均匀为止;最后将珍珠岩、海泡石、硅藻土、渗透剂T、玻璃微珠、漂珠依次分别加入搅拌机中搅拌至均匀为止。

【产品应用】　本品可涂覆于化工、冶金、建筑、石油等介质,温度

为 -40 ~ 700℃任何形状、尺寸的设备的保温;在使用时,先用适量的自来水浸泡 1 ~ 2h,并搅拌均匀,用直涂法施工即可。

【产品特性】

(1)生产工艺简单,操作方便,制作不受季节的限制,且不污染,成品率可达 100%。

(2)导热系数小,保温隔热性能好,并且具有防水性能,因而用量明显减少,所需保温厚度为传统保温材料的 1/5 ~ 1/3,涂层的减薄还易于探伤,可准确地发现保温层内设备故障的位置。

(3)便于包装、储运,湿制品为双层密闭包装,保存期短,仅为 3 个月,而干粉制品只需单层包装,使包装费用降低 30%,并减少了一道包装工序,保存期长,保存期是湿制品的 4 倍以上。

(4)适用面广,易于施工,安全可靠,工程造价低。

实例2　隔热保温涂料(2)

【原料配比】

原　　料	配比(质量份)	
	1#	2#
乳液	23	22
钛白粉	12	11
重钙	13	12
硅灰石	12	14
高岭土	13	12
分散剂	0.7	0.8
润湿剂	0.2	0.3
纤维素	0.2	0.1
流平剂	0.2	0.3
增稠剂	0.7	0.6
pH 值调节剂	0.2	0.1
盈速粒	20	22
水	15	20

【制备方法】

（1）先将乳液、钛白粉、重钙、硅灰石、高岭土、分散剂、润湿剂、纤维素、流平剂、增稠剂、pH 值调节剂、水按照质量份配制好后，搅拌均匀，最后再按照质量份加入盈速粒搅拌均匀。

（2）使用方法：将上述原料按照质量份配制好后，搅拌均匀，用现有操作方法涂覆在建筑物的外墙上，一般需涂覆两次。

【产品应用】 本品主要用于建筑物的外墙涂料，具有美化和保护建筑物外墙的作用，也有隔热功能。

【产品特性】 本品隔热保温涂料由于采用的外护层盈速粒，具有反射隔热的作用。本品具有隔热保温性能好、施工方便、施工周期短、外观美观、坚固等优点。

实例3 隔热保温涂料（3）

【原料配比】

原　　料	配比（质量份）		
	1#	2#	3#
去离子水	15	12	18.4
润湿分散剂	0.3	0.5	0.5
丙二醇	0.5	0.5	0.5
杀菌剂	0.1	0.1	0.1
中空玻璃微珠（密度为 0.1～0.3g/mL，粒径为 10～50μm）	12	10	2
针状董青石粉（粒径为 600～800 目）	3	2	10
滑石粉	5	3	3
钛白粉	8	10	10
消泡剂	0.1	0.1	0.1
改性丙烯酸乳液	30	35	28.6
增稠剂	0.2	0.2	0.2
流平剂	0.2	0.2	0.2
pH 值调节剂	0.4	0.5	0.5

【制备方法】　首先在容器中按配方量先加入去离子水、润湿分散剂、丙二醇、杀菌剂、针状堇青石粉、钛白粉、滑石粉和 112 的消泡剂，高速搅拌混合均匀后移入砂磨机研磨至细度小于 50μm，随后再依次加入改性丙烯酸乳液、剩余消泡剂、增稠剂、流平剂并用 pH 调节剂调整 pH 值至 8～9，最后在慢速搅拌下加入中空玻璃微珠，搅拌均匀后，包装即得隔热保温涂料。

【注意事项】　所述改性丙烯酸乳液是采用无皂乳液聚合法制得的以甲基丙烯酸三氟乙酯改性的弹性丙烯酸乳液，该乳液具有核壳结构，其玻璃化转变温度为 –40～–20℃，最低成膜温度为 0～1℃，氟硅分布在乳液粒子的表层。

所述改性丙烯酸乳液核/壳单体质量比为 1:（1～3）。

形成所述壳层聚合物的单体总量中，以质量分数计，氟单体含量占 3%～15%，硅单体含量占 3%～10%。

【产品应用】　本品主要应用于外墙保温。

【产品特性】

（1）本涂料采用适量的具有核壳结构、以氟硅单体改性的弹性丙烯酸乳液（氟硅分布在乳液粒子的表层）代替普通的弹性丙烯酸乳液，由于所采用的具有核壳结构的乳液，其玻璃化转变温度为 –40～–20℃，最低成膜温度为 0～1℃，且氟硅分布在乳液粒子的表层，大大提高了涂膜的物理性能和耐气候性，同时由于氟硅单体的疏水性，赋予涂膜良好弹性的同时，还使其具有较好的耐沾污性。

（2）本涂料采用的改性丙烯酸乳液是采用无皂乳液聚合法制得的，不含常规低分子游离型乳化剂，增加了涂膜的耐水性，涂膜中不会发生低分子乳化剂迁移现象，不会污染环境。

（3）本品采用适量中空玻璃微珠为隔热材料，其中空结构使其具有极低的导热系数，高效绝热，同时还能把入射的太阳光反射和散射出去，保证涂膜具有高效的隔热功能。

（4）本涂料添加了适量针状堇青石粉，其可以将未反射或未散射出去的热能，以红外辐射的方式高效发射到周围环境中，从而达到降低所形成的饰面层温度的目的，而且由于具有针状结构，使其与乳液粒子结合得更紧,提高了涂膜的机械性能。

(5)由于本涂料添加的针状堇青石粉和中空玻璃微珠可以降低涂料中隔热材料的用量,因此,施工时,涂覆较薄的饰面层,就可达到隔热保温效果,既降低了施工成本,又能确保饰面层的稳定性。

(6)本涂料由于选择了恰当的乳液,添加了适量针状堇青石粉、中空玻璃微珠并与恰当的其他各组分匹配,因此,可以产生很好的协同作用,当在建筑物外墙外保温体系中用作饰面层涂料时,不仅使得饰面层本身具有优异的耐水性、耐沾污性、耐久性和隔热保温性能,而且还能有效防止饰面层下层的聚苯板保温层因环境温差剧烈变化产生开裂、脱落等现象,大大提高了外墙保温体系的使用寿命。

实例4　隔热保温涂料(4)

【原料配比】

原　　料	配比（质量份）					
	1#	2#	3#	4#	5#	6#
成膜助剂酯醇-12	2	3.5	4	2.5	3	3.2
pH值调节剂市售氨水（浓度为28%）	—	1	1.5	0.2	0.8	1.2
苯丙乳液	75	90	100	80	85	95
硅溶胶（呈碱性且固含量为25%~30%）		15	25	5	10	20
粉煤灰（粒径为80~200目）	105	140	165	120	130	150
滑石粉	25	28	30	26	27	29
立德粉	25	28	30	26	27	29
消泡剂四甲氧基硅烷	0.2	0.3	0.4	0.26	0.32	0.36
流平剂丙烯酸树脂	0.8	0.9	1	0.8	0.9	1

【制备方法】

(1)首先,在搅拌下将pH值调节剂、成膜助剂加入到苯丙乳液中,待搅拌均匀后将硅溶胶加入其中得混合乳液。

（2）其次，将处理过筛火电厂废弃物、滑石粉和立德粉预混合均匀，即得混合颜填料，然后向步骤（1）的混合乳液中加入1/2的消泡剂和流平剂混合均匀，再加入混合均匀的混合颜填料以1000～1500r/min的搅拌速率机械分散混合60～120min搅拌均匀。

（3）最后，向步骤（2）的混合物中加入剩余的消泡剂以800～1000r/min的搅拌速率机械分散混合10～30min后得到可替代水泥砂浆的隔热保温涂料。

【注意事项】 所述苯丙乳液为有机硅单体接枝改性的苯乙烯—丙烯酸酯共聚乳液，其固含量为47%～49%。具有优良的耐水性、耐气候性、抗沾污性、抗墙面泛碱性以及附着力。

【产品应用】 本品主要用作隔热保温涂料。

【产品特性】 本品通过简单机械分散法将原料混合而成。一方面，增加废物利用率，减少环境污染，降低涂料原料成本；另一方面，减少建筑装饰工序，降低建筑自重；此外，还可以有效降低建筑使用过程中的空调制冷取暖能耗。

本品涂料不仅性能稳定、易施工、漆膜性能优异，而且具有良好的隔热保温性能，符合 GB 18582—2008 环保要求。本品涂料可作为建筑底漆直接抹在水泥墙体上，也可替代水泥砂浆直接抹在砖墙体上减少建筑装饰工序和降低建筑自重。

实例5 薄质保温隔热内墙涂料

【原料配比】

原　　料		配比（质量份）	
		1#	2#
金红石型钛白粉		10	3
锐钛型钛白粉		—	8
填料	硅灰石（粒径为1250目）	—	14
	重质碳酸钙（粒径为700目）	8	—
	石英粉（粒径为800目）	6	—

续表

原 料		配比（质量份）	
		1#	2#
苯丙弹性乳液 Acronal Flex SC138		30	34
硼硅酸盐空心微珠 K1		9	—
硼硅酸盐空心微珠 QH－500		—	12
水性纳米抗污剂 NZW－I		2	1
增稠剂	Acrysol™TT－935	1.0	
	Natrosol Plus330	—	0.3
流变剂 Acrysol™RM－2020NPR		0.6	0.3
润湿剂	Triton X－405	0.2	—
	Triton CF－10		0.2
分散剂	GA－40	0.7	
	A－40		0.7
防霉杀菌剂	TM－8	0.4	—
	2,4,5,6－四氯间苯二腈	—	0.4
消泡剂	NXZ	0.4	—
	CF－246	—	0.4
pH 值调节剂 2－氨基－2－甲基－1－丙醇		0.15	0.15
成膜助剂 2,2,4－三甲基－1,3－戊二醇单异丁酸酯		1.5	1.6
防冻剂	丙三醇	2.5	1.0
	丙二醇	—	1.5
水		27.55	21.15

【制备方法】

(1)预混合:按上述配方量,将占总水量的 70% ~80% 的水加入分散缸中,然后将润湿剂、分散剂、1/2 的消泡剂、防霉杀菌剂、增稠剂、pH 值调节剂加入水中,以 300 ~500r/min 的搅拌速率低速搅拌 10 ~15min,形成均匀溶液。

(2)分散研磨:按配方量将钛白粉和填料加入到上述均匀溶液中,以 1200 ~1500r/min 的搅拌速率高速分散 15 ~20min,制成均匀浆料。

(3)调漆:在调漆缸中,按配方量加入上述浆料、苯丙乳液、成膜助剂、防冻剂、流变剂和水性纳米抗污剂,搅拌均匀,然后将硼硅酸盐空心微珠等分为 2 ~3 份,分 2 ~3 次加入,每次以 200 ~300r/min 的搅拌速率低速搅拌均匀后再加余下的硼硅酸盐空心微珠,最后加余下的消泡剂和水,搅拌均匀。

(4)包装。

【产品应用】 本品适用于建筑物内墙、顶棚等部位涂装。

【产品特性】

(1)整体装饰效果好:涂料为白色,也可以依需要调成各种颜色;漆膜没有接缝,无须其他饰面层。

(2)本产品导热系数低(0.04 ~0.08W/m·K),居室温度冬季可提高 5 ~8℃,夏季可降低 3 ~5℃。由于保温隔热性能好,因而用量明显减少,所需保温厚度为 0.3 ~1.0mm,与其他产品相比使墙体大大减薄;且涂料密度小,可减轻整个楼体自重,降低基础造价费用。

(3)硼硅酸盐空心微珠熔点高、高温下不分解,可提高涂料的阻燃性和热变性温度。

(4)通过采用高压无空气喷涂法施工,所得涂层均匀致密,具有更好的隔热保温效果,且单层喷涂涂膜厚度可达 0.3 ~0.5mm,涂装效率高。

实例6 环保节能保温涂料

【原料配比】

原　　料	配比(质量份)
聚乙烯醇液	5
丙烯酸乳液	35
纤维素液	10
硅灰石粉(纤维状)	20
海泡粉	3.5
石棉纤维	2
膨胀珍珠岩	9.5
水	15

【制备方法】 在80℃温度条件下溶解聚乙烯醇制成聚乙烯醇液,将纤维素搅拌制成纤维素液。投入聚乙烯醇液、纤维素液、丙烯酸乳液和水经慢速搅拌后,加入硅灰石粉,快速搅拌10～20min。然后慢慢投入海泡粉、石棉纤维,搅拌均匀。接着加入膨胀珍珠岩制成浆料,单组分施工浆料制成。将白水泥和硅灰粉以2∶1比例混合均匀,制成固化粉。以浆料和固化粉按5∶1混合,双组分施工浆料完成。施工时,将膏状混合料直接涂抹在墙体上,可以一次性解决施工料与基层的粘接问题。所形成的保温层具有较好的阻燃、抗裂、防渗水效果。

【产品应用】 本品适用于建筑物外墙及屋面的保温隔热工程,是一种新型环保节能的建筑涂料。

【产品特性】

阻燃无烟,具有良好的防火特性;抗开裂,防脱落,防渗水,墙体不起泡。

实例7 内墙保温涂料

【原料配比】

原 料	配比(质量份)				
	1#	2#	3#	4#	5#
丙烯酸酯乳液	30	28	28	26	27
润湿分散剂六偏磷酸钠水溶液	3.0	3.3	3.6	3.5	3.8
液体石蜡	3	4	5	3.5	4.2
缓冲剂纯碱	0.5	0.7	0.9	1.1	1.3
钙质膨润土	0.5	1.0	1.5	1.9	1.7
钛白粉	12	10	11	13	14
滑石粉	6	7	8	9	6
空心微珠	10	10	11	12	10
羟乙基纤维素水溶液	10	11	12	5	6
水滑石	4	4	5	6	4
硫酸镁	6	8	7	9	8
水	15	13	10	12	14

【制备方法】 在搅拌釜中先将丙烯酸酯类乳液在搅拌的条件下加入到水中,同时加入缓冲剂,再加入滑石粉、空心微珠、水滑石、硫酸镁和钙质膨润土。当涂料黏度较大时,可先加入一半量的羟乙基纤维素水溶液,然后加入其他组分,如润湿分散剂,液体石蜡,钛白粉等,当其他组分全部加入后,再将剩余的羟乙基纤维素水溶液加入,接着高速分散均匀,分散均匀后即完成了本内墙保温涂料的制备。

【产品应用】 本品用于建筑物内墙的保温。

【产品特性】 由于建筑物室内物体发出的红外波长范围在 1400 ~ 900cm^{-1},在本技术配方所选用的原材料中,水滑石和硫酸镁能够吸收大部分建筑物室内物体发出的红外波长,这样就大大提高了内墙涂料的红外吸收与阻隔性能,再配合空心微珠的保温隔热作用,能使内墙涂料的保温效果增强。

实例8　复合硅酸盐保温涂料

【原料配比】

原　　　料	配比(质量份)
硅酸铝纤维	9 ~ 11
泡花碱	29 ~ 31
石棉	40 ~ 60
高温粘接剂	3 ~ 5
漂珠	8 ~ 10
聚丙烯酰胺	1 ~ 3
107胶	0.5 ~ 1.5
珍珠岩	60 ~ 80
氢氧化钠	8 ~ 10
膨润土	8 ~ 10
有机硅	3 ~ 5

【制备方法】　将硅酸铝纤维撕成比核桃小的小碎块,加上凉水,再加入泡花碱,搅拌均匀,全部湿透,加石棉,搅拌9 ~ 11min,然后再加入高温粘接剂、漂珠、聚丙烯酰胺、107胶、珍珠岩、氢氧化钠、膨润土、有机硅,充分搅拌,成糊状即可,经化学反应后成为黏稠纤维糊状膏体。

【产品应用】　本品广泛应用于石油、冶金、纺织、国防、交通等工业设备及民用设施,也可应用于建筑物的防水保温、隔音装饰涂料,特别适用于传统保温材料难以胜任的各种异形设备和异形部位的保温。

【产品特性】　本品具有耐高温、不脱落、耐水、使用寿命长、施工时不用停产等特点,社会、经济效益显著。

实例9 无机墙体保温涂料

【原料配比】

原 料	配比(质量份)		
	1#	2#	3#
改性水玻璃(模数为3.5)	30	30	30
聚丙烯酰胺	0.2	0.1	0.2
赫硅粉(含二氧化硅99%)	15	25	15
钙化棉(硅酸铝棉用氧化钙加工而成)	75	65	50
珍珠岩	20	30	20
轻质碳酸钙	7	6	5
水	适量	适量	适量

【制备方法】

(1)聚丙烯酰胺加水400份,浸泡12h使之成为黏稠溶液,备用。

(2)赫硅粉、钙化棉、珍珠岩、轻质碳酸钙进行混合搅拌,然后加入聚丙烯酰胺溶液进行充分搅拌30min。

(3)最后加入改性水玻璃(改性水玻璃中加入3%增水剂、2%偶联剂进行充分搅拌1h左右),继续搅拌均匀,即得成品。

【产品应用】 本品用于墙体的防火绝热保温及隔音。

【产品特性】 该产品无毒、无害、无污染、轻质、坚硬,其防火、绝热、保温、隔音、吸声等性能稳定,且均高于同类产品,使用后外观无裂纹和损坏,耐高温可达1300℃,喷涂、抹涂皆可,操作使用方便,通过控制水分,既可制成膏体涂料,又可制成干粉涂料,保质期长,易于运输、包装和保管。

实例10　稀土复合保温涂料

【原料配比】

原　　料	配比（质量份）
石棉绒	5.5
硅酸铝纤维	2
甲基硅纯钠	5.5
玻璃微球	2
硅酸铝盐	1.5
珍珠岩	10
渗透剂	1.5
膨润土	2
硅藻土	2
氧化铈	0.04
生石灰	5
乳化硅油或辛醇	1.95
聚乙烯醇	0.01
石棉粉	1
水	加至100

【制备方法】

（1）先将石棉绒、硅酸铝纤维放入水中浸泡。

（2）按配比向已泡开纤维的石棉绒和硅酸铝纤维浸泡混合液中加入其他组成成分。

（3）将全部混合液放入搅拌池中搅拌均匀。

（4）最后搅拌均匀的混合液静置消泡。

【**产品应用**】　本品用于建筑的隔热、保温。

【**产品特性**】　本品采用了新配方、新生产工艺,生产出的涂料具有良好的保温效果。该涂料施工、维修方便,可直接涂抹于设备表面,施工检修不受温度限制,防水不需外保护层,生产设备简单,综合成本低,使用寿命长,可用于介质温度为25～800℃的各种设备,粘接性强,抗震动,不变形,理化性能稳定,不老化、不开裂、不粉化、不腐蚀设备、无毒、无污染,涂抹后设备表面平整美观。

实例11 水性阻燃隔热保温涂料

【原料配比】

原　　料	配比（质量份）						
	1#	2#	3#	4#	5#	6#	7#
蒸馏水	19	20	21	20	21	264.4	390.6
丙二醇	2	2	2	2	3	37.8	37.2
分散剂	0.3	0.4	0.5	0.3	0.7	8.82	9.3
消泡剂	0.05	0.06	0.07	0.3	0.004	1.134	1.302
金红石型钛白粉	15	18	20	19	20	252	372
阻燃剂　氢氧化镁	15	16	—	—	—	—	—
阻燃剂　磷酸二苯二甲苯酯	—	—	—	—	12	151.2	—
阻燃剂　磷酸二氢铵	—	—	—	11	—	—	—
阻燃剂　聚磷酸铵	—	—	10	—	—	—	186
阻燃剂　氯化石蜡	8	5	—	—	—	—	—
阻燃剂　三聚氰胺	—	—	5	5	5	63	93
空心玻璃微珠（粒径为10~180μm）	5	5	5	5	5	63	93
乳液　聚合物硅丙乳液（固含量为48%~50%）	35	—	—	—	—	—	—
乳液　苯丙乳液（固含量为48%~50%）	—	—	37	—	39	491.4	688.2
乳液　纯丙乳液（固含量为48%~50%）	—	36	—	39	—	—	—
成膜助剂醇酯－12	1.7	1.8	1.9	0.35	1.9	23.94	35.34
防腐剂	0.2	0.25	0.3	0.25	0.4	5.04	5.58
增稠剂	0.4	0.45	0.5	0.25	0.3	3.78	9.3

【制备方法】

（1）将水、丙二醇、分散剂和消泡剂加入到反应釜中，搅拌。

（2）加入钛白粉和阻燃剂，分散均匀。

（3）加入空心玻璃微珠，搅拌，得水性阻燃隔热保温涂料的浆料。

（4）将乳液、消泡剂、防腐剂和成膜助剂加入到浆料中，搅拌，调节 pH 值至 8～9。

（5）加入增稠剂，调节涂料黏度为 95～105KU，即得水性阻燃隔热保温涂料。

【注意事项】　所述助剂包括消泡剂、防腐剂、增稠剂、分散剂、成膜助剂和丙二醇；所述消泡剂为 Foamaster Ⅲ、Foamaster306 或 Nopco NXZ（德国科宁公司）；所述防腐剂为 1,2－苯并异噻唑－3－酮、5－氯－2－甲基－4－异噻唑啉－3－酮或四氯间甲苯二甲腈；所述增稠剂为 HX－5430（华夏助剂）或 PUR2025（上海长风化工）；所述分散剂为 SN－Dispersant－5040 或 DispexN40（天津宝兴公司）。

【产品应用】　本品主要用于建筑外墙喷涂保温涂料。

【产品特性】　在水性阻燃隔热保温涂料的制备过程中，采用多种无机类、磷类、氮类阻燃剂，利用不同阻燃剂之间的协同作用，能在用量较少的情况下达到良好阻燃效果，同时不影响涂料涂层的物理性能。另外，通过玻璃微珠减少热传导率、热对流和热辐射，获得保温性能，涂层厚度约为 1mm 就能达到很好的保温效果。采用粒径范围为 10～180μm 的空心玻璃微珠，这种玻璃微珠可以减少热传导率、热对流和热辐射，高效绝热，在真空状态时能使分子振动热传导和对流传导两种方式完全消失，因此具有很好的保温性能。其涂层厚度约为 1mm 就能达到很好的保温效果，同时能具有良好的阻燃功能。还具有良好的耐候性、耐洗刷性等综合性能，且制备工艺简单，使用方便。

实例12　保温涂料

【原料配比】

原　料	配比(质量份)				
	1#	2#	3#	4#	5#
助溶剂丙二醇(浓度≥95%)	0.5	0.95	0.49	0.3	0.4
润湿剂脂肪醇聚氧乙烯醚	0.5	0.5	1	0.2	0.2
消泡剂硅油(浓度≥40%)	0.8	0.5	1	0.2	0.2
水	20	15	15	12	10
稀土	0.2	0.05	0.01	0.2	0.2
硅酸铝粉(细度为500~800目)	2	2	5	2	2
钛白粉(细度为500~800目)	1	1	2	1	1
二氧化锆陶瓷粉(细度为300~800目)	2	3	2	10	2
乳液	40	45	50	55	60
中空陶瓷微球(细度为200~400目)	8	12	5	5	14
中空玻璃微球(细度为200~400目)	25	20	19	14	10

【制备方法】

(1)将配方量的助溶剂、湿润剂和消泡剂加入水中,搅拌溶解5~10min。

(2)将配方量的稀土、硅酸铝粉、钛白粉和二氧化锆陶瓷粉加入步骤(1)的溶液中,搅拌溶解20~40min。

(3)在500~1000r/min搅拌下将配方量的乳液加入,搅拌20~40min。

(4)在50~200r/min搅拌下加入配方量的中空陶瓷微球和中空玻璃微球,搅拌均匀。

(5)加入酸性试剂调节pH值,使pH值为7~8,装桶。

【注意事项】　乳液中硅改性苯丙腈固含量≥47%,其余为水,玻璃化温度>5℃;乳液主要起到成膜作用。

　　【产品应用】　本品主要应用于大型储存罐表面以及房屋表面的保温。

　　【产品特性】　本品提供的一种保温涂料,涂层薄、质量轻、附着力好,使用寿命长,保温效果显著,施工方便,解决了大型储罐表面难以铺设保温材料的问题。本品保温涂料的制备方法,科学简单,节约大量的能源消耗,同时对环境无任何污染。

实例13　多功能干粉保温隔热涂料

【原料配比】

原　　料	配比(质量份)	
	1#	2#
普通425#硅酸盐水泥	100	100
超细粉煤灰(细度为300~500目)	6	5
中空玻化微珠(粒径为1~1.2mm)	15	18
中空粉煤灰漂珠(细度为10~30目)	8	7
重质碳酸钙(细度为300~500目)	10	15
甲基纤维素醚	0.2	0.3
水溶性可分散乳胶粉醋酸乙烯-乙烯共聚物	1.5	2
六偏磷酸钠(细度为300目左右的微粉)	0.8	0.5
拉法基高铝水泥	1	2

　　【制备方法】　按上述各组分质量比称量,先将水泥、粉煤灰、重质碳酸钙、纤维素醚、六偏磷酸钠、高铝水泥、水溶性乳胶粉通过物理机械混合均匀后,再将该混合物与中空玻化微珠、粉煤灰漂珠通过机械混合均匀即可。

　　【产品应用】　本品主要用作多功能干粉保温隔热涂料。

　　【产品特性】　本品对建筑物墙面和屋顶进行保温层施工,可大幅度改善建筑物保温隔热性,节约能源。本产品质量轻,防水、防裂、耐高温、保温隔热性好。

实例14　多功能高效保温隔热涂料

【原料配比】

原　　料	配比（质量份）
去离子水	17.5
多功能助剂 AMP-95	0.15
润湿剂 X405	0.2
聚丙烯酸铵盐分散剂 PR03	0.6
消泡剂 NXZ	0.3
丙二醇	2
氯化法制作的金红石型钛白粉	18
云母粉（细度为 800 目）	3
阻燃剂氢氧化镁（细度为 800 目）	4
纳米级红外粉	3
空心玻璃微珠（粒度为 10～90μm，壁厚 1～2μm）	8
弹性丙烯酸乳液 5085	38
不透明聚合物优创	4
成膜助剂	0.5
杀菌剂 MV	0.2
牛顿型非离子聚醚类流变改性增稠剂 DSX2000	0.2
碱溶胀增稠剂 WT113	0.35

【制备方法】　在常温下进行混合，在低速搅拌下加入部分水、多功能助剂、润湿剂、分散剂、1/2 总加入量的消泡剂、丙二醇、钛白粉、云母粉、阻燃剂、红外粉，高速分散后研磨至浆料细度≤50μm 后，加入余量水，低速搅拌加入空心玻璃微珠，后中速分散，玻璃珠分散好后低速搅拌加入乳液、不透明聚合物、剩余消泡剂、成膜助剂、杀菌剂和防腐剂、增稠剂。达到要求黏度后再低速搅拌 10min，再经过经验、过滤、称重包装。

【产品应用】　本品主要应用于建筑物外墙表面的保护和装饰，具

18

有阻燃、防水、高耐沾污、遮盖裂纹能力的保温隔热涂料。

【产品特性】 依据本品制作的保温隔热涂料其各项指标均高于关于建筑反射隔热涂料所规定的要求,而且本品为水性单组分,对人体、环境没有危害,是绿色环保产品。产品还具有优异的防水、阻燃功能,而且施工十分方便、快捷。更有多种基本颜色可供选择。其优良的粘接强度,极佳的抗裂性能,不易污染,寿命长达 15 年之久。在实际使用中,能有效降低房屋所积聚的太阳热量,大约能降低 8 ~ 15℃,而且可大大地减少能量消耗。能大幅降低建筑物的温度。客户反映良好。

实例 15 粉状复合保温涂料

【原料配比】

原 料	配比(质量份)	
	1#	2#
氧化镁	20 ~ 60	25 ~ 50
氧化硅	20 ~ 60	25 ~ 50
氧化铝	10 ~ 40	15 ~ 35
耐火纤维	10 ~ 30	15 ~ 25
高温速溶胶黏剂	5 ~ 25	10 ~ 20
改性剂	5 ~ 15	5 ~ 10

【制备方法】

将上述原料按配比经过粉碎研磨,混合搅拌均匀,制成粉剂,进行分袋包装,储存,运输。

【产品应用】 使用时,在现场加适量水拌匀成膏状,施工涂覆在工件表面,用多少拌和多少,随用随拌。本品主要应用于异型管道、阀门、球体件、旋转体件、墙体及大型储罐、工业炉窑等行业领域。

【产品特性】 本品所采用的技术方案由于在原料中加入固态速溶胶黏剂和固态改性剂,将其复合后,得到干粉保温涂料,并能长期保存不变质。经小批量中试,经过多家用户试用,表现出以下显著优点:

(1)可以大批量生产,可以长期存放(6 个月以上),质量稳定。

（2）运输方便,易装卸,长途运输批量加大,费用降低到1/5。

（3）现场使用,随用随拌,为施工及维修带来便利。

（4）剩余粉料可长期存放,减少浪费。

（5）为生产、销售、储运、使用各环节带来便利,更好地发挥保温涂料在国民经济建设中的作用。

实例16 复合型水性建筑保温隔热涂料

【原料配比】

原　　料		配比（质量份）			
		1#	2#	3#	4#
甲基丙烯酸甲酯		30	25	30	25
丙烯酸丁酯		45	50	45	50
苯乙烯		15	20	15	20
丙烯酸		4	4.5	4	4.5
N-羟甲基丙烯酰胺		5	4.5	5	4.5
水		200	200	200	200
乳化剂	辛烷基酚聚氧乙烯醚	0.5	0.5	0.5	0.5
	十二烷基硫酸钠	1	1	1	1
引发剂	过硫酸铵（APS）	0.3	0.3	0.3	0.3
颜填料	硅藻土	1.5	1.5	2	1.5
	空心玻璃微珠	1.0	1.0	1.5	1.0
	热反射隔热粉	3.0	3.0	2.0	3.0
	氧化铝	1.5	1.5	2.0	1.5
	二氧化钛	0.5	0.5	0.5	0.5
	云母粉	2.5	2.5	2.0	2.5
中和剂三乙胺水溶液		适量	适量	适量	适量
水		60	60	60	60

【制备方法】

（1）制备水溶性丙烯酸树脂浆料:将丙烯酸类物质、颜填料、水、乳化剂、中和剂加入容器中升温至75～85℃并搅拌,2.5h后,即可得到所需质量份的水溶性丙烯酸树脂浆料。

（2）制备颜填料色浆：将钛白粉、云母粉及功能颜填料按密度由小到大的顺序缓慢加入搅拌器容器内，低速搅拌均匀后再高速搅拌，即得颜填料色浆。

（3）将水溶性丙烯酸树脂浆料缓慢加入调制好的颜填料色浆中，低速搅拌 30~40min，出料，即得复合型水性建筑保温隔热涂料。

【产品应用】　本品主要用作保温隔热涂料。

【产品特性】　本品采用了水性丙烯酸酯类聚合物及复合颜填料，因此，具有隔热效果优、防水性能好、综合性能佳、无毒环保、使用方便的优点。对于改善工作生活环境、节约能源和提高安全性等具有重要意义。此外，这种涂料的生产成本和材料成本都较低，十分利于推广利用。

实例17　工业隔热保温涂料

【原料配比】

原　　料		配比（质量份）			
		1#	2#	3#	4#
水性聚合物胶黏剂	苯丙无皂乳液聚合物	11	—	44	11
	纯丙无皂乳液聚合物	22	27	—	—
	硅丙无皂乳液聚合物	6	—	—	—
	有机硅改性丙烯酸乳液聚合物	—	16	—	31
	水性环氧聚合物	2	2	2	8
隔热保温功能填料	无机陶瓷中空微球（粒径为 40~50μm）	12	17	—	18
	无机陶瓷中空微球（粒径为 10~25μm）	6	12	—	14
	丙烯酸树脂中空微球（粒径为 35~50μm）	6	—	16	—
	丙烯酸树脂中空微球（粒径为 10~25μm）	3	—	5	—

续表

原　料		配比(质量份)			
		1#	2#	3#	4#
机械性能功能颜填料	超细蛭石粉	2	2	2	2
	水洗膨胀珍珠岩粉体	2	2	2	2
	片状氧化锌或片状氧化铝	3	3	3	3
其他颜填料	金红石型钛白粉	6	8	4	8~8.5
	复合阻燃剂	3	3	7	—
	高岭土	1	—	—	—
	滑石粉	0.5	0.5	0.5	—
去离子水		加至100	加至100	加至100	加至100
助剂	110 润湿剂	0.1	0.1	0.1	0.1
	5040 无机颜填料分散剂	0.1	0.15~0.2	—	0.15~0.2
	5050 有机颜填料分散剂	0.05	—	0.1	—
	NXZ 消泡剂	0.1~0.15	0.1~0.15	0.1~0.15	0.1~0.15
	Y-850 碱溶胀型增稠剂	0.5~1.5	0.5~1.5	0.5~1.5	0.5~1.5
	GEL0621 缔合型增稠剂	0.2~3	0.2~3	0.2~3	0.2~3
	BYT20 防霉杀菌剂	0.6	0.6	0.6	0.6
	KHS550 硅烷偶联剂	1	1	—	1

【制备方法】

(1)根据配方的比例将去离子水注入预混合分散罐内,启动搅拌机,控制转速在 150~200r/min,加 1/2 总加入量的无机颜填料分散剂、1/2 总加入量的润湿剂进行充分搅拌。

(2)当配方中包含阻燃剂和/或其他颜填料时,通过加入槽真空进料系统进行吸入,其中,其他颜填料选自钛白粉、高岭土和滑石粉中的一种或多种;将 1/3 总加入量的消泡剂通过助剂加入槽滴加入分散罐内,调节变频器调高搅拌转速至 1000~1200r/min,进行充分地分散。

（3）再将蛭石粉和珍珠岩粉体加入到该分散罐内，将转速调节为650～900r/min，分散15～20min；在此期间滴加1/3总加入量的消泡剂。

（4）将水性聚合物胶黏剂及步骤（3）分散后的浆料注入至调漆罐内，用框式或浆式搅拌桨进行搅拌，转速控制在300～600r/min，采用真空进料系统吸入片状颜填料，搅拌约20min，并在其间滴加1/3总加入量的消泡剂；转速控制在50～100r/min，随后真空进料系统吸入陶瓷中空微球和有机中空微球，随后搅拌1.5～2h，搅拌期间加入其他助剂和余下的无机颜填料分散剂、润湿剂，控制pH值为9～11。

（5）将涂料通过大于80目的过滤器进行过滤后输送至灌装机进行灌装。

【产品应用】 本品主要是用于工业设备表面的水性、单组分隔热保温涂料。

【产品特性】

（1）该工业隔热保温涂料采用的水性聚合物粘接剂环保、无毒、挥发性有机化合物（VOC）低，适用于工业企业的室内生产设备，并满足连续生产情况下涂料常温固化及带温固化的现场需求。

（2）涂料中利用中空微球的孔隙空间达到减少热传导的目的。为满足单位体积涂层内具有更多的封闭微孔，本品采用直径不同的无机、有机中空微球，从而使大直径中空微球的排列空隙由小直径中空微球填充。为适应工业设备的温度变化（升温、降温、高低温交替），本品在使用无机陶瓷中空微球的同时掺杂有机中空微球，以提高涂料抗压、抗冲击、耐温度变化特性。

（3）涂料中含有片状氧化锌或片状氧化铝颜填料，可以使涂层形成致密的外表面，防止因水分和水蒸气进入涂层内部而降低该涂层的隔热保温性能，适合经常使用高压水清洗的设备及湿度大等比较恶劣的环境。

（4）涂料中含有诸如超细蛭石粉和超细膨胀珍珠岩粉体的锯齿状颜填料，有利于涂层与工业设备的不锈钢及金属结构表面结合，提高涂层附着性能，在工业设备正常运行期间不会造成涂层脱落，使用寿命可达到10年，与一般工业设备固定资产折旧周期相当。

（5）本品的隔热保温涂料可以应用于表面温度在 −51～260℃ 的各

种工业设备的隔热保温,涂层厚度为 3～10mm,能够使设备表面降低温度达 80℃。应用实践表明,本品的隔热保温涂料能提高设备的升温速度,从而提高了能源利用率;降低高温设备表面温度,改善车间环境温度,有效杜绝人员灼伤事故的发生,保护人员安全;可以采用快速的施工方法及工艺,无须工业设备停产施工;同时,涂层表面耐擦洗,外表美观。

实例18　硅酸钙纳米线复合保温涂料

【原料配比】

原　　料	配比(质量份)				
	1#	2#	3#	4#	5#
纳米硅酸钙(平均直径低于100nm,长度数十微米)	15	10	20	25	30
醋丙乳液	25	—	25	20	—
苯丙乳液	—	30	—	—	20
水	44.45	41.45	40.45	40.45	35.55
纳米二氧化硅(尺寸低于100nm)	6	6	6	6	4
纳米氧化锌(尺寸低于100nm)	3	5	3	3	4
纳米二氧化钛(尺寸低于100nm)	3	3	3	3	4
成膜助剂醇酯-12	0.05	0.05	0.05	0.05	0.05
消泡剂	1	0.5	0.5	0.5	0.5
润湿分散剂六偏磷酸钠水溶液	1	0.5	0.5	0.5	0.5
防冻剂乙二醇或丙二醇	1	1	1	1	1
流平剂聚氨酯	0.5	0.5	0.5	0.5	0.5

【制备方法】

(1)在低速搅拌下将水、硅酸钙、润湿分散剂、一半消泡剂装入球磨机的球罐内,球磨 5h,使其充分分散。

(2)然后将球磨后的物料转入多功能分散机,在搅拌下加入无机纳米粉体中(纳米二氧化硅、纳米氧化锌、纳米二氧化钛)。在多功能分散机上高速搅拌 3h,通过高速剪切将其分散均匀,然后在低搅拌速度下缓慢滴加乳液,随后加入剩余的消泡剂、成膜助剂、防冻剂、流平剂低速搅拌 3h,最后装罐即得涂料成品。

【产品应用】 本品主要用作保温涂料。

【产品特性】 本品所提供的硅酸钙纳米线复合保温涂料的使用温度可达到 1000℃,节能效果好,性能稳定,使用安全,施工方便。

实例19 硅酸铝纳米复合保温涂料

【原料配比】

原 料	配比(质量份)				
	1#	2#	3#	4#	5#
纳米硅酸铝	15	20	25	10	30
醋丙乳液(固含量 40%～60%,最低成膜温度 1～10℃)	25	—	23	—	—
苯丙乳液(固含量 40%～60%,最低成膜温度 1～10℃)	—	25	—	25	18
水	41	38	38	42	40
纳米二氧化硅(尺寸低于 100nm)	6	5	4	5	2
纳米氧化铝(尺寸低于 100nm)	3	2	2	4	2
纳米氧化锌(尺寸低于 100nm)	3	3	2	5	2
纳米二氧化钛	3	3	2	5	2
成膜助剂 2,2,4－三甲基－1,3－戊二醇单丁酸酯	0.5	0.5	0.5	0.5	0.5
消泡剂磷酸三丁酯	1	1	1	1	1
润湿分散剂六偏磷酸钠水溶液	1	1	1	1	1
防冻剂乙二醇	1	1	1	1	1
流平剂聚氨酯	0.5	0.5	0.5	0.5	0.5

【制备方法】

(1)在低速搅拌下先将水、纳米硅酸铝、润湿分散剂、一半消泡剂高速搅拌 1～3h,使之充分分散,在搅拌下加入无机纳米粉体(纳米二氧化硅、纳米氧化铝、纳米氧化锌、纳米二氧化钛),在多功能分散机上高速搅拌 1～3h,通过高速剪切将其分散均匀。

(2)然后在低搅拌速度下缓慢滴加乳液,随后加入剩余的消泡剂、成膜助剂、防冻剂、流平剂低速搅拌3～10h,最后装罐即得涂料成品。

【产品应用】 本品主要用作保温涂料。

【产品特性】 本品的制备过程简单、所用原料都是常用且已批量生产的纳米级氧化物,原料来源丰富,原料及制备过程对环境无污染,符合环保要求的现代工业的发展方向,可实现硅酸铝纳米复合保温涂料的低成本、批量化制备,是一种高性能和多功能的绿色保温环保型涂料。

实例20 可低温施工的纳米水性保温涂料

【原料配比】

原　　料		配比(质量份)			
		1#	2#	3#	4#
2438 丙烯酸聚合物乳液		43	42	42	42
空心微珠(细度为1200目)		14.3	16	16	16
消泡剂 NXZ		0.2	0.2	0.2	2.0
成膜助剂醇酯-12		2.5	2.0	2.0	0.6
分散剂 AD		0.6	0.6	0.6	0.4
润湿剂 2020		0.4	0.4	0.4	4.0
LDHs 二维纳米材料		5.0	4.0	4.0	7.0
钛白粉 R-501		18	9.0	12.0	8.5
轻质碳酸钙		6.0	8.3	8.5	—
颜料	氧化铁红	—	3.5	—	—
	硬质炭黑浆	—	—	0.5	—
	氧化铁黄	—	—	—	5.0
pH 调节剂 AMP-95		0.2	0.3	0.3	0.3
去离子水		9.8	13.7	13.5	13.7

【制备方法】

(1)首先,将水、分散剂、润湿剂、纳米改性材料、轻质碳酸钙、钛白粉、消泡剂、颜料混合后,进行研磨分散至细度在$50\mu m$以下。

（2）再依次加入成膜助剂、空心微珠,用高速分散机进行搅拌分散至细度在 50μm 以下。

（3）最后,再加入聚合物乳液、调节剂,充分搅匀,再进行灌装。

【产品应用】 本品是一种建筑内外墙使用的隔热保温涂料,是一种可以在低温条件下施工的水性隔热保温涂料。

【产品特性】 本品具有可在低温环境下施工、抗裂、隔热保温、吸音降噪等功能,产品以水为分散介质,不含 VOC,安全环保。二维纳米材料具有杀菌防霉功能,生产过程和使用中无环境污染。由于采用了可低温成膜的丙烯酸聚合物乳液为基料,涂料流平性增强,加工和使用性能大幅提高,并具有显著的抗老化性能。

实例 21　蒙脱土纳米复合保温涂料

【原料配比】

原　　料	配比（质量份）			
	1#	2#	3#	4#
蒙脱土（颗粒尺寸低于 100nm）	15	10	10	20
醋丙乳液	25	—	20	—
苯丙乳液	—	30	—	20
纳米碳酸钙（颗粒尺寸低于 100nm）	5	7	8	6
纳米氧化锌（颗粒尺寸低于 100nm）	3	2	5	4
纳米二氧化钛（颗粒尺寸低于 100nm）	3	4	5	5
水	45	43	48	41
成膜助剂醇酯-12	0.5	0.5	0.5	0.5
消泡剂磷酸三丁酯	1	1	1	1
润湿分散剂	1	1	1	1
防冻剂乙二醇或丙二醇	1	1	1	1
流平剂聚氨酯	0.5	0.5	0.5	0.5

【制备方法】

（1）在低速搅拌下先将水、蒙脱土、润湿分散剂、1/2 消泡剂高速搅拌 1～2h,使之充分分散,在搅拌下加入其他无机纳米粉体（纳米碳酸钙、纳米氧化锌、纳米二氧化钛），在多功能分散机上继续高速搅拌3h，通过高速剪切将其分散均匀。

（2）然后在低搅拌速度下缓慢滴加乳液，随后加入剩余的消泡剂、成膜助剂、防冻剂、流平剂低速搅拌3～4h，最后装罐即得涂料成品。

【产品应用】 本品是一种蒙脱土纳米复合保温涂料，属于设备或建筑物所用隔热保温材料的技术领域。

【产品特性】 本品所用原料及制备过程均对环境无污染，符合环保要求的现代工业的发展方向，可实现蒙脱土纳米复合保温涂料的批量制备。本品对生产新型的高绝热保温材料、降低能耗、减轻保温材料的自重具有重要意义。

实例22 纳米多功能外墙保温涂料

【原料配比】

原　　料	配比（质量份）			
	1#	2#	3#	4#
纳米硅酸铝（尺寸低于100nm）	20	10	15	20
硅酸钙纳米线（直径低于100nm）	5	10	5	10
纳米碳酸钙（尺寸低于100nm）	15	20	15	15
醋丙乳液（固含量40%～60%，最低成膜温度1～10℃）	25	—	25	
苯丙乳液（固含量40%～60%，最低成膜温度1～10℃）	—	25	—	20
纳米钛白粉（尺寸低于100nm）	5	6	8	4
水	26	25	28	27
成膜助剂2,2,4-三甲基-1,3-戊二醇单丁酸酯	0.5	0.5	0.5	0.5
消泡剂磷酸三丁酯	1.5	1	1	1
润湿分散剂六偏磷酸钠水溶液	0.5	1	1	1
防冻剂乙二醇	1	0.5	1	1
流平剂聚氨酯	0.5	1	0.5	0.5

【制备方法】

(1)在低速搅拌下先将水、纳米硅酸铝、硅酸钙纳米线、纳米碳酸钙、润湿分散剂、1/2 消泡剂高速搅拌 1~3h,使之充分分散,在搅拌下加入其他无机纳米钛白粉体,在多功能分散机上高速搅拌 1~3h,通过高速剪切将其分散均匀。

(2)然后在低搅拌速度下缓慢滴加乳液,随后加入剩余的消泡剂、成膜助剂、防冻剂、流平剂低速搅拌 3~5h,最后装罐即得涂料成品。

【产品应用】 本品是一种纳米多功能外墙保温涂料。

【产品特性】 本品的制备过程简单、所用原料都是常用且已批量生产的纳米原料,原料及制备过程对环境无污染,符合环保要求的现代工业的发展方向,可实现纳米多功能外墙保温涂料的批量制备,是一种多功能的绿色保温环保型涂料,具有良好的保温隔热特性,附着力强、良好的耐洗刷及抗菌自洁性等优点,且无毒无味。

实例23 纳米氟碳外墙保温涂料

【原料配比】

原　　料	配比(质量份)			
	1#	2#	3#	4#
丙烯酸树脂	180	100	220	160
氟碳树脂	160	100	200	150
纳米二氧化硅	40	20	50	35
钛白粉	12	10	18	14
硅丙乳液	100	80	150	110
碳酸钙	30	20	50	35
消泡剂 BYK-052	16	10	20	15

【制备方法】 本涂料由上述成分按质量比配制而成。

【产品应用】 本品主要用于水泥墙面、混凝土、白灰抹面、水刷石及木质结构基层的纳米氟碳外墙保温涂料。

【产品特性】 本品将外墙涂料的结构与化学组成部分调解到最

科学、最合理的状态下,加入少量纳米级材料,使本品的外墙涂料无毒无味,符合环保要求,漆膜耐水、有极强抗酸耐碱、防霉性能,涂膜富有弹性,可遮盖细小裂纹。附着力强,能与墙面牢固结合,耐候性好。久经雨淋日晒,不产生粉化和墙面脱落,不褪色。并且具有保温性能,适合于气候比较寒冷的北方。成本低,装饰效果好,涂层质感丰富,流平性好,遮盖力强,有很好的自洁性,并可根据装饰需求,调出各种所需色彩。

实例24 纳米气凝胶保温涂料

【原料配比】

原　　料		配比(质量份)				
		1#	2#	3#	4#	5#
水解液	正硅酸乙酯	1	1	1	1	1
	盐酸溶液(浓度为1%)	0.1	0.1	0.1	0.1	0.1
	无水乙醇	6	6	6	6	6
	水	0.5	0.5	0.5	0.5	0.5
二氧化硅凝胶	氨水溶液(浓度为1%)	1	1	1	1	1
	水解液	0.1~0.2	0.1~0.2	0.1~0.2	0.1~0.2	0.1~0.2
三甲基氯硅烷		1	1	1	1	1
正己烷		5~50	5~100	5~100	5~100	—
氮气		—	—	—	—	3~5MPa
气凝胶		1	1	1	1	1
溶剂性涂料		10~50	10~50	10~50	10~50	10~50

【制备方法】

(1)将正硅酸乙酯、浓度为1%的盐酸或草酸溶液、无水乙醇和水混合水解 12~24h。

(2)水解完成后加入浓度为 1% 的氨水溶液,水解完成后的液体与氨水溶液的质量份数比为 1∶(0.1~0.2),反应 18~48h 后得到二氧化硅凝胶。

(3)将步骤(2)产生的二氧化硅凝胶置于无水乙醇中老化处理 12~36h。

(4)将步骤(3)老化处理后的二氧化硅凝胶置于三甲基氯硅烷与正戊烷或正己烷的混合液中进行修饰改性,混合液中三甲基氯硅烷与正戊烷或正己烷的质量份数比为 1∶(5~100),每 24~48h 更换一次混合液,重复此过程 3~5 次。

还可以采用以下方法:所述将步骤(3)老化处理后的二氧化硅凝胶置于超临界干燥设备中,预充 3~5MPa 氮气;再以 30~60℃/h 的升温速度加热至 260~320℃,保温 2~3h;之后以 0.5~1MPa/h 速度泄压,最后氮气吹扫 30~60min。

(5)将步骤(4)修饰改性后的二氧化硅凝胶置于 20~110℃ 条件下,干燥 24~36h,得到二氧化硅气凝胶。

(6)将步骤(5)得到的气凝胶粉碎,过 200 目筛,将过筛后的气凝胶与水性涂料、溶剂性涂料、粉末涂料或高固体粉涂料以质量份数比 1∶(10~50)混合均匀后即可使用。

【注意事项】 所述步骤(6)中的水性涂料可以是水溶醇酸树脂、水溶环氧树脂或无机高分子水性树脂,溶剂性涂料为丙烯酸酯建筑涂料、有机硅—丙烯酸酯建筑涂料、聚氨酯涂料或氟树脂建筑涂料,粉末涂料为环氧粉末涂料,聚酯粉末涂料,丙烯酸酯粉末涂料或热塑性粉末涂料,高固体粉涂料为氨基丙烯酸、氨基聚酯或白干型醇酸漆。

【产品应用】 本品主要用作纳米气凝胶保温涂料。

【产品特性】

(1)采用本品方法制备的二氧化硅气凝胶孔径为纳米级分布,其主要孔径为 10nm,小于空气分子运动自由程,可大大降低因气体分子热运动产生的热传递。

（2）本品中的气凝胶由纳米二氧化硅球形颗粒搭接组成的网络结构,减少了固体颗粒的接触面积,增加了热传导路径,进一步起到了保温隔热的效果。

（3）通过干燥工艺的不同,可制备疏水和亲水型二氧化硅气凝胶,以配合有机或无机涂料使用。

实例25　纳米水性内墙保温涂料(1)

【原料配比】

原　　料		配比（质量份）			
		1#	2#	3#	4#
乳液	苯丙乳液	26	—	—	25
	纯丙乳液	—	28	—	10
	醋丙乳液	—	—	25	—
纳米碳酸钙（商品化产品）		25	22	24	20
纳米氧化物	纳米二氧化硅	4	2	2	2
	纳米氧化锌	2	4	3	3
	纳米氧化铝	2	4	3	5
	纳米二氧化钛	2	2	2	2
润湿分散剂六偏磷酸钠水溶液（浓度为10%）		1	1.2	1.1	1.5
消泡剂磷酸三丁酯		0.1	0.15	0.1	0.2
防冻剂乙二醇		1	1	1	1.8
增稠剂羧甲基纤维素水溶液（浓度为2%）		0.5	0.3	0.4	0.1
水		加至100	加至100	加至100	加至100

【制备方法】

（1）在低速搅拌下先将水、分散剂、乙二醇、一半消泡剂搅拌均匀,在搅拌下依次加入纳米碳酸钙和纳米氧化物混合物,搅拌均匀后在多功能分散机上通过高速剪切将其分散均匀。

(2)然后在低搅拌速度下将乳液缓慢滴加,随后加入剩余消泡剂、增稠剂,低速搅拌混合均匀即完成本内墙保温涂料的制备。

【产品应用】 本品属于水性涂料的生产技术领域,是一种纳米水性内墙保温涂料。

【产品特性】 本品用纳米材料来制备纳米水性内墙保温涂料,由于纳米材料巨大的比表面积,在涂料中颗粒之间的空隙会大幅度增加,从而大大提高了涂料的阻隔性能。在本品配方中所选用的纳米氧化物组分能够吸收大部分建筑物室内物体发出的红外波长,增强了内墙涂料的红外辐射吸收性能。两种隔热机理协同作用能使内墙涂料的保温效果增强。特别是本品技术制备水性保温涂料是以水为溶剂,不含有机溶剂,VOC 含量很低,制备工艺简单,应用广泛。

实例26 纳米水性内墙保温涂料(2)

【原料配比】

原 料		配比(质量份)			
		1#	2#	3#	4#
乳液	苯丙乳液	28	—	—	16
	纯丙乳液	—	27	—	14
	醋丙乳液	—	—	25	—
颜填料	超细硅酸镁	26	—	12	15
	超细碳酸镁	—	24	—	—
	超细碳酸钙	—	—	10	10
保温功能材料	纳米二氧化硅	4	2	2	1
	纳米氧化锌	2	3	4	4
	纳米氧化铝	4	4	3	4
	纳米二氧化钛	2	3	4	2

原料	配比(质量份)			
	1#	2#	3#	4#
润湿分散剂六偏磷酸钠水溶液(浓度为10%)	1.2	1.4	1.5	1.8
消泡剂磷酸三丁酯	0.25	0.2	0.2	0.3
防冻剂乙二醇	1.5	1.2	1.3	1.6
增稠剂羧甲基纤维素水溶液(浓度为2%)	0.1	0.2	0.15	0.1
水	加至100	加至100	加至100	加至100

【制备方法】

(1)在低速搅拌下先将水、分散剂、乙二醇、一半消泡剂搅拌均匀,在搅拌下依次加入颜填料和保温功能材料,搅拌均匀后经球磨机研磨后获得浆料。

(2)将浆料加入配料缸中低速搅拌的同时将乳液缓慢滴加,随后加入剩余消泡剂、增稠剂,低速搅拌混合均匀即完成本内墙保温涂料的制备。

【产品应用】 本品广泛地应用在保温涂料领域,是一种纳米水性内墙保温涂料。

【产品特性】 本品中不含挥发性大的有机物,所以本品中的新型水性内墙保温涂料毒性极小,利于环保。本品中采用的颜填料为纳米级或超细的碳酸镁、硅酸镁或碳酸钙,由于其具有优异的阻隔型隔热功能,目前广泛地应用在保温涂料领域,且选用纳米级或超细的碳酸镁、硅酸镁或碳酸钙,能够大大提高颜填料的表面积,在涂料中颗粒之间的空隙会大幅度地增加,从而提高涂料的阻隔热性能。本品所提供的水性内墙保温涂料兼具显著的辐射隔热与阻隔型隔热效果,制备工艺简单,应用广泛。

实例 27　内墙隔热保温涂料

【原料配比】

原料		配比（质量份）					
		1#	2#	3#	4#	5#	6#
丙烯酸乳液		29.5	31.5	33.5	40	20	20
不透明聚合物		5	3	10	5	5	5
分散剂聚丙烯酸铵盐		0.5	0.5	0.5	0.5	0.5	5
硅藻土		5	10	8	20	12	5
空心玻璃微球		10	8	5	5	5	5
金红石型钛白粉		10	10	12	5	5	25
增稠剂	聚氨酯	1	1	1	0.5	0.5	0.1
	碱溶胀类	—	—	0.2	0.2	0.2	0.1
热塑性膨胀微球（平均直径 6~45μm）		3	1.5	1	2	10	2
水		32.8	31.3	25.8	20	40	29.5
其他助剂		2.5	2.5	2.5	1.3	1.3	1.3

【制备方法】　先按照配方比例称取原料,低速阶段依次加入去离子水、分散剂、润湿剂、金红石型钛白粉、硅藻土,中速搅拌 3~5min,添加增稠剂,待以上原料加入完毕,进行高速分散 15min 后中速搅拌,加入乳液、空心玻璃微球、不透明聚合物,中速搅拌下加入增稠剂,添加热塑性膨胀微球、水和其他助剂,再中速搅拌 15min,再经过滤,称重包装。

所述低速搅拌是指搅拌叶片的转速在 500~800min,高速搅拌是指搅拌叶片的转速在 1000~1500min,中速搅拌是指搅拌叶片的转速在 800~1000min。

【注意事项】　所述不透明聚合物为空心聚合物球体,其外壳是以丙烯酸酯、苯乙烯组成的聚合物。

所述其他助剂为防霉剂、防腐剂、抗菌剂、防冻剂中的一种或几种。

【产品应用】 本品主要用于建筑物的内墙隔热材料。

【产品特性】 本品具有加热时升温慢,散热时降温也慢的特点,能适度地调节室内温度,使居住环境更加舒适;并且采用水性乳液,对人体和环境没有危害,属于绿色环保产品。

实例28 水性保温涂料

【原料配比】

原　　料	配比质量份
丙烯酸酯树脂	30～50
膨胀珍珠岩	10
金红石型钛白粉	10～15
氟碳润湿流平剂 FCP－54	6
苯乙烯空心聚合物球体	15
云母粉	15～18
聚氨酯类增稠剂	5
氧化镁	10
消泡剂	3
聚丙烯酸铵盐分散剂	3
水	15～25
防霉剂	3

【制备方法】 将各组分混合均匀即可。

【产品应用】 本品主要应用于化工涂料技术领域,建筑业及其他相关行业。

【产品特性】 本品的产品热导率低,具有加热时升温慢,散热时降温也慢的特点,能适度地调节室内温度,使居住环境更加舒适。

实例29 水性多彩保温涂料

【原料配比】

原 料	配比（质量份）			
	1#	2#	3#	4#
苯丙乳液（固含量为30%～50%）	30	26	43	31
水	26	24	31	35
空心陶瓷微珠（白色）	7	—	—	—
空心陶瓷微珠（黄色）	—	14	—	—
空心陶瓷微珠（红色）	—	—	5.5	—
空心陶瓷微珠（蓝色）	—	—	—	7.5
轻质碳酸钙	20	10	7	14
钛白粉	15	23	11	10
分散剂（德国汉高公司的SN5040、SN5027中的一种）	0.9	1.2	1.0	0.9
增稠剂（美国罗门哈斯公司的TT-935、TT-615中的一种）	0.6	1.0	0.8	0.8
消泡剂（德国毕克公司的BYK-052或BYK-057中的一种）	0.5	0.8	0.7	0.8

【制备方法】

（1）按比例将适量苯丙乳液、水、钛白粉、轻质碳酸钙混合，经高速搅拌机搅拌分散，经磨砂机研磨，并混合均匀。

（2）取适量的多彩空心陶瓷微珠，用分散剂润湿后，分3次加入到上述合成的乳液中，每次加入后，用低速搅拌机搅拌10min使其分散，再加入消泡剂、增稠剂混合均匀，即制得兼具隔热保温和装饰性的水性涂料。

【注意事项】 所述的多彩空心陶瓷微珠是由钛—硼硅酸盐经高科技加工而成，是一种颜填一体化非金属材料，主要成分是TiO_2、SiO_2和Al_2O_3，平均粒径为20～30μm，壁厚为1～2μm，外观为白色或各种彩色,球形率大于95%,中空、有坚硬的外壳。该类产品可选用重庆阿罗科技发展有限公司或成都赛采科技发展有限公司的产品。

【产品应用】 本品主要应用于保温、装饰领域。该涂料兼具隔热保温和多色彩装饰特性,可方便制备各种所需颜色,适用于建筑、管道、罐体等表面。

【产品特性】 本品的涂料色彩来源于含有彩色空心陶瓷微珠,不含苯、甲醛等挥发性有机溶剂,兼具隔热保温节能和装饰性,有利于环保,并且具有突出的保温性能和保色性能,具有显著的环境、社会效益。

第二章 建筑胶黏剂

实例1 丙烯酸树脂胶黏剂
【原料配比】

原　料	配比（质量份）	
	1#	2#
水性阳离子丙烯酸聚合物乳液	100	80
阳离子淀粉	20	15
脱离子水	80	75

其中水性阳离子丙烯酸聚合物乳液配比为：

原　料		配比（质量份）	
		1#	2#
单体	丙烯酸2-乙基己酯	20	45
	丙烯酸丁酯	10	15
	苯乙烯	42	35
阳离子乳化剂		30	45
过氧化氢		3.5	4.2
水		42	42

其中阳离子乳化剂配比为：

原　料		配比（质量份）	
		1#	2#
异丙醇		60	40
反应单位	丙烯酸丁酯	30	10
	苯乙烯	120	60
	丙烯酸N,N'-二甲基氨基乙酯	45	35
丙酮		60	60
引发剂偶氮二异丁腈		8	5
环氧氯丙烷		26	20
乙酸		48	30

【制备方法】

(1)阳离子乳化剂的制备:在 500mL 四口瓶中加入异丙醇,在 65℃ 的温度下同时滴加反应单体和引发剂的丙酮溶液,3h 内加完,并在此温度下继续反应 4h,在 50℃下加入环氧氯丙烷反应 1h 后,加入乙酸反应 20min 后用去离子水稀释成水溶性且 pH 值最好为 6 左右的分散体。

(2)水性阳离子丙烯酸聚合物乳液的制备:将阳离子乳化剂加入 500mL 的四口瓶中,在 65℃ 的温度下同时滴加单体和过氧化氢的水溶液,在 3h 内同时加完。再在此温度下保温反应 4h 即可降温出料。

(3)产品的制备:将阳离子淀粉加入去离子水中,搅拌分散均匀后加入乳液中,在搅拌下升温至 70℃ 左右,并在此温度下搅拌 0.5h 即可。

【注意事项】 苯乙烯还可以用异丁烯或丙烯腈或甲基苯乙烯、乙基苯乙烯等化合物替代;水性天然或合成的阳离子或非离子的高分子材料包括普通淀粉、阳离子淀粉。

【产品应用】 本产品特别适合用于家庭、办公室、商场等公共场所的装修使用。

【产品特性】 本产品与现有产品相比,提高了黏合力,提高了防水性能,且具有无毒、环保,不含甲醛等特点。

实例2 彩色瓷砖胶黏剂

【原料配比】

原　　料	配比(质量份)	
	1#	2#
白水泥(标号为 52.5,白度≥80%)	350	590
石英砂(≥200 目)	255	180
填料(≥200 目)	340	180
乳胶粉	30	30
保水剂	2	1
木质纤维素	5	5
高铝水泥(标号为 42.5)	6	6

续表

原　　料	配比（质量份）	
	1#	2#
生石膏	4	4
减水剂	4	2
着色剂	4	2

【制备方法】　根据上述规定的质量比分别称取白水泥、石英砂、填料、乳胶粉、保水剂、木质纤维素、高铝水泥、生石膏、减水剂、着色剂，并放入搅拌釜中，经一定时间搅拌混合均匀，即可得干粉状瓷砖胶黏剂。

【产品应用】　本品用于瓷砖施工的粘接。

【产品特性】

（1）在粘接瓷砖时可以干作业，基层不必洒水浸湿，面砖也不必浸泡阴干，而且具有良好的保水性。贴面砖不起鼓、不脱落，省工省事，较普通水泥砂浆安全度高。

（2）产品定型化，单组分由工厂按生产工艺要求，严格控制有效成分的配合比。施工时不需要现场配料，只需要按要求加自来水搅拌均匀即可使用，粘接质量牢固、稳定。

（3）不会返碱吐白。该胶黏剂具有良好的防水能力，能有效地阻止水分进入基层，防止水泥水化引起的返碱吐白现象的发生。

（4）初凝结时间为 4～5h，这时操作人员有充裕的时间进行大面积的找平调整。终凝时间约为 6h，与其他刚性材料相比较，加快了施工速度，缩短了整体工期。

（5）粘接饰面砖的过程就是防水层的作业过程，由于本产品抗渗性能好，在需要做饰面砖的部位，如厕浴间、外墙面等，可以不另做防水层，用该胶黏剂粘贴过程即完成了防水层的作业过程。

（6）可以直接在潮湿的基面上作业。

（7）加入不同的着色剂可以制成不同颜色的粉体，并且适用于做彩色刚性屋面和彩色地面混凝土、装饰性粉刷、海河的航道标志、海水里的建筑以及其他彩色防水装饰工程。

（8）以水泥为主要原料，成本低廉，生产工艺和设备简单，有利于工业化生产和推广应用，因而具有较好的经济、社会和环境效益。

实例3　单组分聚氨酯胶黏剂

【原料配比】

原　　料	配比（质量份）		
	1#	2#	3#
多苯基多亚甲基多异氰酸酯	100	100	100
甲苯二异氰酸酯	35	40	30
脱水蓖麻油（羟值为124mgKOH/g）	135	—	—
脱水蓖麻油（羟值为128mgKOH/g）	—	140	—
脱水蓖麻油（羟值为121mgKOH/g）	—	—	130
精制蓖麻油	25	25	25
三羟甲基丙烷－氧化丙烯聚醚三醇	25	25	25
三亚乙基二胺	0.4	0.5	0.3
N,N'－二甲基苄胺	0.4	0.5	0.5
辛酸亚锡	0.65	0.7	0.6
丁酮	35	40	30
4－叔丁基邻苯二酚	0.07	—	0.06

【制备方法】　在反应釜中，依次加入多苯基多亚甲基多异氰酸酯、甲苯二异氰酸酯，在搅拌的条件下，再加入低羟值的脱水蓖麻油、精制蓖麻油、三羟甲基丙烷－氧化丙烯聚醚三醇、辛酸亚锡、三亚乙基二胺、N,N'－二甲基苄胺和丁酮，加热，温度控制在50～60℃，反应2～2.5h后，每隔30min测量异氰酸酯（NCO）含量，当异氰酸酯含量稳定时，加入4－叔丁基邻苯二酚，继续搅拌10～15min，冷却至室温，出料，密封包装。

【产品应用】　本品用于黏结彩钢板和聚苯乙烯泡沫板。

【产品特性】　本产品对两相界面粘接强度高、原料成本低。

实例4 防水卷材沥青基冷胶黏剂

【原料配比】

原　　料		配比（质量份）									
		1#	2#	3#	4#	5#	6#	7#	8#	9#	10#
组分A	90#沥青	35	40	36	36	30	35	35	40	36	40
	90#溶剂油	35	—	—	—	—	32	30	—	—	20
	120#溶剂油	—	35	32	31	34	—	—	32	29	—
	甲苯	—	—	—	—	—	2	3	2	5	—
	90#汽油	—	—	—	—	—	—	—	—	—	15
组分B	乙烯丙烯共聚物1#	5	2	3	2	5	2	2	3	2	2
	90#溶剂油	19	20	—	—	—	20	20	—	—	—
	120#溶剂油	—	—	21	22	22	—	—	20	19	—
	甲苯	—	—	—	—	—	—	—	2	—	—
	90#汽油	—	—	—	—	—	—	—	—	—	20
添加剂	萜烯	3	1	4	3	3	3	4	1	3	1
	松香	3	1	4	3	3	3	4	1	3	1
	骨胶	—	1	—	3	3	3	—	1	3	1

【制备方法】

（1）按质量份称取90#沥青，加入90#和120#溶剂油、90#汽油和甲苯，在20～60℃下溶解，得到组分A。

（2）按质量份称取乙烯丙烯共聚物1#，粉碎后加入90#和120#溶剂油、90#汽油和甲苯，在20～60℃下溶解，得到组分B。

（3）将上述制得的组分A和组分B按1∶1（体积比）混合，加入添加剂，即得沥青基冷胶黏剂。

【产品应用】 本品可作为SBS改性沥青防水材料的专用胶黏剂，也可用于新建筑的防水处理及各种旧沥青卷材防水层的修补翻新。

【产品特性】 本产品无污染、粘贴强度高、低温柔性好。

实例5 高强力胶黏剂

【原料配比】

原料		配比(质量份)					
		1#	2#	3#	4#	5#	6#
氯丁橡胶		100	100	100	100	100	100
增稠剂	白炭黑	3	2	—	—	—	—
	羟甲基纤维素	—	—	5	3	—	—
	天然橡胶	—	—	—	—	5	3
溶剂	甲苯:环己烷:汽油=4:3:3	600	—	—	—	—	—
	甲苯:环己烷:汽油=4:4:2	—	400	—	—	—	—
	甲苯:丁酮:汽油=4:3:3	—	—	500	—	—	—
	甲苯:环己烷=6:4	—	—	—	530	—	—
	甲苯:1,1′-二氯己烷:汽油=5:2:3	—	—	—	—	480	—
	甲苯:丙酮:汽油=4:2:2	—	—	—	—	—	460
	改性酚醛树脂	50	—	—	—	—	—
	萜烯树脂	—	30	50	—	—	—
增黏树脂	改性松香树脂	—	—	—	50	—	—
	石油树脂	—	—	—	—	30	45
抗氧剂氧化镁		2	3	1	4	5	1
接枝单体	甲基丙烯酸甲酯	70	20	—	—	120	75
	甲基丙烯酸丁酯	—	—	43	—	—	—
	丙烯酸	—	—	—	63	—	—
分散剂	双十八烷基氯化铵	0.6	—	—	0.4	0.3	0.45
	苯磺酸甲醛缩聚物钠盐	—	0.6	—	—	—	—
	石蜡	—	—	0.5	—	—	—

原　　料		配比（质量份）					
		1#	2#	3#	4#	5#	6#
催化剂	过氧化苯甲酰	0.34	0.2	—	—	—	—
	过氧化二苯甲酰	—	—	0.24	1.2	—	—
	2,4-二氯过氧化苯甲酰	—	—	—	—	1.6	0.2
阻聚剂	2,6二叔丁基-4-甲基酚	2.5	2.2	3.3	—	—	—
	N-亚硝基二苯胺	—	—	—	2.8	—	—
	2,6-二硝基对甲苯酚	—	—	—	—	3.1	3
填料	碳酸钙	120	—	—	—	—	—
	蒙脱土	—	150	—	—	—	—
	高岭土	—	—	100	—	—	—
	轻质碳酸钙	—	—	—	150	—	—
	纳米碳酸钙	—	—	—	—	80	120
触变剂	聚醚硅烷	1	3.1	5	2.3	—	—
	膨润土	—	—	—	—	2.5	3

【制备方法】

（1）将氯丁橡胶放入开炼机中混炼,10min 后加入增稠剂,混炼 10～20min。

（2）在反应釜内加入溶剂、增黏树脂搅拌均匀,添加抗氧剂,继续搅拌 4～6h。

（3）将经过混炼的氯丁橡胶放入反应釜中,加入接枝单体、分散剂、催化剂,搅拌、溶解,升温到 40～60℃,反应 4～8h,加入阻聚剂,并冷却降温至室温,出料。

（4）将接枝后的氯丁橡胶加入到行星搅拌机中,开机搅拌约10min,添加填料、触变剂,继续搅拌 1～2h,出料、包装、成品。

【产品应用】 本品可用于黏合木材、混凝土、胶板、金属、石膏板、砖、瓷砖等建筑材料。

【产品特性】 本产品具有高的固含量和良好的环保性能,并具有良好的耐老化、耐热、耐油、耐化学腐蚀、耐候性、防霉、抗菌等优异特点。

实例6 环保型多功能建筑胶黏剂

【原料配比】

原　　料		配比(质量份)			
		1#	2#	3#	4#
聚乙烯醇		45	40	50	48
水		502	592	420	475
醋酸乙烯－乙烯共聚乳液		150	100	196.2	200
乳化剂邻苯二甲酸二丁酯		5	4	6	5.4
醋酸乙烯酯		280	250	300	260
丙烯酸单体		10	5	15	8.4
引发剂	过硫酸铵①	1.2	1.125	0.98	1.092
	过硫酸铵②	1.8	1.375	1.82	1.508
pH值调整液	碳酸氢钠	5		10	
	氢氧化钠	—	6.5	—	0.6

【制备方法】 按配方要求备料,在反应釜中,加入聚乙烯醇和水,开始搅拌,并使温度升至(80 ± 2)℃,将聚乙烯醇完全溶解;降温到(70 ± 2)℃,将醋酸乙烯—乙烯共聚乳液和乳化剂依次投入反应釜中,保持温度(70 ± 2)℃,开始加入醋酸乙烯酯和丙烯酸单体,并加入引发剂过硫酸铵①进行乳液聚合,使温度保持在(70 ± 2)℃的范围内,然后再加入引发剂过硫酸铵②;等引发剂加入完毕后,保温$1\sim2h$,当体系中单体回流时,逐步升温至(90 ± 2)℃,并保温$30\sim40min$,把体系内温度降至(50 ± 2)℃,用pH值调整液调整pH值,搅拌均匀后出料。

【产品应用】 本品可用作水泥改性剂、建筑密封胶、嵌缝胶等。

【产品特性】 本产品性能稳定,黏度较低,便于操作,压缩剪切强度符合要求,初黏性强,弹性好,成膜性和防水性能极好,快干、不易发霉,而且无毒,生物降解性好,与其他的建筑胶黏剂相比,它具有良好的黏附性,干燥速度快,性能稳定等优点,还具有对内外墙极强的附着粘接力度,封堵墙体缝隙、沙眼效果尤为显著,应用范围宽。

实例7　环氧水泥基胶黏剂

【原料配比】

原料	配比（质量份）			
	1#	2#	3#	4#
环氧乳液	100	100	100	100
固化剂	5	8	6	10
粉料	271.5	291.8	312.2	332.7

其中固化剂配比为:

原料	配比（质量份）			
	1#	2#	3#	4#
三乙烯三胺	2.5	—	—	—
三乙烯四胺	—	4	2	5
低分子聚酰胺树脂	2.5	4	4	5

其中粉料配比为:

原料	配比（质量份）			
	1#	2#	3#	4#
早强型42.5普通硅酸盐水泥	120	130	140	150
石英砂（粒度为40~60目）	150	160	170	180
羟丙基甲基纤维素	0.6	0.7	0.8	0.9
木质纤维素	0.3	0.4	0.6	0.9
萘系减水剂	0.6	0.7	0.8	0.9

【制备方法】

(1)环氧乳液的制备:将环氧乳液稀释至固体含量为25%~30%。

(2)固化剂的制备:将三乙烯三胺或三乙烯四胺和低分子聚酰胺树脂按比例混合制得固化剂。

(3)粉料的制备:

①称取为羟丙基甲基纤维素、木质纤维素、萘系减水剂质量之和30~50倍质量的石英砂与羟丙基甲基纤维素、木质素、萘系减水剂放入球磨机混合3~5min。

②将剩余的石英砂和按比例称取的硅酸盐水泥一起投入到砂浆搅拌机中,干搅3~5min。

③将步骤①所得的混合料投入到步骤②所得的混合料中,搅拌均匀。

(4)将步骤(1)所得的环氧乳液、步骤(2)所得的固化剂、步骤(3)所得的粉料各自包装,使用时混合均匀即可。

【产品应用】 本品广泛用于石材、水泥、玻璃、金属的粘接,尤其适用于大理石薄板与瓷板、石质基材的复合。

【产品特性】 本产品能够达到节省石材干挂时的金属用量,杜绝油性石材胶黏剂中挥发物对工人身体的毒害,使用后易于清洗,防止湿贴石材泛碱现象的发生。本品在使用中健康环保,节约资源,安全方便。

实例8　建筑淀粉胶黏剂

【原料配比】

原　　料	配比(质量份)	
	1#	2#
淀粉	100	100
过硫酸铵	0.23	0.28
丁苯乳液	30	45
硼砂	0.38	0.45
聚丙烯酰胺	2.8	3.8

续表

原　料	配比（质量份）	
	1#	2#
1,2－苯并异噻唑啉－3－酮	2	3.5
羧甲基纤维素钠	适量	适量
水	2000	1100
硬脂酸	—	0.4
轻质碳酸钙	—	36

【制备方法】　在反应器中加入水,将水加热到60～75℃时加入用水搅拌好的淀粉和过硫酸铵,边搅拌边加热至80℃后,再加入丁苯乳液、硼砂、聚丙烯酰胺羧甲基纤维素、硬脂酸、轻质碳酸钙和1,2－苯并异噻唑啉－3－酮搅拌均匀后即成。

【产品应用】　本品能用于墙面批灰及粘贴瓷砖和石膏制品,对一些疏水材料及其制品也能有效粘接。

【产品特性】　本品不仅制备工艺简单,制成的建筑淀粉胶黏剂具有良好的黏结力、耐水性、防腐性、热塑性,不易流挂,干燥后不易分解,而且成本低廉,对环境污染很小,能确保员工和用户等有关人员的身体健康,社会效益和经济效益显著。

实例9　建筑用防水彩色填缝胶黏剂

【原料配比】

原　料		配比（质量份）						
		1#	2#	3#	4#	5#	6#	7#
水泥	白水泥	15	50	—	25	40	35	—
	普通水泥	—	—	25	—	—	—	30
石英砂		80	45	67	70	55	55	65.5
水性纤维素醚	羟丙基甲基纤维素	0.6	—	—	0.5	0.2	—	—
	羟乙基甲基纤维素	—	0.1	0.4	—	—	—	—
	羧甲基纤维素	—	—	—	—	—	0.4	0.5

续表

原　　料		配比（质量份）						
		1#	2#	3#	4#	5#	6#	7#
木质素		0.1	2	0.5	1	1	1	0.5
颜料	氧化铁黄	0.5	—	—	—	—	—	—
	二氧化钛	—	0.05	—	—	—	—	—
	炭黑	—	—	2	—	—	—	1.5
	孔雀绿	—	—	—	1	—	—	—
	铁红	—	—	—	—	1	—	—
	氧化铁黄与氧化铁红1:1复合	—	—	—	—	—	0.6	—
醋酸乙烯酯类共聚乳胶粉		1.8	1.85	5	2	1	2	0.5
有机羧酸金属盐	十碳羧酸锌	2	—	—	—	—	—	—
	十七碳羧酸锌	—	1	—	—	—	—	—
	十二碳羧酸铝	—	—	0.1	—	—	—	—
	十七碳羧酸镁	—	—	—	0.5	—	—	—
	三十碳羧酸钙	—	—	—	—	1	—	—
	三十碳羧酸锌	—	—	—	—	—	1	—
	十八碳羧酸锌	—	—	—	—	—	—	1.5

【制备方法】

(1)将水泥、木质素、无机颜料、醋酸乙烯酯类共聚乳胶粉混合均匀。

(2)将石英砂、水性纤维素醚、有机羧酸金属盐混合均匀。

(3)将步骤(1)、(2)得到的混合物混合均匀。

【产品应用】 本品适用于外墙砖、地砖、内墙砖、石材以及广场砖的黏合与填缝。

【产品特性】 本产品具有如下优点：多功能化、操作方便、节省材料、防水性好、黏合强度高、耐久性好、价格低廉。本品采用价格较低的水泥、石英砂作为基础材料,添加具有黏合与防水性能的有机功能材料复合,同时结合外观要求进行色彩调配,使用时不仅具有较高的强度,而且形成高防水性表面,是一种具有防水、黏合、填缝一体化的建筑用彩色胶黏剂。

实例10 建筑保温节能专用胶黏剂

【原料配比】

原　　料		配比(质量份)		
		1#	2#	3#
水		170	100	100
纤维素醚	乙基羟乙基纤维素醚	4	—	—
	羟丙基甲基纤维素醚	—	2	2
合成树脂聚丙烯酸酯乳液		220	220	140
石油基消泡剂		2	2	1
杀菌剂		2	2	1
骨料石英砂		602	602	500

【制备方法】

(1)在5～35℃条件下,在搅拌器中加入水,边搅拌边缓慢加入纤维素醚,搅拌5～15min。

(2)再加入合成树脂乳液、消泡剂和杀菌剂,搅拌3～5min。

(3)最后加入骨料,搅拌5～15min,充分混合均匀后即得本品。

【注意事项】 所述的杀菌剂优选为杂环胺或三丁基苯甲酸酯或二环噁唑烷中的一种或两种以上的混合物。

【产品应用】 本品主要用于建筑保温节能工程及装饰系统领域。

【产品特性】 本品为建筑保温节能系统的专用胶黏剂或抹面胶浆,其分散均匀、稳定性高、粘接力强,且具有良好的柔韧性,耐水性及优异的耐气候性,溶剂对环境无任何污染,其综合性能优于常规的建筑胶黏剂和抗裂砂浆,在建筑节能及装饰系统领域具有广阔的应用前景。其制备工艺步骤简单,易于控制操作。

实例11 丙烯酸酯胶黏剂

【原料配比】

原　料		配比（质量份）			
		1#	2#	3#	4#
A 组分	甲基丙烯酸甲酯	10	20	10	20
	甲基丙烯酸乙酯	20	—	—	20
	甲基丙烯酸2－乙基己酯	10	10	20	20
	苯乙烯－丁二烯嵌段共聚物(SBS)	15	15	10	—
	丙烯腈－丁二烯－苯乙烯共聚物（ABS）	15	10	—	10
	N,N'－甲基苯胺	0.05	0.025	—	—
	硝基苯酚	0.01	—	—	—
	丁苯橡胶	5	—	—	—
	BYKA－555	0.05	—	—	—
	KH－550	0.05	—	0.05	0.05
	KH－560	—	0.05	—	—
	丙烯酸乙酯	—	20	—	—
	氯磺化聚乙烯	—	10	—	10
	取代基硫脲	—	0.025	—	—
	对苯二酚	—	0.01	—	—
	液体丁腈橡胶	—	5	—	—
	甲基硅油	—	0.05	0.05	0.05
	丙烯酸丁酯	—	—	20	—
	丁腈橡胶	—	—	20	—
	氯丁橡胶	—	—	10	20
	N,N'－二乙基苯胺	—	—	0.05	—
	2,6－二叔丁基对甲酚	—	—	0.01	—
	液体聚丁二烯橡胶	—	—	5	—
	N,N'－二甲基对甲苯胺	—	—	—	0.05
	苯酮	—	—	—	0.01
	液体聚硫橡胶	—	—	—	5

续表

原　　料		配比（质量份）			
		1#	2#	3#	4#
B组分	过氧化邻苯二甲酰	50	30	60	70
	邻苯二甲酸二甲酯	15	—	20	—
	邻苯二甲酸二丁酯	15	20	20	20
	气相白炭黑	2	3	4	4
	过氧化氢异丙苯	—	30	—	—
	邻苯二甲酸二乙酯	—	15	—	—
	邻苯二甲酸二辛酯	—	—	—	20

【制备方法】

（1）A组分的按制备方法：按原料配比，在配胶釜中投入丙烯酸酯类单体，再投入促进剂、阻聚剂、消泡剂、偶联剂和增韧剂；然后搅拌，使各原料溶解并混合均匀；最后投入弹性体，室温放置12h。待弹性体溶胀后，保持釜内温度为60～70℃，时间4～6h。弹性体充分溶解后停止加热，出料制得A组分。

（2）B组分的制备方法：按原料配比，将过氧化物，增塑剂和增稠剂气相白炭黑加入分散釜内，搅拌均匀即可制得B组分。

（3）最后将A组分和B组分混合均匀，即得所述丙烯酸酯类胶黏剂，所述A组分和B组分的用量比为A:B＝10:1。

【注意事项】　所述丙烯酸酯类单体由甲基丙烯酸甲酯、甲基丙烯酸乙酯、丙烯酸乙酯、丙烯酸丁酯、甲基丙烯酸2－乙基己酯中的任三种组成。所述弹性体为SBS、ABS、氯磺化聚乙烯、丁腈橡胶、氯丁橡胶中的任两种或多种。所述促进剂为胺类、醛胺缩合物、硫脲类中的一种或多种。所述阻聚剂为对苯二酚、苯酮、硝基苯酚、2,6－二叔丁基对甲酚中的一种或多种。所述增韧剂为液体聚硫橡胶、液体聚丁二烯橡胶、液体丁腈橡胶及丁苯橡胶中的一种或几种。所述过氧化物为过氧化邻苯二甲酰、过氧化月桂酰、过氧化氢异丙苯中的一种或几种。所述增塑剂为邻苯二甲酸二甲酯、邻苯二甲酸二乙酯、邻苯二甲酸二丁酯、邻苯二甲酸二辛酯中的一种或几种。所述消泡剂为甲基硅油或

BYKA－555。所述偶联剂为 KH－550 或 KH－560。

【产品应用】 本品主要应用于石材粘接修补,能有效提高粘接强度、不污染石材。

【产品特性】 本品的丙烯酸酯类胶黏剂采用特定的原料和原料配比制备而成,具有优异的粘接性能,能长时间抗老化、防腐,且不污染石材,固化后无挥发物,有利于环保,同时,方便施工与运输。

实例12 采用多元单体共聚的自黏层的胶黏剂

【原料配比】

原　　料			配比（质量份）							
			1#	2#	3#	4#	5#	6#	7#	8#
A组分	去离子水		110	105	115	90	100	123	97	120
B组分	去离子水		15	20	21	25	32	24.2	25	10
	硫酸盐过硫酸钠		1	1	1	1	1	1	1	1
	聚合剂		0.2	0.5	0.3	0.4	0.2	0.3	0.4	0.5
C组分	去离子水		120	123.5	110	130	115	100	122	118
	硫酸盐	过硫酸钾	0.5	—	—	0.5	—	—	0.5	0.5
		无水硫酸钠	1.5	1.5	1.0	1.3	1.2	1	1.5	—
		过硫酸铵	—	0.5	0.5	—	0.5	0.5	—	—
	聚合剂		3.8	3.0	3.5	3.2	3.6	3.3	3.0	3.0
D组分	丙烯酸酯	丙烯酸丁酯	200	230	207	157	180	235	100	80
		甲基丙烯酸	5	5	5	5	5	5	5	5
		甲基丙烯酸甲酯	5	—	3	—	—	5	—	—
	增黏树脂	脂松香	0.9	1.3	—	—	—	0.7	—	1.5
		蒎烯树脂	—	—	5	—	—	—	11	—
		甘油松香酯	—	—	—	3	—	—	—	—
		碱皂化松香液	—	—	—	—	4	—	—	—
	醋酸乙烯酯		18	10	5	50	—	—	100	70
	有机硅		2	—	—	4	—	—	—	70

【制备方法】

（1）首先，配制胶黏剂原料后，先将增黏树脂溶解在 D 组分中，然后再与配制好的 C 组分一起放入容器内，以 300～500r/min 的转速下进行预乳化 30～60min，得到乳白色的均匀预乳化液。

（2）在装有搅拌器、温度计、液滴瓶及自控温水浴的四口烧瓶中，加入 A 组分，开始升温至 75～80℃时，加入 B 组分，继续加温，当温度回升到 80～85℃时，加入步骤（1）配制的预乳化液全量的 10%～30%，再继续加温，当温度回升到 80～85℃时，滴加剩余的预乳化液，全部组分在 75～90℃温度下，用 120～150min 滴完，再继续保温 60～150min；然后，降温至 40℃以下，用氨水中和 pH 值至 6～8，再用 100 目筛网过滤出料，得到乳白色的水性胶黏剂。

【注意事项】　所述的丙烯酸酯是采用丙烯酸丁酯 50～260 质量份、甲基丙烯酸 3～8 质量份和甲基丙烯酸甲酯 0～10 质量份混合组成。

【产品应用】　本品是一种建筑防水材料用胶黏剂，是一种用于环保宽温变自粘层防水卷材上使用的自粘层带材的胶黏剂。

【产品特性】

（1）本品提供的胶黏剂由于采用多元单体共聚，很好的复合乳化剂体系。所以，聚合得到的产品质量稳定，且在胶黏剂中加入增黏树脂，有效地提高了其粘接强度，使得用本品的胶黏剂制作的自黏层带材与基底的粘接强度高，不会受温度变化的影响而降低粘接性能，一年四季都能施工应用。

（2）本品的胶黏剂具有水性、无毒无味的特点，符合环保产品的要求，对生产和施工工人的身体健康无害，具有很好的实用价值和社会效益。

（3）该胶黏剂还具有很好的防水功能、拉伸强度、延伸率和远高于现有其他胶黏剂的耐老化性能，可相应提高原防水卷材的产品质量和使用寿命。

（4）用该胶黏剂生产的环保宽温变自黏层防水卷材产品的保质期长，不会因存放时间的延长影响粘接强度而造成浪费，也有效地避免了用户的投诉,提高了产品和公司的影响力。

(5)本品的制备方法中的工艺简便,操作方便灵活,设备无特殊要求,常规反应釜稍作改造即可生产,建厂投入资金少,产品效益高,无三废排放,有利于该技术在现实产品中推广应用。

实例13　瓷器专用胶黏剂

【原料配比】

原　　料	配比（质量份）		
	1#	2#	3#
阿拉伯胶	10	15	20
瓷器细粉	3	4	5
雪花石膏	70	75	80
硝酸钙	10	12	14
硅酸钠	1	2	4

【制备方法】　将上述配料按照比例用去离子水调和成糊状即得本品。

【产品应用】　使用时:

(1)将瓷器损面用洗洁精洗刷,清水洗净,晾干。

(2)将糊状胶黏剂涂于表面,吻合,用橡皮筋圈固,静置12h后,粘接缝两边用鹿皮打磨即可。

本品主要用于黏合瓷器,达到粘接牢固,看不出旧纹,达到使破旧瓷器修旧如旧,新瓷器修复如新的效果。

【产品特性】　本品渗透性强,因无机材料的相似相容原理,有效成分能充分渗透到附着体内部;同化程度高,在粘接过程中与修复体相同的瓷器细粉,能很好地与粘接层同化,缝隙几乎看不出是新作;吸收性能强,粘接后隆起的余剂也能吸收平复;粘接牢固,经久不开裂。

实例14　瓷砖填缝胶黏剂

【原料配比】

原料		配比（质量份）		
		1#	2#	3#
聚合乳液		100	100	100
硅灰石矿物填料		20	40	33
分散剂	丙烯酸钠盐	5	—	—
	高效聚丙烯酸盐	—	1	3
增稠剂	非离子聚氨酯类综合增稠剂	0.5	—	—
	疏水改性碱性溶胀增稠剂	—	3	1.3
保水剂羟丙基纤维素醚		5	0.5	2.6
防霉防藻剂四氯间苯二腈		0.3	3	1.38
广谱长效高稳定性防腐剂		5	1	2.72
消泡剂	疏水二氧化硅类消泡剂	0.2	—	—
	多羟基化合物疏水消泡剂	—	3	1.9
清水（纯净水）		20	1	11.2

【制备方法】

（1）瓷砖填缝胶黏剂的制备：将聚合乳液、矿物填料、分散剂、增稠剂、保水剂、防霉防藻剂、防腐剂、消泡剂、水依次投放到搅拌容器内，均匀搅拌后，由罐装设备将混拌膏状体装入包装容器内即可。

（2）聚合乳液的制备：首先将反应釜内的丙烯酸材料加温至(92±2)℃保持5h进行溶解，然后将其温度降至(83±2)℃，再加入高位槽料（即有机硅材料），进行5h的聚合反应后，将反应釜温度降至50℃加入相关的功能性辅料，均匀搅拌3h再将聚合乳液排放到中转储罐内，经过滤后可以作为本品用的聚合乳液。具有如下结构：

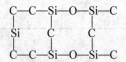

【注意事项】 所述矿物填料为硅灰石、微硅粉末、高岭土或二氧化硅的含量大于99%的细集料。所述分散剂为改性共聚胺盐、高效聚丙烯酸盐或丙烯酸钠盐。所述增稠剂为丙烯酸类或非离子水性聚氨酯类。所述保水剂为甲基纤维素醚或羟丙基纤维素醚。所述消泡剂为疏水二氧化硅、疏水型多羟基化合物或有机脂多羟基化合物。所述防腐剂为5-氯-2-甲基-4-异噻唑啉-3-酮或2-甲基-4-异噻唑啉-3-酮。

【产品应用】 本品是一种用于环保建材装饰的,具有膏状物料的流态特性、粘接性能强的瓷砖填缝胶黏剂。

【产品特性】

(1)储存期长。膏状瓷砖填缝胶黏剂产品用塑料瓶装或塑料软袋真空包装,储存期在1年以上。

(2)运输便利。膏状瓷砖填缝胶黏剂产品包装体积小,便于装箱、搬动和运输。

(3)环保卫生。产品便于在建筑工地、家居装修、厨房、卫生间等施工场所使用,拿出即用,不影响环境,对人体无害。

(4)节省材料。施工时,需要多少用多少,不会像水泥基填缝材料因剩余材料而造成浪费。

(5)效率高。施工时,施工人员只需用灌压枪或手挤压瓶尾部,对准瓷砖砖缝充填材料。省去了砖面的二次清理,省工、省时效率高。

(6)质量稳定。具有聚合体材料的粘接性和柔韧性和膏状物料的流态特性。产品在罐装设备的挤压下,能充满瓷砖缝隙并与不同基面上的材体紧密粘接在一起,有效封闭砖缝。有效地阻碍水分通过砖缝向基材渗透,保护了瓷砖的牢固性,又提高了装饰体系的稳定性和防水性能。

实例15 淀粉改性乳胶及胶黏剂

【原料配比】

原　　　料	配比（质量份）
淀粉改性乳胶	70～80
淀粉	5～15
高岭土	5～15

其中淀粉改性乳胶配比为：

原　　　料	配比（质量份）
淀粉	100
聚乙烯醇	40
醋酸乙烯	112
羟甲基丙烯酰胺	8
次氯酸钠	6
亚硫酸钠	2
氢氧化钠	8
过硫酸铵	3
脂肪醇聚氧乙烯醚	5
硫酸（浓度为2%）	适量
水	510

【制备方法】

（1）氧化淀粉的制备：

①按配比取次氯酸钠加水30份溶解备用。取氢氧化钠加水20份溶解备用。亚硫酸钠用水10份溶解备用。

②按配比取淀粉加水190份搅拌均匀配制成淀粉乳状液，用氢氧化钠溶液调节pH为9。升温至40～50℃,20min滴加次氯酸钠溶液的一半,反应1h后再加入另一半。反应1h后加入亚硫酸钠水溶液,保温反应1h。在反应过程中,补加氢氧化钠溶液维持pH值在9。

（2）淀粉糊化与酯化：

①将氧化淀粉加热到 70～80℃ 糊化,糊化后的淀粉糊呈透明状即可。

②在糊化后的淀粉糊中,加入 12 份乙酸乙烯酯,温度控制在 50～60℃,反应时间为 3h。

（3）接枝共聚改性：

①将聚乙烯醇加水 250 份,加热溶解备用。

②取过硫酸铵,加水 10 份溶解备用。

③将乙酸乙烯酯 100 份与羟甲基丙烯酰胺混合成单体混合物备用。

④将溶解的聚乙烯醇加入到上面制备的淀粉糊中,搅拌混合均匀后加入脂肪醇聚氧乙烯醚,搅拌下加浓度为 20% 的硫酸溶液调节 pH 为 6～7。

⑤升温至 60℃,加入单体混合物、过硫酸铵溶液。反应开始后有回流液,温度会升高。当回流液量少时开始滴加混合单体,5～6h 滴加完毕。反应液温度逐步升高,反应过程中控制单体滴加速度,调节至有少量回流液为准。反应过程中分 5 次补加过硫酸铵溶液。单体加完后反应物回流少时升温至 90℃,反应 1h。再降温至 40℃ 后出料至黏合剂配制罐。

（4）淀粉改性乳胶黏合剂制备：

①原淀粉增强:黏合剂配制罐中的淀粉改性乳胶中加入原淀粉,边搅拌边加入。

②高岭土增强:在上面制备体系中,搅拌下加入高岭土。

③搅拌 1h,充分混合均匀。

④出料,用 100 目的筛网过滤后,包装。

【产品应用】 本品主要应用于室内装饰。

【产品特性】 本方法制备的淀粉乳胶胶黏剂制备工艺合理,产品生产过程中不使用甲醛及其他有机溶剂,且无"三废"排放。淀粉改性乳胶及胶黏剂是一种以水为分散介质,粘接力强、无毒、无腐蚀、无污染的现代绿色环保型胶黏剂。

实例 16 多功能柔性粉体胶黏剂

【原料配比】

原 料	配比（质量份）
525#灰水泥	200
醋酸乙烯酯	40
聚乙烯醇	1.5
灰水泥	150
干细砂	150
石英砂	450

【制备方法】

（1）先将灰水泥倒入进料口，打开提升机开关，使水泥自动进入搅拌机内，再将称量好的醋酸乙烯酯和聚乙烯醇投进去。

（2）同时将搅拌机启动，将称量的灰水泥、干细砂和石英砂加入搅拌机中。

（3）进料完成后再搅拌 5min，搅拌时间共 10～15min，然后取样，初测合格后包装。

【产品应用】 本品主要适用于各类材料界面的粉刷、粘贴、界面处理。

【产品特性】 本胶黏剂既具有弹性又具有与水泥混凝土同样的耐老化性能，从而使传统意义上的混凝土水泥砂浆的性能有了质的飞跃，产品的柔性变形量达 30%，享有"水泥弹簧"的美称，适用于各类材料界面的粉刷、粘贴、界面处理，在建筑工程上有着极为广泛的应用，具有较好的社会效益和经济效益。

实例 17 多用途可再分散性乳胶粉

【原料配比】

原 料	配比（质量份）	
	1#	2#
聚乙烯醇（05－88 或 205）	35	35
乳化剂酯肪醇聚氧乙烯醚	5	5

原　料	配比(质量份)	
	1#	2#
引发剂过硫酸铵	1	1.15
醋酸乙烯	320	325
碳酸氢钠	1	0.75
叔碳酸乙烯酯(VeoVa)	125	125
丙烯酸丁酯(BA)	22	20
丙烯酸乙酯(EA)	25	20
消泡剂硅酮691	1	1
水	465	470

【制备方法】

(1)醋酸乙烯酯共聚乳液的制备：

①取占聚乙烯醇总量25%~30%的聚乙烯醇放入反应釜中,用其10倍量的水溶解,加入硅酮消泡剂,搅拌,升温至85~95℃后保温溶解1h。

②降温至75℃时加入乳化剂酯肪醇聚氧乙烯醚,搅拌10min后加入占总量30%的过硫酸铵水溶液,并同时开始滴加丙烯酸丁酯、丙烯酸乙酯、醋酸乙烯和叔碳酸乙烯酯单体,各单体控制在4~5h内均匀加完,并控制单体滴加温度在75~80℃。

③自单体开始滴加40min后,缓慢加入占总量50%的过硫酸铵水溶液,加入速度控制在与各单体同时加完。

④全部单体加完后再加入占总量20%的过硫酸铵水溶液,在85℃以上熟化反应1~1.5h,降温后用碳酸氢钠水溶液调节乳液的酸度,使其pH值为5~7然后过滤,备用。

(2)喷雾液的制备：

①取剩余的聚乙烯醇于反应釜中,用其6倍量的水溶解,加入适量硅酮消泡剂,搅拌,升温至85~95℃,保温溶解1h。

②将制备好的共聚乳液与喷雾液和乙烯酸乙酯－乙酸共聚乳液混合,加水调节黏度至100~120mPa·s,固含量为35%~37%即可。

（3）喷雾干燥。将上述混合液按照常规喷雾干燥技术进行喷雾干燥即可。

【产品应用】 本品主要应用于内外墙腻子、外墙外保温、隔热接着材、瓷砖接着剂、填缝胶泥、弹性水泥、粉刷修补材、自流性水泥砂浆、粉末型乳胶漆和室内装饰性腻子粉等。

【产品特性】

（1）分散性好,性能稳定,低温施工的适用性更强。

（2）与同量现有产品的使用效果相比,水泥砂浆的粘接强度、抗张强度和耐磨性更高,耐温、耐水、耐冻和耐老化性能更好,吸水率和透水率更低。

（3）更适合做自流平砂浆,具有自动找平特性。

（4）用途更广,用30%该产品与轻质碳酸钙、重质碳酸钙、滑石粉等填料混合制成腻子粉后再添加适量的色浆、助剂,可以做成不同颜色的室内装饰性腻子粉,用配套模具可以做成多种花纹、图案的立体模块,并有隔音、防潮、防水、不开裂、硬度高、耐擦洗等性能,可用作内外墙腻子、外墙外保温、隔热接着材、瓷砖接着剂、填缝胶泥、弹性水泥、粉刷修补材、自流性水泥砂浆、粉末型乳胶漆和室内装饰性腻子粉等。

实例18 防渗堵漏环氧胶黏剂

【原料配比】

原料			配比（质量份）				
			1#	2#	3#	4#	5#
A 组 分	填料水泥		120	100	120	80	120
	辅助填料氧化钙		10	10	10	10	10
	偶联剂	KH－560	5	4	4	—	5
		南大一号	—	5	—	—	—
		石油磺酸	—	—	5	—	—
		KH－550	—	—	—	5	—

原　料			配比(质量份)				
			1#	2#	3#	4#	5#
B组分	环氧树脂 E－44		100	100	100	100	100
	巴陵石化提供的环氧树脂专用稀释剂		10	10	10	10	10
	促进剂	二乙烯三胺	2.8	—	—	—	—
		三乙烯四胺	—	2.8	—	—	—
		四乙烯五胺	—	—	2.8	—	—
		聚酰胺 650	—	—	—	2.8	—
		DMP－30	—	—	—	—	2.1
自增韧酚醛胺改性固化剂 T31			30	40	40	40	40

【制备方法】

(1)将填料、辅助填料、石油磺酸和其他偶联剂按照上述质量份配比混合,搅拌均匀,得组分 A。

(2)将环氧树脂、稀释剂和促进剂按照上述质量份配比混合,搅拌均匀,得组分 B。

(3)将 A 组分加入到 B 组分中,搅拌 5min,混合,再加入上述质量份配比的改性固化剂 T31,搅拌均匀,得防渗堵漏环氧胶黏剂。

【产品应用】　本品是一种建筑类潮湿或水中固化防渗堵漏环氧胶黏剂。

【产品特性】

(1)原料来源广泛,成本低。

(2)本品环氧胶黏剂具有良好的韧性。

(3)本品环氧胶黏剂剪切强度为 22MPa 左右,冲击强度为 9.41 kJ/m^2,拉伸强度为 12.50MPa。比一般同体系的环氧胶黏剂强度高。水下粘接强度能达到 4 ~ 7MPa,比同类型的胶黏剂水下粘接强度(4MPa 左右)高。

（4）本品涉及的反应、工艺简单,操作方便,对设备要求不高,易于工业化生产。

实例19　固体胶黏剂(1)

【原料配比】

原　　料	配比(质量份)
聚乙烯缩丁醛	16
酚醛树脂	6.9
环氧树脂	4.1
硬脂酸	4.8
月桂酸	2.4
氢氧化钠	1.9
乙醇	32
丙酮	9.2
碳酸钙填料	0.7
水	22

【制备方法】

（1）首先用配比中的乙醇溶解聚乙烯缩丁醛,然后加入酚醛树脂,并搅拌均匀。再取另一容器用丙酮溶解环氧树脂,把上述两种溶液混合均匀,配成溶液 A。

（2）将硬脂酸和月桂酸加热融化,再滴入氢氧化钠溶液,边滴边搅拌,使之充分溶解,得到溶液 B。

（3）将溶液 A 和溶液 B 混合后,加入碳酸钙填料,充分搅拌,得到黏稠状胶黏剂,冷却后得到固体胶黏剂。

【产品应用】　本品主要用于木材、玻璃、陶瓷等材料的粘接。

【产品特性】　本品提供一种粘接强度高、耐水性好、固化速度快、适用范围广、综合性能好的固体胶黏剂,可以方便地用于木材、金属、玻璃、纸张的粘接。

实例20 固体胶黏剂(2)

【原料配比】

原 料	配比(质量份)		
	1#	2#	3#
聚乙烯醇	18	12	25
酚醛树脂	7	2	4
环氧树脂	4	9	2
硬脂酸	5	8	6
月桂酸	3	7	5
氢氧化钠	2	1	2
甲乙酮	30	40	34
甘油	0.5	2	1
山梨醇	1	2	2
淀粉	6	1	1
纳米碳酸钙	2	1	2
水	21.5	15	17

【制备方法】

(1)首先用配比中的一部分甲乙酮溶解聚乙烯醇,然后加入酚醛树脂,并搅拌均匀,用另一部分甲乙酮溶解环氧树脂。把两种溶液合并搅拌均匀,即配成液体A。

(2)将硬脂酸和月桂酸加热融化,再滴入氢氧化钠溶液,要边滴边搅拌,滴完后,搅拌反应2h。即配成液体B。

(3)按配方比例把淀粉和水混合配制成液体C。

(4)将液体A、液体B和液体C混合搅拌均匀后加热至70℃,边搅拌边加入甘油、山梨醇和纳米碳酸钙,趁热注入容器中成型,冷却后即凝固成固体胶黏剂。

【产品应用】 本品主要应用于黏结纸张、木材和织物,还适用于黏结玻璃、陶瓷和金属。

【产品特性】 本品固体胶黏剂与其他胶黏剂相比有以下优点:黏结力增强、耐水性好、应用范围较大,可以黏结玻璃、陶瓷和金属。

由于本品含有纳米碳酸钙,使本品固化速度快,同时,也克服了其他固体胶黏剂固化后收缩率较大的缺点;由于本品含有甘油和山梨醇,使本品具有长期保存不变形和不变质的特点。

实例21 含有天然植物胶原的胶黏剂

【原料配比】

原 料	配比(质量份)		
	1#	2#	3#
玉米淀粉	15	75	45
软水	300	300	300
大豆粉	75	15	15
三甲胺	1	1	1
膨润土	5	10	—
石灰	5	—	10

【制备方法】 生产过程分几个不同的混合步骤,包括浸润、分散以及变性或交联。将玉米淀粉、大豆粉用水浸润在接近中性溶液中进行混合,以便除掉结块。高剪切混合有助于减小结块,并使胶液在混合初期变得较稠较均匀。分批加入水,搅拌数分钟至数小时。最后,加入三甲胺、膨润土、石灰等组分,即制成可供使用的豆胶。也可根据需要进行喷雾干燥,制成粉剂。

【产品应用】 本品主要应用于建筑材料、装潢材料等领域。

【产品特性】 本品是以植物淀粉、蛋白质为基质,以有机碱改等优点,性剂、抗水剂、交联剂等制成的一种胶黏剂。产品具有黏结力强、耐水性和湿润性较强等优点,易于使用。由于胶黏剂的生产过程中没有使用甲醛、苯、甲苯等危害健康的材料。可广泛使用于建筑材料、装潢材料等领域。

实例 22　环保胶黏剂

【原料配比】

原 料		配比（质量份）		
		1#	2#	3#
母液		50	40	56
水		25	30	15
丙烯酸		10	18	10
增稠剂	尿素	—	6	—
	淀粉	10	—	8
聚乙二醇辛基苯基醚 – 10		3	5	8
改性剂	松香	0.4	0.2	—
	硼砂	—	—	0.5
增黏剂羟甲基纤维素		0.4	0.2	0.5
邻苯二甲酸二丁酯		0.3	0.1	0.5
引发剂	过硫酸钾	0.7	0.4	—
	过硫酸铵	—	—	1
苯甲酸钠		0.2	0.1	0.5

其中母液配比为：

原 料	配比（质量份）		
	1#	2#	3#
石蜡	10	5	15
吐温 – 80	5.3	4.7	8
斯盘 – 80	4.7	5.3	7
水	80	85	70

【制备方法】

（1）将固体石蜡融化后，在其中加入复合乳化剂吐温 – 80 和斯盘 – 80 以及水，在 80～90℃下充分搅拌，即得母液。

(2)在步骤(1)的母液中加入聚乙二醇辛基苯基醚－10和丙烯酸,充分搅拌乳化1h,得乳化物。

(3)将步骤(2)的乳化物加热至60~90℃后,向其中加入引发剂,搅拌反应2~3h,之后加入增稠剂、改性剂、邻苯二甲苯二丁酯、苯甲酸钠、增黏剂,搅拌并保温1~3h后,冷却至室温,即得环保胶黏剂。

【产品应用】 本品主要应用于板材、家具制造、建筑、装潢、装饰等行业的环保胶黏剂。

【产品特性】 本品采用上述方案,即以固体石蜡为主要原料,再添加少量化学添加剂,即可制成性能优良、价格低廉,不含甲醛等有害成分的环保胶黏剂。并可通过调节配比组成来满足环保胶黏剂产品性能和用途要求,制成适用于板材、家具制造、建筑、装潢、装饰等行业的环保胶黏剂。本品的原料易得,制备方法简单、工艺流程短、生产成本低、能耗低、不排污、不排毒,对生产者、使用者均不会带来任何伤害。

实例23 环保型高性能水性真空吸塑胶黏剂

【原料配比】

原 料		配比（质量份）					
		1#	2#	3#	4#	5#	6#
乙烯－醋酸乙烯共聚乳液		45	46	50	30	35	45
水性有机胺	三乙胺	—	—	—	0.5	—	—
	三乙醇胺	—	—	—	—	0.1	—
	AMP 95 有机胺	0.05	0.09	0.09	—	—	0.2
有机钛酯交联剂 Tyzor－371		1	1	1.21	10	3	5
聚氨酯乳液		53.8	52.7	48.32	余量	余量	余量
有机硅氧烷流平剂 BYK－301		0.1	0.11	0.25	0.5	0.2	0.3
聚氨酯增稠剂 PUR－40		0.05	0.1	0.13	0.5	0.2	0.05

【制备方法】 于不锈钢反应釜内投入物料乙烯—醋酸乙烯共聚乳液和有机胺,搅拌0.5~1h,调节pH值至7.5左右,缓慢滴入交联剂,在0.5h内完成交联剂的滴加,然后加入流平剂和聚氨酯乳液,搅

拌 0.5 ~ 1h 加入聚氨酯增稠剂调节黏度,过滤,包装。

【产品应用】 本品主要应用于室内免漆门业。

【产品特性】 本品引入涂料成膜流平的技术,降低胶水的表面张力,当胶水喷在纤维板面上,能够减小浸润角,达到很好的流平浸润效果,使胶层表面光滑平整,聚氯乙烯(PVC)膜覆盖粘接后表观的效果大大改善,提高了成品的美观度。

本品中的胶水可长时间存放,可以达到80℃以上的抗高温性,不仅减少了操作环节的烦琐程序,而且降低固化剂的使用量,节约了生产成本。

实例24 环保型建材胶黏剂

【原料配比】

原 料	配比(质量份)		
	1#	2#	3#
母液	40	50	45
丙烯酸乳液	30	25	28
甲基二萘磺酸钠	2	1	1.5
聚二甲基硅氧烷	10	8	9
聚丙烯酸盐	3	1.5	2.5
滑石粉	5	3	4

其中母液配比为:

原 料	配比(质量份)		
	1#	2#	3#
废旧橡胶轮胎	40	60	60
200#溶剂油	60	40	40

【制备方法】

(1)用200#溶剂油溶解废旧橡胶轮胎,制得母液。

(2)将母液与其他各种原料按配比混合,搅拌均匀,即得产品。

【产品应用】 本品是一种环保型建材胶黏剂。

【产品特性】　使用本产品装修后,室内不会因其含有有害物质,不会对室内造成污染,能够保证用户的身体健康,同时,其制备过程还将一些污染环境的废弃物废物利用,减少环境污染,降低了胶黏剂的成本,也降低了装修成本。

实例25　环保型胶黏剂

【原料配比】

原　　料		配比（质量份）										
		1#	2#	3#	4#	5#	6#	7#	8#	9#	10#	11#
水（体积）		70	55	50	40	40	60	60	40	40	50	40
糖	蔗糖	80	—	—	—	—	90	—	—	—	—	70
	葡萄糖	—	100	—	—	—	—	—	—	—	20	—
	乳糖	—	—	100	—	—	—	—	—	—	—	—
	果糖	—	—	—	50	—	—	—	—	15	—	—
	混合糖（按质量比2:3:5混合的果糖、葡萄糖与木糖）	—	—	—	—	120	—	—	—	—	—	—
	淀粉	—	—	—	—	—	—	20	—	—	—	—
	麦芽糖	—	—	—	—	—	—	—	90	—	—	—
酚类化合物	对苯二酚	9	—	—	—	—	—	—	—	—	—	—
	对甲酚	—	17	—	—	—	—	—	—	—	—	—
	间甲酚	—	—	14.7	—	—	—	—	—	—	—	—
	苯酚	—	—	—	8	—	—	8	—	—	—	—
	双酚A	—	—	—	—	4.6	—	—	—	—	—	—
	混合酚（按质量比5:5混合的间苯二酚和对甲酚）	—	—	—	—	—	—	—	15	—	—	—
	邻苯二酚	—	—	—	—	—	—	—	—	—	—	4

续表

原　料		配比(质量份)										
		1#	2#	3#	4#	5#	6#	7#	8#	9#	10#	11#
胺类化合物	尿素	—	—	—	—	—	—	—	—	—	2	—
	苯胺	—	—	—	—	4	—	—	—	—	—	—
	缩二脲	—	—	—	—	—	—	—	—	5	—	—
	三聚氰胺	—	—	—	—	—	5	—	—	—	—	—
碱性触媒	醋酸锌	2.1	—	—	—	—	—	—	—	—	3	—
	氢氧化钡	—	15	—	—	—	—	—	—	—	—	—
	氢氧化钠	—	—	8	—	—	11	10	—	—	—	—
	碳酸氢钠	—	—	—	17	—	—	—	—	—	—	—
	碳酸钠	—	—	—	—	—	—	—	—	10	—	—

【制备方法】　在碱性触媒催化下将糖转化为醛,然后与酚类或胺类化合物反应得环保型胶黏剂,反应在常压下进行,反应温度为70~110℃,优选95~105℃,反应时间为1~18h,优选5~8h;反应在高压下进行,反应温度为180~350℃,优选260~350℃,反应时间为0.5~30min,优选3~10min。

【产品应用】　本品主要应用于建筑业、木材加工业、纸制品、内墙涂料和层压制品等,如内墙涂料、粘贴壁纸、打底腻子、壁布、天然石材、木工板、三合板、五合板、纤维板、纸箱、纸制品、文件、可降解一次性餐具等。

【产品特性】

(1)本品所制备的胶黏剂绿色环保、黏度大,粘接强度高。

(2)由于本品所制备的胶黏剂不含甲醛,可在家庭装修和人造板材等与人们生活密切相关的领域中广泛应用,对环境和人体基本无害。

(3)本品提供的胶黏剂的制备方法工艺简单,无"三废"排放,成本低廉。

实例26　环氧水泥基胶黏剂

【原料配比】

原　料		配比（质量份）						
		1#		2#		3#		4#
环氧树脂		100						
固化剂	三乙烯三胺	2.5	10	4	6	2	6	25	10
	低分子聚酰胺树脂	2.5		4		4		5	
粉料	早强型42.5普通硅酸盐水泥	120	272	130	291.8	140	312.2	150	332.7
	石英砂（细度为40~60目）	150		160		170		180	
	羟丙基甲基纤维素	0.6		0.7		0.8		0.9	
	木质纤维素	0.3		0.4		0.6		0.9	
	萘系减水剂	0.6		0.7		0.8		0.9	

【制备方法】

（1）环氧乳液的制备：将环氧乳液稀释至固含量为25%~30%。

（2）固化剂的制备：将三乙烯三胺或三乙烯四胺和低分子聚酰胺树脂按比例混合制得固化剂。

（3）粉料的制备：称取为羟丙基甲基纤维素、木质纤维素、萘系减水剂质量之和30~50倍的石英砂与羟丙基甲基纤维素、木质纤维素、萘系减水剂放入球磨机混合3~5min；将剩余的石英砂和按比例称取的硅酸盐水泥一起投入到砂浆搅拌机中进行干搅3~5min；将上述所得的混合料投放到一起，搅拌均匀。

（4）将步骤（1）所得的环氧乳液、步骤（2）的固化剂、步骤（3）的粉料各自包装，使用时混合均匀即可。

【产品应用】　本品主要用于石材、水泥、玻璃、金属的粘接，尤其适用于大理石薄板与瓷板、石质基材的复合。

【产品特性】　本品能够节省石材干挂时的金属用量，杜绝油性石材胶黏剂中挥发物对工人身体的毒害，使用后易于清洗，防止湿贴石材的泛碱。本品在使用中健康环保，节约资源，安全方便。

第三章　金属清洗剂

实例1　金属清洗剂(1)

【原料配比】

原料	配比(质量份)		
	1#	2#	3#
平平加	6	8	10
聚乙二醇	5	3	6
油酸	3	5	4
三乙醇胺	15	10	20
亚硝酸钠	6	3	4
水	加至100	加至100	加至100

【制备方法】　将各组分混合均匀即可。

【产品应用】　本品可广泛应用于轴承、拖拉机、汽车、建筑工程机械、航空机械、纺织机械、化工机械等金属制件的清洗。

【产品特性】　本品具有优良的清洗效果。

实例2　金属清洗剂(2)

【原料配比】

原料	配比(质量份)		
	1#	2#	3#
油酸	5	8	4
氢氧化钠	0.85	0.5	1.1
表面活性剂脂肪醇聚氧乙烯(9)醚	15	12	10
聚醚L-61	0.6	0.9	0.5
亚硝酸钠	0.1	0.5	0.3
钼酸钠	0.2	0.8	0.5
苯并三氮唑	0.1	0.15	0.08
磷酸三钠	2	2.5	2
三乙醇胺	2.2	3	2
蒸馏水	加至100	加至100	加至100

【制备方法】

（1）在反应锅中，加入蒸馏水和氢氧化钠，加热溶解，分散均匀。

（2）搅拌下加入油酸，温度在80℃左右保持1h，使油酸中和完全。

（3）停止加热，加入表面活性剂和聚醚L-61，溶解分散均匀。

（4）加入磷酸三钠、亚硝酸钠、钼酸钠，溶解分散均匀。

（5）加入三乙醇胺和苯并三氮唑，搅拌分散均匀。

（6）罐装。

【产品应用】　本品主要应用于金属清洗。

【产品特性】　本品提供的金属清洗剂，泡沫低，可轻松地去除金属加工过程中的润滑油脂等难去除的污垢，同时金属材料清洗后暴露在空气中，能保持15～20天不生锈，对铁材、铜材、铝材、复合金属材料都有效，清洗成本相对较低。

实例3　金属零件清洗剂

【原料配比】

原　　料		配比（质量份）	
		1#	2#
磷酸盐	磷酸三钠	0.5	—
	磷酸二氢钾	—	0.5
焦磷酸盐	焦磷酸钠	1	—
	焦磷酸钾	—	1
pH值调节剂	氢氧化钠	0.5	—
	氢氧化钾	—	0.5
表面活性剂脂肪醇聚氧乙烯醚		45	25
去离子水		53	73

【制备方法】　磷酸盐和焦磷酸盐加入部分去离子水中，在低于80℃的温度下加热，使磷酸盐和焦磷酸盐完全溶解，然后加入pH值调节剂、表面活性剂和剩余去离子水，搅拌均匀。

【产品应用】　本品用于金属零件的清洗。

【产品特性】

(1)清洗效果明显,可以作为金属零件清洗剂的主要成分。

(2)采用适当的无机物作金属零件清洗剂的主要成分,克服了传统金属零件清洗剂破坏臭氧层的缺点。

(3)零件腐蚀液 pH 值在碱性范围内,对精密零件设备没有腐蚀作用,使得在工业生产上大规模应用成为可能。

(4)清洗剂无泡沫,无刺激气味,使用安全。

(5)清洗剂组成部分都是常见的工业化产品,来源广泛易得,工业化成本优势明显。

实例4 金属器械清洗剂

【原料配比】

原　　料	配比(质量份)		
	1#	2#	3#
焦磷酸盐	1.05	5.51	5.6
乙二胺四乙酸钠	3.0	8.0	6.5
对甲苯磺酸钠	7.0	0.55	2.3
尿素	0.5	2.32	0.6
脂肪醇聚氧乙烯醚盐	5.0	1.64	7.5
脂肪醇聚氧乙烯醚琥珀酸酯磺酸盐	1.0	8.4	5.0
脂肪醇聚氧乙烯醚磺酸盐	3.0	0.5	1.0
脂肪醇聚氧乙烯醚	4.2	15.35	14.85
脂肪酸二乙醇胺盐	1.0	6.35	2.5
二乙二醇单乙醚	0.7	1.05	4.5
苯并三氮唑	0.1	5.2	3.0
正丁醇	5.4	6.5	0.5
消泡剂	6.0	0.1	0.8
氢氧化钾	1.0	0.5	0.01
水	加至100	加至100	加至100

【制备方法】　在反应釜内加入适量水,依次加入焦磷酸盐、乙二胺四乙酸钠、对甲苯磺酸钠、尿素、脂肪醇聚氧乙烯醚盐、脂肪醇聚氧乙烯醚琥珀酸酯磺酸盐,在微热下搅拌成均匀溶液。依次加入脂肪醇聚氧乙烯醚磺酸盐、脂肪醇聚氧乙烯醚、脂肪酸二乙醇胺盐、二乙二醇单乙醚、苯并三氮唑、正丁醇。每加一种物料搅拌 0.5h。将消泡剂与适量水混合后加入釜内搅拌 1h,加入氢氧化钾,用 10% 氢氧化钾溶液调溶液 pH 值为 10±1,补加入余量水,放出物料精细过滤即得产品。

【产品应用】　本品主要用作金属器械水基清洗剂。该产品在使用时,控制温度在室温至 120℃ 之间,其中最佳温度为 50～80℃。

【产品特性】　该高精度金属器械水基清洗剂,其清洗性能超过三氯乙烯,为弱碱性,对人体无毒无害。不腐蚀金属,经简单处理即可达标排放,易生化降解。完全可以替代三氯乙烯。

实例5　高效金属清洗剂

【原料配比】

原　　料	配比(质量份)						
	1#	2#	3#	4#	5#	6#	7#
平平加	0.5	0.5	0.5	0.5	0.5	1.0	1.0
洗净剂 6501	1.5	2.0	3.0	4.0	5.0	5.0	5.0
油酸三乙醇胺	3.0	2.0	1.5	1.0	1.0	1.0	1.0
亚硝酸钠	1.5	2.0	2.5	3.0	4.0	4.0	6.0
三乙醇胺	4.0	5.0	5.0	7.0	7.0	9.0	8.0
碳酸钠	1.5	1.0	0.5	—	—	—	0.5
水	加至100	加至100	加至100	加至100	加至100	加至100	加至100

【制备方法】　将各组分混合溶于水中即可。

【产品应用】　本品主要用于清洗金属表面的油污。

【产品特性】　本品具有低泡、高效(清洗率在90%以上)、对金属表面具有无腐蚀(防锈性达到0级)、稳定性好、无污染(无磷和铝)的优点。

实例6 高渗透性金属清洗剂

【原料配比】

原 料	配比（质量份）		
	1#	2#	3#
全氟辛酸 FF61	10	—	8
含氟表面活性剂 FF63	—	20	—
十二烷基苯磺酸钠	60	50	80
非离子表面活性剂	30	—	50
洗净剂 6501	—	20	—
异丙醇	10	—	—
聚乙二醇	—	30	20
水①	12	40	40
油酸	60	60	80
癸二酸	60	80	50
三乙醇胺	150	100	—
一乙醇胺	—	80	—
二乙醇胺	—	—	130
甲基硅油消泡剂	10	15	20
苯甲酸钠杀菌剂	10	15	10
水②	加至 1000	加至 1000	加至 1000

【制备方法】

(1)将全氟辛酸、含氟表面活性剂与异丙醇、聚乙二醇、水①混合，加热小于60℃，使全氟辛酸、含氟表面活性剂迅速溶解，制成溶液。

(2)取油酸、癸二酸、三乙醇胺(或一乙醇胺或二乙醇胺)加入容器中加热至80～100℃，反应至呈黏稠透明(取样全溶于水)为止，再加入十二烷基苯酸钠、非离子表面活性剂(或6501洗净剂)、甲基硅油消泡剂、苯甲酸钠杀菌剂、全氟辛酸(或含氟表面活性剂)溶液，加入②，搅拌反应1h左右，得透明稠状浓缩物产品。

【产品应用】 本品可以替代汽油、煤油用于要求较高的金属零部件和发动机整机的清洗、除油。

【产品特性】 本产品不仅具有较低的表面张力和较高的渗透力，经测试,5%浓度表面张力≤2.8MPa,而且有极强的清洗、除油效果和防锈性能。同时具有较强的抗乳化性能,使用时基本不乳化,使用寿命长,并且具有极强的消泡性能,大大低于行业标准,尤其可用于高压清洗。本清洗剂因其极强的渗透性和优良的除油性,使用添加量少,清洗成本低,仅是汽油、煤油的70%。

实例7 低泡防锈金属清洗剂

【原料配比】

原 料	配比（质量份）		
	1#	2#	3#
乙二胺四乙酸	0.5	0.2	0.3
三乙醇胺	5	5	6
C_{12}脂肪醇聚氧乙烯(5)醚	10	8	9
C_{12}脂肪醇聚氧乙烯(7)醚	7.5	6	8
聚醚	10	8	9
油酸	9	6	8
2-甲基-4-异噻唑啉-3-酮	—	0.5	0.05
羟基硅油(有机硅X-20G)	—	0.7	0.5

其中聚醚配比为:

原 料		配比（质量份）		
		1#	2#	3#
聚醚	丙二醇聚氧丙烯聚氧乙烯嵌段聚醚44(L44)	15	18	16.5
	丙二醇聚氧丙烯聚氧乙烯嵌段聚醚64(L64)	23	20	21.5

续表

原　　料		配比（质量份）		
		1#	2#	3#
聚醚	丙二醇聚氧丙烯聚氧乙烯嵌段聚醚 75（CL75）	10	13	11.5
	丙二醇聚氧丙烯聚氧乙烯嵌段聚醚 62（L62）	15	10	12.5
	石油磺酸钠	8	10	9
	三羟乙基胺	8	5	6.5
	苯并三唑	3	5	4
	水	加至 100	加至 100	加至 100

【制备方法】

（1）按配比选取各成分,将丙二醇聚氧丙烯聚氧乙烯嵌段聚醚44（L44）、丙二醇聚氧丙烯聚氧乙烯嵌段聚醚64（L64）、丙二醇聚氧丙烯聚氧乙烯嵌段聚醚75（CL75）、丙二醇聚氧丙烯聚氧乙烯嵌段聚醚62（L62）按上述比例依次加入到(40±3)℃水中,边搅拌边继续加热到(60±3)℃,再依次按比例加入三羟乙基胺、石油磺酸钠、苯并三唑,再继续搅拌,充分混合均匀冷却,制得以聚醚为主的聚醚型非离子表面活性剂。

（2）将成分中的 C_{12} 脂肪醇聚氧乙烯（5）醚、C_{12} 脂肪醇聚氧乙烯（7）醚进行混合,搅拌同时加热到(60±3)℃,得到溶液 A 待用。

（3）将成分中的油酸与三乙醇胺进行混合反应制得油酸三乙醇胺,再加入复合的表面活性剂聚醚,进行充分搅拌,得到溶液 B 待用。

（4）将乙二胺四乙酸按剂量加入水中溶解后,得到澄清的溶液 C 待用。

（5）将溶液 A、溶液 B 进行混合搅拌,再加入溶液 C 边搅拌边加热使温度到(60±3)℃,充分混合搅拌均匀。

【产品应用】　本品可用于各种机床、车辆及发动机的油污清洗以及机械加工行业各种金属部件的清洗,特别适合于现代大流量高压自动清洗设备的使用。

【产品特性】

(1)产品溶水性强,泡沫少且消泡快,便于高压喷射清洗。

(2)去污力强、抗硬水,使用时不受温度限制,能迅速清除金属表面的污垢。

(3)对金属不腐蚀且缓蚀防锈作用好,能保证清洗后的金属表面清洁光亮。

(4)防腐效果好,使用时间长,不含有毒物质,安全无害,对环境无污染。

(5)真正体现水基金属清洗剂的一系列优越性。

实例8 多功能除油除锈清洗剂

【原料配比】

原 料	配比(质量份)
十二烷基磺酸钠	10
六亚甲基四胺	3
三乙醇胺	2
食盐	250
明胶	0.3
脂肪醇聚氧乙烯醚	15(体积)
H_2SO_4	100(体积)
HCl	200(体积)
水	加至1000

【制备方法】

(1)在清洗槽中,用1/3的室温水,依次加入定量的十二烷基磺酸钠、六亚甲基四胺、三乙醇胺、食盐、明胶、脂肪醇聚氧乙烯醚搅拌溶解均匀,得到溶液 A 备用。

(2)用1/3的室温水将定量的 H_2SO_4 缓缓加入水中,一边注水一边搅拌散热,然后加入定量的 HCl(在加入中应注意注入速度和安全),得到溶液 B 备用。

(3)将溶液 A 加入溶液 B 中,边加入搅拌均匀,然后将余下 1/3 水量加入其中稀释。

【产品应用】 本品用于对金属材料表面除油除锈的清洗。

【产品特性】 本品具有如下优点:清洗效果好,成本低、用量少、工艺简单,改善了生产条件,使用方便、安全,用途广泛。

实例9 多功能金属清洗剂

【原料配比】

原　　料	配比(质量份)
水	45~60
磷酸	8~15
亚硝酸钠	0.7~1
氧化锌	0.2~0.5
咪唑啉	7~10
乙二醇	1~3
三聚磷酸钠	1~1.5
酒石酸	5~13
氯化钠	0.5~0.95
过氧化氢	0.5~0.8
脂肪醇聚氧乙烯醚	5~10
冰乙酸	1~2
磷酸钠	0.5~1.5

【制备方法】 依次向反应釜内加入水、氯化钠、亚硝酸钠、双氧水、乙二醇、氧化锌、磷酸、酒石酸、咪唑啉、磷酸钠、三聚磷酸钠、脂肪醇聚氧乙烯醚、冰乙酸,常温常压,反应时间为 40min,同时搅拌混合均匀,无结块现象出现,出料,得到成品。

【产品应用】 本品用于金属表面的清洗。

【产品特性】 本品使用过程中无任何排放,无任何污染环境的现象发生,清洗液可重复使用,远远优于传统工艺的清洗效果。

实例10 水溶性金属清洗液

【原料配比】

原　料	配比（质量份）
十二烷基磺酸钠	4～5
脂肪醇聚氧乙烯醚	4～5
五氯酚钠	0.04～0.05
苯甲酸钠	0.02～0.03
亚硝酸钠	0.02～0.03
三乙醇胺	4.5～6
聚乙二醇	3～4
乙醇	7～8.5
磷酸	0.8～1.0
水	加至100

【制备方法】 将各种组分充分搅拌均匀成混合物即可。

【产品应用】 本品可用于各种钢材、铸铁制件的清洗。

【产品特性】 本产品有仅能清除金属表面的灰尘、油污、油漆和胶黏剂,而且能提高金属制件的防锈能力。该清洗剂具有使用安全、价格便宜等优点。

实例11 脱脂清洗剂

【原料配比】

原　料	配比（质量份）	
	1#	2#
二氯甲烷	92.5	—
乙醇	6.5	5
乙酸乙酯	1	0.5
一氟二氯乙烷（HCFC－141b）	—	84.5
三氟二氯乙烷（HCFC－123）	—	10

【制备方法】 将组分含量称重后置于容器中,搅拌使之混合均匀,然后用 600 目的过滤器进行加压过滤,即得所需的脱脂清洗剂。

【注意事项】 原料中,二氯甲烷或 HCFC - 141b 或 HCFC - 123 选取用纯度为 99% 以上的工业品,无水乙醇选用化学纯试剂,乙酸乙酯或丁酮选用工业品。

【产品应用】 本产品兼有低毒、易挥发、不可燃、对臭氧层破坏小和脱脂能力强等特点。既可作为固体表面的脱脂清洗剂,也可作为一般的工业溶剂。

【产品特性】 本产品选择对臭氧层破坏小且毒性低的二氯甲烷或 HCFC - 141b、HCFC - 123 作为清洗剂的主要组分和阻燃剂;选用来源广、价格便宜、毒性低的乙醇作为溶剂的组分;选择毒性低的乙酸乙酯或丁酮来活化乙醇,使整个清洗剂去污能力强、毒性低、对臭氧层破坏小。

实例 12 清洗防锈剂

【原料配比】

原　料	配比（质量份）	
	1#	2#
乙二胺四乙酸溶液（浓度为 50%）	1.5	—
乙二胺四乙酸溶液（浓度为 65%）	—	1.2
三乙醇胺	3.5	3.8
一乙醇胺	1	0.6
合成硼酸酯溶液（浓度为 70%）	5	7.4
聚丙烯酸溶液（浓度为 30%）	7	8
三嗪类杀菌剂溶液（浓度为 90%）	1	2
水	81	77

【制备方法】

(1)按配比将 50% 的水加入反应釜 A 内,升温至 35~45℃,然后按配比分别加入乙二胺四乙酸溶液、三乙醇胺溶液、一乙醇胺溶液进行反应,并在 40~42℃ 温度范围内保温 3~5h,即得到水基防锈剂。

（2）在反应釜 B 内加入余下的 50% 水，然后按配比加入聚丙烯酸溶液并充分混合搅拌，且在搅拌下按配比加入合成硼酸酯溶液进行反应，反应时间为 30~45min，反应期间温度保持在 10~40℃，得到反应液。

（3）将反应釜 A 中的水基防锈液加入到反应釜 B 的反应液中，提高反应釜 B 的温度至 40~42℃，保温并搅拌 0.5~2h。

（4）向反应釜 B 中按配比加入三嗪类杀菌剂溶液，搅拌 20~40min 后即得成品。

【产品应用】　本品特别适用于钢材、铝材的清洗防锈。

【产品特性】　本品呈弱碱性，所用原料来源广泛，获取容易，使用量少，对防锈油、乳化油、切削液、压制油、润滑油、变压器油等加工用油具有较强的洗净力，特别适用于钢材、铝材的清洗防锈。

实例13　轴承专用清洗剂

【原料配比】

原　　　料	配比（质量份）	
	1#	2#
十二烷基苯磺酸钠	10	—
烷基醚磷酸酯三乙醇胺盐	—	8
乌洛托品	2	2
苯并三氮唑	0.5	0.5
甲基硅氧烷	3.0	3.0
乙二胺四乙酸钠	1	1
去离子水	78.5	80.5

【制备方法】　首先将去离子水加入于搅拌釜中，然后将各组分依次加入到搅拌釜中，边加料边搅拌，待全部加完后，再搅拌 5min，充分混合均匀后，即成成品。

【产品应用】　本品用于轴承清洗。

【产品特性】　本品为一种水基型清洗剂，具有清洗洁净、防锈、低泡、防火、环保等的特点和功效。

实例14 化学除锈清洗剂

【原料配比】

原　料	配比(质量份)			
	1#	2#	3#	4#
磷酸	3	4	4.5	4
草酸	9	8	7	6
三乙醇胺	0.6	1	0.3	0.5
六亚甲基四胺	0.5	0.8	0.3	0.6
硫脲	0.3	0.8	0.5	0.3
十二烷基苯磺酸钠	0.05	0.08	0.1	0.06
乙二胺四乙酸	0.8	1.5	1	0.5
磷酸二氢锌	0.2	0.5	0.3	0.2
自来水	加至100	加至100	加至100	加至100

【制备方法】　先将十二烷基苯磺酸钠用少量的水溶解,然后将草酸、乙二胺四乙酸、三乙醇胺、磷酸、六亚甲基四胺、硫脲与30~45℃适量温热的自来水或脱盐水混合,搅拌溶解后,再与十二烷基苯磺酸钠溶液混合,最后再向混合液中加入所述质量比例的磷酸二氢锌,从而制得化学除锈清洗剂。

【产品应用】　本品主要应用于除锈清洗剂。

在使用本品进行清洗的过程中,首先将化学除锈清洗液倒入清洗槽内,然后将经过机械处理或水蒸气反吹除尘后的过滤器滤芯放入清洗槽内浸泡刷洗约10~40min(优选20min左右)。

【产品特性】　通过本品实现了对过滤器内部固体蜡与铁化合物混合杂质的清除。用草酸和磷酸替代盐酸和硫酸等挥发性酸,化学除锈清洗液中各组分的毒性小,且含有多种缓蚀剂,在清洗过程中可以保护过滤器的本体材质,防止过滤器表面的粗化及孔蚀。

本品的化学除锈清洗液对环境无污染,对金属基体不产生过腐蚀,无酸雾溢出,不影响操作人员的健康。此外,本品的化学除锈清洗液也适用于钢铁器件与制品的内部与表面除锈。

实例15 环保金属清洗剂

【原料配比】

原　　料		配比（质量份）			
		1#	2#	3#	4#
水性防锈剂	有机羧酸盐	2	2	—	—
	多元酸胺盐	—	—	2	4
表面活性剂	烷基多糖苷	20	15	15	10
	椰油酰氨基丙基甜菜碱-30	—	15	—	10
	椰油酰氨基丙基甜菜碱-35	—	—	15	—
	脂肪醇聚氧乙烯醚（氧乙烯含量7）	—	—	—	10
助洗剂	碳酸钠	20	25	25	10
	硅酸钠	—	—	—	10
	偏硅酸钠	—	5	5	—
添加剂		5	8	10	15
水		加至100	加至100	加至100	加至100

【制备方法】 将各组分加入容器中搅拌30min即可。

【产品应用】 本品主要应用于清洗各种金属零部件表面矿物油和氧化物杂质。

清洗方法：清洗时采用RHBX-Ⅱ型硬表面摆洗机，金属试片用HT200铸铁。将金属试片挂人工油污110~120mg，静浸在浓度为3%的清洗液中5min，摆洗5min，取出置于70℃烘箱中恒温干燥40min。清洗后的金属表面无油污残留，清洗后48h内金属部件表面仍无发乌以及锈蚀现象。

【产品特性】

（1）采用的醇醚表面活性剂不含苯环，能显著降低水的表面张力，使工件表面容易润湿、渗透力强；多碳醇表面活性剂最大的特点在于它的乳化作用,两者复配后能更有效地改变油污和工件之间的界面状况,使油污乳化、分散、卷离、增溶,形成水包油型的微粒而被清洗掉。

(2)本品配方科学合理,pH 值温和,清洗过程中泡沫少,清洗能力强、连续性好、速度快、使用寿命长,随着清洗次数增加,清洗液 pH 值降低(由一开始的 8~9 降至 7 左右),这使得在清洗过程中通过测定 pH 值检测溶液的浓度,根据 pH 值控制加料时间。本金属清洗剂各种金属零部件表面矿物油、氧化物杂质等具有高效清洗功效。

(3)本清洗剂不含消耗臭氧层物质(ODS)、磷酸盐、亚硝酸盐,可直接在自然界完全生物降解为无害物质。

实例 16　环保型多功能金属清洗剂

【原料配比】

原　　料	配比(质量份)	
	1#	2#
平平加	0.5	1.5
6501	2	5
油酸三乙醇胺	2	3
亚硝酸钠	2	5
三乙醇胺	3	5
三羟乙基胺	6	6
C_{12}脂肪醇聚氧乙烯醚	16	16
聚醚	8.5	8.5
水	65	68

【制备方法】　将各组分溶于水混合均匀即可。

【产品应用】　本品特别适用于轴承、拖拉机、汽车、建筑工程机械、航空机械、纺织机械、化工机械等金属制件的清洗。

【产品特性】　本品清洗剂具有极强的渗透性和优良的除油性,使用添加量少,清洗成本低,清洗能力强、速度快、易漂洗、可重复使用、无污染、具有防锈能力,工件表面处理工艺简便等特点和功效。配制工艺简单,使用简便,具有低泡、高效、对金属表面无腐蚀、稳定性好,提高钢板光洁度,缓解 pH 值、减少铁粉量、增强清洁度,故具有推广价值。

实例17　环保型高浓缩低泡防锈金属清洗剂

【原料配比】

原　　料	配比（质量份）	
	1#	2#
乙二胺四乙酸	0.5	0.2
三羟乙基胺	5	5
C_{12}脂肪醇聚氧乙烯(7)醚	17.5	14
聚醚	10	8
十八烯酸	9	6
水	加至100	加至100

其中聚醚配比为:

原　　料	配比（质量份）	
	1#	2#
丙二醇聚氧丙烯聚氧乙烯嵌段聚醚44(L44)	15	18
丙二醇聚氧丙烯聚氧乙烯嵌段聚醚64(L64)	23	20
丙二醇聚氧丙烯聚氧乙烯嵌段聚醚75(CL75)	10	13
丙二醇聚氧丙烯聚氧乙烯嵌段聚醚62(L62)	15	10
石油磺酸钠	8	10
三羟乙基胺	8	5
苯并三唑	3	5
水	余量	余量

【制备方法】 将各组分溶于水混合均匀即可。

【产品应用】 本品主要应用于金属清洗。

【产品特性】

（1）产品溶水性强，泡沫少且消泡快，便于高压喷射清洗。

（2）去污力强，抗硬水，使用时不受温度限制，能迅速清除金属表面的污垢。

（3）对金属不腐蚀且缓蚀防锈作用好，能保证清洗后的金属表面清洁光亮。

（4）防腐效果好，使用时间长，不含有毒物质，安全无害，对环境无污染。

实例18　金属防腐清洗液

【原料配比】

原　　料		配比（质量份）								
		1#	2#	3#	4#	5#	6#	7#	8#	9#
络合剂	草酸	3	—	—	—	—	—	—	—	—
	丁二酸	—	0.05	—	—	—	—	—	—	—
	丙二酸	—	—	0.1	—	—	—	—	—	—
	苹果酸	—	—	—	0.5	—	—	—	—	—
	乳酸	—	—	—	—	0.01	—	—	—	—
	没食子酸	—	—	—	—	—	1	—	—	—
	磺基水杨酸	—	—	—	—	—	—	5	—	—
	醋酸	—	—	—	—	—	—	—	3	—
	柠檬酸	—	—	—	—	—	—	—	—	1
星型聚合物	丙烯酸甲酯与丙烯酰胺的星型共聚物（$Mn=3000$）	3	—	—	—	—	—	—	—	—
	丙烯酸羟乙酯与丙烯酰胺的星型共聚物（$Mn=5000$）	—	2	—	—	—	—	—	—	—

原料		配比（质量份）								
		1#	2#	3#	4#	5#	6#	7#	8#	9#
星型聚合物	丙烯酸羟乙酯与丙烯酸的星型共聚物($Mn=2500$)	—	—	1.5	—	—	—	—	—	—
	丙烯酸甲酯与丙烯酸羟乙酯的星型共聚物（$Mn=5000$）	—	—	—	1	—	—	—	—	—
	丙烯酸羟乙酯与甲基丙烯酸的星型共聚物（$Mn=15000$）	—	—	—	—	0.1	—	—	—	—
	丙烯酸与丙烯酰胺的星型共聚物（$Mn=5000$）	—	—	—	—	—	2	—	—	—
	甲基丙烯酸乙酯与甲基丙烯酸羟乙酯的星型共聚物（$Mn=15000$）	—	—	—	—	—	—	0.5	—	—
	星型聚丙烯酸（$Mn=3000$）	—	—	—	—	—	—	—	1	—
	丙烯酸羟乙酯与丙烯酰胺的星型共聚物（$Mn=5000$）	—	—	—	—	—	—	—	—	0.5
溶剂	二丙二醇甲醚	—	—	—	—	—	—	2	—	—
	二丙二醇乙醚	—	—	—	—	—	—	—	3	—
水		余量	余量	余量	余量	余量	余量	余量	余量	余量

【制备方法】 将各组分混合均匀，用 KOH 或 HNO_3 调节到所需要的 pH 值即可。

本品的清洗液可浓缩制备，使用时加水稀释。本品的清洗液的 pH 值较佳为 2~7，更佳为 3~5。

【产品应用】 本品主要应用于清洗金属材料,所述的金属为铝、铜、钽、氮化钽、钛、氮化钛、银或金,优选抛光铝和铜。

【产品特性】 清洗效率高,使用范围宽。使用本品的清洗液可以防止金属材料的整体和局部腐蚀,提高表面质量。

实例19 金属防腐蚀清洗液

【原料配比】

原　　料	配比							
	1#	2#	3#	4#	5#	6#	7#	8#
柠檬酸	2	—	—	1	—	—	—	0.5
多氨基多醚基四亚甲基膦酸	—	0.5	—	—	—	—	—	—
甲基磺酸	—	—	0.2	—	—	—	—	—
甘氨酸	—	—	—	—	0.1	—	—	—
丁烷膦酰基-1,2,4-三羧酸	—	—	—	—	—	0.1	—	—
环己基二胺-4-亚甲基膦酸	—	—	—	—	—	—	0.2	0.02
聚丙烯酸	10 mg/L	—	5000 mg/L	—	100 mg/L	—	—	—
水	加至 100	加至 100	加至 100	加至 100	加至 100	加至 100	加至 100	加至 100

【制备方法】 将各组分溶于水混合均匀即可。

【产品应用】 本品主要应用于金属清洗。

本品化学机械抛光液抛光铜金属的工艺为:

(1)下压力为 $6.9 \sim 13.8$ kPa($1.0 \sim 2.0$ psi)、抛光盘的转速为 $50 \sim 70$ r/min、抛光头转速为 $70 \sim 90$ r/min、抛光液流速为 $200 \sim 300$ mL/min、抛光时间为 $1 \sim 2$ min。

(2)然后在下压力为 10.35kPa(1.5psi)、抛光盘的转速为 25r/min、抛光头转速为 25r/min 条件下使用本品清洗液,清洗液流速为 300mL/min,抛光时间为 0.5~1min。

(3)用清洗液及聚乙烯醇(PVA)滚刷对晶片表面进行刷洗 2min,滚刷转速为 300r/min,清洗头转速为 280r/min,清洗液流量为 300mL/min。

(4)再用去离子水及 PVA 滚刷刷洗 2min,滚刷转速为 300r/min,清洗头转速为 280r/min,去离子水流量为 300mL/min。

【产品特性】

(1)本品的清洗液能够大大降低对金属材料的腐蚀程度,从而使清洗后金属材料表面的缺陷显著减少。

(2)大大改善了金属表面的平坦度。

实例20 铝材表层的电子部件防腐蚀清洗剂

【原料配比】

原　　料		配比(质量份)					
		1#	2#	3#	4#	5#	6#
渗透剂	乙二醇乙醚	10	6	—	7	—	—
	乙二醇丁醚	—	—	—	—	9	—
	聚合度为 20 的脂肪醇聚氧乙烯醚	5	5	—	—	6	—
	聚合度为 15 的脂肪醇聚氧乙烯醚	—	—	6	—	—	—
	聚合度为 40 的脂肪醇聚氧乙烯醚	—	—	5	—	—	6
	聚合度为 25 的脂肪醇聚氧乙烯醚	—	—	—	6	—	—
	聚合度为 35 的脂肪醇聚氧乙烯醚	—	—	—	—	—	9

续表

原 料		配比（质量份）					
		1#	2#	3#	4#	5#	6#
硅酸盐	硅酸钠	3	—	5	—	—	—
	硅酸钾	—	10	—	—	—	4
	无水硅酸钠	—	—	—	6	3	—
pH调节剂	氢氧化钾	2	3	—	4	3	—
	氢氧化钠	—	—	3	—	—	3
缓蚀剂	钨酸钠	—	1	—	1	1	2
	苯并三氮唑钠	1	—	1	—	—	—
去离子水		加至100	加至100	加至100	加至100	加至100	加至100

【制备方法】 在室温下依次将硅酸盐、渗透剂、缓蚀剂、pH值调节剂加入到去离子水中，搅拌混合均匀，即得清洗剂。

【产品应用】 本品主要应用于铝材表层的清洗。

清洗方法：清洗时采用28kHz的超声波清洗设备，将表层为铝的电子部件放置在超声波清洗设备中，加入由清洗剂和10～20倍体积的纯水的混合溶液，控制清洗温度为40～55℃，清洗5～6min后取出。清洗后，采用光学显微镜放大100倍的方法检测，表层为铝的电子部件表面无油污残留，表面光亮，清洗后24h内表层为其表面仍无发乌以及锈斑现象。

【产品特性】 本品配方科学合理，生产工艺简单，不需要特殊设备；其清洗能力强，清洗时间短，节省人力和工时，提高工作效率，且具有除锈和防锈功效；该清洗剂呈碱性，对设备的腐蚀性较低，使用安全可靠，利于降低设备成本；另外，该清洗剂为水溶性液体，清洗后的废液便于处理排放，符合环境保护要求。

实例21 铝合金常温喷淋清洗剂

【原料配比】

原 料	配比(质量份)	
	1#	2#
乙二胺四乙酸二钠	5	4
五水偏硅酸钠	1	1
葡萄糖酸钠	6	7
异构醇醚	7	7
增溶剂 RQ－130E	10	4
表面活性剂 RQ－129B	7	6
水	64	71

【制备方法】

(1)将水加入反应釜中,温度加热至25~40℃,加入五水偏硅酸钠、葡萄糖酸钠、乙二胺四乙酸二钠搅拌,保持反应20min。

(2)在反应釜中再加入异构醇醚和表面活性剂 RQ－129B(脂肪醇聚氧乙烯醚)搅拌至完全溶解后再加入增溶剂 RQ－130E(二丙二醇甲醚),持续搅拌30min,直至溶液清澈透明,反应过程中保持反应釜温度为35~40℃。

(3)反应完成后自然冷却至室温,静置25~35min 后即得铝合金常温喷淋清洗剂。

【产品应用】 本品主要应用于铝合金工件清洗。

【产品特性】

(1)本品是弱碱性常温清洗剂,所用原料由有机助剂、无机助剂、分散剂、乳化剂和表面活性剂组成,且所用原料来源广泛,获取容易,使用量少,适用于大规模的工业化生产。

(2)本品的作用机理简单科学,使用方便,经济实用,效果明显,首先是所选用原料在复配后也能保持很少的泡沫,复配后原料的各种性能都得到增强和提高,其中乙二胺四乙酸二钠能够提供稳定的 pH 值;五水偏硅酸钠能起到保护铝合金防腐蚀的作用;葡萄糖酸钠和异构醇醚具有分散油污作用和保护金属不被腐蚀的功效;增溶剂 RQ - 130E 和表面活性剂 RQ - 129B 可协同溶解油污和调解本配方其他原料,增加常温清洗力和减少常温泡沫。通过以上的作用机理使清洗剂达到最佳的状态。

(3)本品使用简单,效果明显,可用于高压喷淋使用,使用量低,不腐蚀金属。

(4)本品常温就可使用,无须加热,节约能源,使用此液处理后对铝合金零部件不腐蚀,表面无白斑残留并且能增加零部件光泽,使用周期长,使用浓度低,安全,环保,节约工时,显著提高工作效率。

实例22　铝合金除油清洗剂

【原料配比】

原　　料	配比(质量份)		
	1#	2#	3#
柠檬酸溶液(浓度为45%)	4	5	3
葡萄糖酸	2	1	3
碳酸钾	8	6	6
二甲苯磺酸钠溶液(浓度为40%~60%)	5	6	8
铝缓蚀剂组合	7	8	8
去离子水	74	74	72

【制备方法】　依次加入水、柠檬酸、葡萄糖酸、碳酸钾、二甲苯磺酸钠和铝缓蚀剂组合,搅拌至均匀透明溶液。

【注意事项】　所述铝缓蚀剂组合为硅酸盐和水溶性磷酸酯的混合物。

【产品应用】　本品适用于多种型号的铝以及铝合金的清洗。

【产品特性】　本品清洗剂具有极强的渗透、分散、增溶、乳化作用,对油脂、污垢有很好的清洗能力,其脱脂、去污净洗能力超强;产品不含无机离子,抗静电,易漂洗,无残留或极少残留,可做到低泡清洗,有效改善劳动条件,防止环境污染;并且在清洗的同时能有效地保护被清洗材料表面不受侵蚀。

实例23 水基金属零件清洗剂

【原料配比】

原　　料	配比(质量份)	
	1#	2#
脂肪醇聚氧乙醚磷酸酯	5	6
脂肪醇聚氧乙烯硫酸酯	3	4
脂肪醇聚氧乙烯醚	16	14
椰子油酰二乙醇胺	7	6
琥珀酸酯磺酸钠	3	4
乙醇胺	5	5
乙二醇单丁基醚	6	6
偏硅酸钠	4	4
乙二胺四乙酸	0.15	0.15
固体粉剂有机硅消泡剂	0.3	0.3
去离子水	50.55	50.55

【制备方法】 将各原料在40～60℃温度下加热溶解,逐个加入各组分,使其全部溶解,即可得到均匀透明的浅黄色液体,能与水以任意比例混合。

【产品应用】 本品主要应用于金属零件的清洗。

清洗半导体或精密金属零件表面上的油脂、灰尘、积炭等污染物的方法包括:使用上述的清洗剂组合物,用超声波清洗机清洗,然后用去离子水冲洗,热风或真空干燥即可。当用该清洗剂清洗显像管行业等各种精密金属零件时,可用5%～10%的该组合物与去离子水配制成清洗液,在40～60℃时浸泡或超声清洗,然后用去离子水冲洗干净,真空或热风干燥即可。

【产品特性】 本品去污能力强,可有效去除矿物油、植物油、动物油及其混合油,清洗效果可达到含 ODS 物质清洗剂的清洗效果,能够有效的去除金属零件表面的多种冲压油和润滑油,对金属表面无腐蚀,无损伤,能够替代三氯乙烷等 ODS 物质进行脱脂,不含 ODS 物质,无毒无腐蚀性,对臭氧层无破坏作用,生物降解性好,使用后可以直接排放,使用方便,对环境无污染,对全球变暖无影响,对人体无危害,达到国际先进水平。本品乳化、分散能力强,抗污垢再沉积能力好,不产生二次污染,使用范围广,对高温高压冲压出的零件有极佳的清洗效果,清洗后金属零件表面光亮度好。该产品是水剂,安全性高,不燃不爆,无令人不舒适的气味。

当将其应用于显像管行业等各种精密金属零件的清洗,能够有效地去除金属零件表面的多种冲压油和润滑油,对金属表面无腐蚀,无损伤,与使用三氯乙烷、三氟三氯乙烷(CFC-113)等 ODS 物质的清洗效果相当。

实例24　水溶性金属清洗剂

【原料配比】

原　　料	配比(质量份)		
	1#	2#	3#
一元醇(乙醇)	5~8	6~10	7~9
碳酸钠	1~1.3	1.2~1.5	1.1~1.4
二丙二醇单甲醚	10~25	15~30	18~26
乙二醇单丁醚	30~40	35~50	36~45
吗啡啉	0.5~4	2~5	1.5~4
水	5~16	8~20	10~15

【制备方法】

(1)将水中放入碳酸钠,在室温下使用搅拌机均匀搅拌直至碳酸钠完全溶解。

(2)将步骤(1)获得的混合溶液中放入乙二醇单丁醚,使用搅拌机以 50r/min 的速度进行搅拌,搅拌 3min 后,放入乙醇和二丙二醇单甲醚,继续搅拌 10min。

(3)将步骤(2)获得的混合溶液中加入吗啡啉,使用搅拌机搅拌至混合溶液 pH 值为 9 为止,即获得本品。

【注意事项】　本品中的一元醇虽然优选为乙醇,也可采用其他一元醇产品或烷醇胺类产品来替代乙醇;另外,本品中使用的二丙二醇单甲醚和乙二醇单丁醚属于脂肪醇中优选的两种,也可采用脂肪醇中的其他产品来替代二丙二醇单甲醚和乙二醇单丁醚。

【产品应用】　本品主要应用于金属表面清洗。

【产品特性】

(1)本品采用烷醇胺类、一元醇或脂肪醇类的物质作为原料,不含有对环境有害的化合物,如二氯甲烷,氯化合物,卤素溶剂,芳香烃等是环保的,并且对工作人员的人身健康无害。

(2)工艺简单,制作方法简单快捷,清洗效果好。

(3)本品具有一定的防锈功能。

实例25　铜管外表面清洗剂

【原料配比】

原　料	配比(质量份)											
	1#	2#	3#	4#	5#	6#	7#	8#	9#	10#	11#	12#
$C_8 \sim C_{12}$ 的饱和直链烷烃	50	90	75	70	60	55	75	80	70	75	65	60
丙酮	3	9.8	—	—	5	8	—	—	—	—	—	—
三氯乙烯	26.5	—	—	20	15	16.5	—	—	24.8	16.8	19.5	19.5
四氯乙烯	20	—	9.9	—	19.5	20	9.7	5.5	—	—	—	—
二氯甲烷	—	—	15	9.9	—	—	15	14	5	8	15	20
苯并三氮唑	0.5	0.2	0.1	0.1	0.5	0.5	0.3	0.5	0.2	0.2	0.5	0.5

【制备方法】　将各组分加入密闭容器中,在 10~30℃ 下反应 1h 即可。

【产品应用】　本品主要应用于铜管生产过程中的铜管外表面的清洗。

【产品特性】

(1)去污能力强,可迅速彻底清除铜管表面的油污、粉尘、铜屑等杂质。

(2)挥发速度适中,既能满足缠绕的要求,又能防止因清洗剂挥发太快造成浪费;并且清洗剂可挥发彻底,不留残迹,确保从清洗完至退火前的时间内,能够彻底挥发,避免退火时给铜管外表面和设备带来损伤。

(3)对各种金属、纤维、橡胶和塑料均安全,无腐蚀性;对铜管有一定的抗氧化作用。

(4)本品配方合理,配伍性好,同时清洗后的废液便于处理排放,符合环保要求,对设备的腐蚀性低,使用安全。

实例26 无磷常温脱脂粉

【原料配比】

原 料	配比(质量份)				
	1#	2#	3#	4#	5#
氢氧化钠	30	25	35	32	28
五水偏硅酸钠	15	20	18	16	25
碳酸钠	25	25	20	22	26
烷醇酰胺	3	3	2.8	2.2	1.5
乙二胺四乙酸二钠	2	1.5	1.2	1.8	2.5
柠檬酸钠	15	24	18.5	16	10
脱臭煤油	2.5	1	2	2.8	3
脂肪醇聚氧乙烯醚	5	2.5	3	4	4.5

【制备方法】

(1)在60~80r/min的搅拌速率下将氢氧化钠,柠檬酸钠,五水偏硅酸钠,碳酸钠,乙二胺四乙酸二钠,烷醇酰胺分别加入搅拌釜中在常温常压下搅拌均匀。

(2)在另一个容器中将脂肪醇聚氧乙烯醚加热至60~70℃,融化成液体后慢慢加入搅拌釜中搅拌均匀。

（3）用无水乙醇将脱臭煤油按质量比1:1比例稀释装入喷壶,慢慢喷洒到搅拌釜中充分搅拌均匀。

【产品应用】 本品主要应用于钢铁材料表面清洗。

【产品特性】 本品的脱脂粉不采用含磷原料,选用稳定性能、络合效果、生物降解、分散能力、助洗效果均较好的柠檬酸钠替代葡萄糖酸钠,用烷醇酰胺替代平平加,使脱脂防锈能力得以加强,使用脂肪醇聚氧乙烯醚替代十二烷基硫酸钠,形成低泡,易冲洗。使用时,配制成3%～5%的水溶液,在20～40℃的常温下,将钢铁材料浸泡3～10min,再喷淋1～3min即可,脱脂效果好,也可用于刷洗、超声波和滚筒清洗,废水中不含磷化合物,易生物降解,避免环境污染。本品的配制方法中原料配比合理、优化,操作工艺简便、规范,能保证产品质量。

实例27 不锈钢清洗剂

【原料配比】

原　料	配比（质量份）			
	1#	2#	3#	4#
脂肪醇聚氧乙烯醚	0.5	0.5	0.5	0.5
碳酸钠	—	1	—	—
柠檬酸三钠	—	0.5	—	—
焦磷酸钾	—	—	0.25	—
碳酸氢钠	—	—	—	0.5
葡萄糖酸钠	—	—	—	0.5
仲辛醇聚氧乙烯醚	—	—	0.5	0.5
椰油酸二乙醇酰胺	0.5	0.5	—	—
十二烷基苯磺酸钠	0.5	0.5	—	—
十二烷基磺酸钠	—	—	0.5	—
十二烷基硫酸钠	—	—	—	0.5
N,N-二甲基甲酰胺	1	1	1.5	0.5
二甲基硅油	—	—	0.05	—

101

原　　料	配比(质量份)			
	1#	2#	3#	4#
二乙醇胺	2	—	—	—
三乙醇胺	—	1	—	0.5
乙二胺四乙酸二钠	0.5	—	—	—
乙二胺四乙酸四钠	—	—	0.5	—
去离子水	96	95	96.2	96

【制备方法】　将配方中的原料溶于去离子水中后经 50～1200r/min 的磁力或机械搅拌下持续搅拌 1～2h。为了避免因各原料混合不均匀可能带来的白斑或白点等不良疵病,优选为将清洗剂的各原料分别溶解于去离子水后再互相混合。

【产品应用】　本品主要应用于各种不锈钢的表面清洗。

一种不锈钢清洗方法,该方法为将不锈钢工件置于清洗剂中超声清洗,所述清洗剂为本品所述的清洗剂。

根据本品提供的不锈钢清洗方法,在优选情况下,所述超声清洗的温度为 70～90℃,超声时间为 5～10min。采用超声波振荡去除油污、氧化层、抛光蜡,清洗效果好,清洁度高且一致。可以达到物理气相沉积(PVD)真空镀膜对不锈钢表面高清洁度要求。

根据本品提供的不锈钢清洗方法,在优选情况下,在清洗之后还要在酸性洗液中进行酸洗,所述酸洗的时间为 3～8min。所述酸洗的目的是中和不锈钢表面清洗时残留的弱碱。

根据本品提供的不锈钢清洗方法,在优选情况下,所述酸性洗液含有酸、可溶性无机物、缓蚀剂及去离子水;以酸性溶液的总量为基准,所述酸的含量为 0.5%～1.5%,所述可溶性无机物的含量为 0.5%～1.5%,所述缓蚀剂的含量为 0.05%～0.15%。

所述酸为磷酸、乙酸、羟基乙酸、氨基磺酸、酒石酸、草酸、柠檬酸、乙二酸四乙酸中的至少一种,优选为磷酸。

所述磷酸不仅能中和残留的弱碱,同时还可以在不锈钢表面形成一层保护膜,保护膜能起到防锈的作用。

所述可溶性无机物为磷酸二氢锌、氧化锌、硝酸锌、磷酸锌、磷酸二氢钠、硝酸钠、磷酸钠、磷酸二氢钾、硝酸钾、磷酸钾中的至少一种。

所述缓蚀剂为硅酸钠、偏硅酸钠、苯甲酸钠、钼酸钠、苯并三氮唑、六亚甲基四胺中的至少一种。

根据本品提供的不锈钢清洗方法，在优选情况下，在所述酸洗后还要对不锈钢工件进行烘烤，烘烤的温度为100～120℃，烘烤时间为5～15min。

根据本品提供的不锈钢清洗方法，在优选情况下，在清洗后及在酸洗后都要对不锈钢用70～90℃的热水进行喷淋1～3min，所述喷淋的作用是为了进一步清洗不锈钢表面可能含有的残留物。

【产品特性】　由本品提供的不锈钢清洗剂及清洗方法，可将不锈钢基材上的抛光蜡、油污、指印等脏污清除干净，使不锈钢表面光亮且没有破坏不锈钢表面的氧化膜。使用本品提供的不锈钢清洗剂清洗的不锈钢基材，经物理气相沉积(PVD)真空镀膜后的膜层具有较好的附着力、耐磨及耐腐蚀性。例如，由本品的清洗剂组合物清洗后的不锈钢基材，表面在全检灯下观察没有脏污或腐蚀现象；百格测试为0～1级。该不锈钢的后PVD碳化铬膜层经2h振动耐磨后无明显磨损；盐雾测试336h后PVD薄膜表面无任何腐蚀现象。此外，本品的清洗剂组合物较传统的强氧化剂、强酸清洗剂对环境友好。

实例28　不锈钢设备专用清洗剂

【原料配比】

原　料	配比（质量份）
硝酸	15
柠檬酸	2
氢氟酸	1.37
缓蚀剂L-826	0.3
脂肪醇聚氧乙烯醚	0.1
水	加至100

【制备方法】　将各组分溶于水混合均匀即可。

【产品应用】　本品主要应用于清洗不锈钢设备。专用于清洗不锈钢设备,药剂 pH 值为酸性,但不腐蚀不锈钢,清洗的同时可以在不锈钢表面形成钝化膜,使清洗和钝化一步完成。

本品提供的不锈钢设备专用清洗剂的使用方法,包括以下步骤:

(1)采用本品提供的不锈钢设备专用清洗剂原液,用量根据设备及管道情况确定。

(2)清洗剂原液由循环泵吸入口投加,构成循环。

(3)根据设备垢量,运行 3～8h,由循环泵保持清洗剂循环流动,清洗时间与清洗剂流速成反比。

(4)然后用清水置换排污至浊度 <10mg/L,或目测水清为止。

上述使用方法适用于腔道类设备的内清洗,如果是对单体设备进行清洗,包括以下步骤:

(1)采用本品提供的不锈钢设备专用清洗剂原液,用量根据设备情况确定。

(2)将单体不锈钢设备不间断浸泡或喷淋清洗。

(3)待污物全部溶解后,用水冲净即可。

【产品特性】 本品提供的不锈钢设备专用清洗剂及其使用方法,其有益效果在于,该专用清洗剂由有机酸、缓蚀剂、助溶剂、渗透剂等多种混合物组成,专用于清洗不锈钢设备,药剂 pH 值为酸性,但不会腐蚀不锈钢,清洗的同时可以在不锈钢表面形成钝化膜,使清洗和钝化一步完成。

实例29 低温金属清洗剂

【原料配比】

原　　料	配比(质量份)
十二烷基二甲基氧化铵	5
氢氧化钠	28
硅酸钠	32
烷醇酰胺	3.5
纯碱	31
丁二醇	5
水	余量

【制备方法】 将各组分混合并搅拌均匀,使用时,按清洗污垢的程度,用水稀释至所需要求即可。

【注意事项】 将清洗剂用水稀释至浓度为 10% ~30%,经使用后,分别测得其清洗率为 95%;pH 值为 9 ~9.3,防锈性能为 0 级(表面无锈,无明显表化)。

【产品应用】 本品主要应用于金属清洗。

【产品特性】 本品具有低泡、高效,对金属表面无腐蚀,稳定性好,安全环保,对人体无直接伤害等优点。

实例30 镀锌金属清洗剂

【原料配比】

原料		配比(质量份)										
		1#	2#	3#	4#	5#	6#	7#	8#	9#	10#	11#
有机络合剂	乙二胺四乙酸二钠	3	4	7	—	4	7	4	7	4	7	4
	乙二胺四乙酸二钾	—	—	—	10	—	—	—	—	—	—	—
缓蚀剂	邻菲罗啉	0.005	0.01	0.03	0.04	0.01	0.03	0.01	0.03	0.01	0.03	0.01
	硫脲	—	—	—	—	0.8	—	—	—	0.8	—	0.8
	苯胺	—	—	—	—	—	0.2	—	—	—	0.2	—
	乌洛托品	—	—	—	—	—	—	1.2	—	—	—	—
	邻二甲苯硫脲	—	—	—	—	—	—	—	2	—	—	—
黄连素		—	—	—	—	—	—	—	—	0.03	0.05	0.03
十二烷基苯磺酸钠		—	—	—	—	—	—	—	—	—	—	0.5
水		100	100	100	100	100	100	100	100	100	100	100

【制备方法】 将各组分混合搅拌至完全溶解即可。

【注意事项】

为了增强清洗剂的缓蚀效果,还可在清洗剂中添加缓蚀剂,所述的缓蚀剂为邻菲罗啉、硫脲、乌洛托品、苯胺、邻二甲苯硫脲,其与水的质量比为(0.2~2):100。

为了增强清洗效果,可在清洗剂中加入黄连素,黄连素与水的质量比为(0.03~0.1):100;还可在清洗剂中添加表面活性剂,所述的表面活性剂为十二烷基苯磺酸钠、平平加、吐温-80,水与表面活性剂的质量比为1:0.005。

【产品应用】 本品主要应用于金属清洗。

【产品特性】 本品与现有技术相比,具有对金属镀锌层的腐蚀率小,除垢时间适中,主清洗剂可以回收利用的特点。

本品中,有机络合剂为主清洗剂,起着溶垢的作用,邻菲罗啉作为锌的专属缓蚀剂,并能消除铁离子与金属锌的置换反应。清洗后的清洗液,还可以通过 pH 值的调节,对有机络合剂进行回收利用。

实例31　防锈金属清洗剂

【原料配比】

原　　料	配比(质量份)			
	1#	2#	3#	4#
氢氧化钾	2	5	—	—
氢氧化钠	—	—	8	—
硅酸钠	10	12	10	14
乙醇胺	8	12	10	10
C_{11}二元烯酸	5	—	—	5
C_{15}二元烯酸	—	4	—	—

续表

原　料	配比(质量份)			
	1#	2#	3#	4#
C₁₃二元烯酸	—	—	3	—
非离子表面活性剂	10	—	—	—
阴离子表面活性剂	—	8	—	8
阴离子和非离子表面活性剂混合物	—	—	6	—
去离子水	加至100	加至100	加至100	加至100

【制备方法】 将各组分加入到反应器中搅拌使之充分溶解混合,然后静置装桶即可。

【注意事项】 所述表面活性剂至少为一种阴离子型表面活性剂或一种非离子表面活性剂,或其两者的混合物。所述表面活性剂中非离子表面活性剂至少占50%。其中,阴离子表面活性剂包括十二烷基磷酸酯钾盐,烷基硫酸钠等,非离子表面活性剂包括乙氧基化醇,脂肪酸甘油酯,聚山梨酯等,均可使用,也可以加阳离子表面活性剂,如季铵化物等。

【产品应用】 本品主要应用于金属清洗。

【产品特性】 本品对机械行业中的机械零部件的清洗效果显著,对黑色金属产品的除油、防锈一次完成,省去了原清洗工艺要对产品先进行除油后再防锈的二次工序,简化了清洗工艺,提高了清洗效率,降低了清洗成本;对清洗后的金属无伤害,不变色,本品具有低泡、无泡清洗特征,特别适用于机械自动中高压喷淋清洗和超声波清洗;在本产品中不含铬酸盐、亚硝酸盐、磷酸盐,不燃烧、无气味、不会对环境造成污染,对人体无伤害。

实例32 钢板清洗脱脂剂

【原料配比】

原料		配比（质量份）									
		1#	2#	3#	4#	5#	6#	7#	8#	9#	10#
生物表面活性剂	烷基糖苷 BG－10	1	2	3	3	1.5	2.5	—	1.8	1.5	2.5
	烷基糖苷 APG 0810	2	1	—	—	1.5	1.8	2.5	—	2.5	1.8
氢氧化钾		8	6	10	2	1	3	4	9	7	5
葡萄糖酸钠		2	4	3	5	1	3.5	2.5	1.5	2	4.5
偏硼酸钠		4	6	1	10	12	11	2.5	8	9	7
改性二硅酸钠		6	4	5	3	10	8	9	1	2	7
水		40	55	50	65	70	85	75	80	99	90

【制备方法】 将原料投入清洗槽中,搅拌均匀即可使用,所适应的使用温度为 20～100℃。

【产品应用】 本品主要应用于金属材料表面清洗,特别是用于钢板清洗。

【产品特性】 与现有含磷、难降解的脱脂剂配方相比,本品采用了新的原料、配比和制备方法,制得不含磷、降解性好的脱脂剂。该脱脂剂在高浓度电解质中性能稳定,耐高温、耐强碱,无毒,对环境友好,能被生物完全降解,不对环境造成污染和破坏,大大节约了因处理废水而产生的费用。并且生产工艺简便,常温、常压下即可发生反应,对生产设备要求不高,生产原料来源广泛、价廉,适合温度范围广(20～100℃)。

实例33　高效金属清洗剂

【原料配比】

原　　料	配比(质量份)
脂肪醇聚氧乙烯(10)醚	2~5
十二烷基二乙醇酰胺	1~3
聚氧乙烯脂肪醇醚	1.5~3
聚醚2020	2~5
亚硝酸钠	5~8
三乙醇胺	7~10
苯甲酸钠	1~10
水	加至100

【制备方法】　将各组分混合搅拌均匀即可。

【产品应用】　本品主要应用于金属表面清洗。

【产品特性】　本品具有低泡、高效(清洗率在90%以上)、对金属表面无腐蚀(防锈性达到0级)、稳定性好、无污染(无磷和铝)等优点。

第四章　除锈防锈剂

实例1　金属防锈剂(1)

【原料配比】

原　　料	配比(质量份)		
	1#	2#	3#
山梨醇	40	45	35
三乙醇胺	27	25	27
苯甲酸	15	13	17
硼酸	18	17	21
山梨酸钾	30	40	35
甘油	6	9	9
马丙共聚物	6	7	8
氢氧化钠	20	23	24
碳酸钠	5	6	5
植酸	—	—	0.8

【制备方法】　将山梨醇加热至完全融化后,再加入三乙醇胺,搅拌均匀;在上述混合物中缓慢加入苯甲酸,升温至 100~110℃,使苯甲酸完全溶解;再在上述混合物中缓慢加入硼酸,并升温至 110~20℃,使硼酸完全溶解;在温度为(120±10)℃的情况下保温 1.5~2h,室温冷却至 90~100℃时,停止搅拌,形成组分 A,继续冷却至 80~90℃时,向其中加入含有氢氧化钠和碳酸钠的混合溶液,使组分 A 完全溶解于水中;再在上述溶液中加入山梨酸钾、马丙共聚物、甘油、植酸搅拌均匀,加水至规定容量,即可,此时溶液的 pH 值在 9~10。

【产品应用】　本品主要用作金属防锈剂。

110

【产品特性】 本品所采用的原料部分为食品级而且价格低;在工业使用中对人体不会造成伤害,不含有重金属以及致癌物质(亚硝酸钠等),符合环保的要求;防锈剂附着于金属表面,在金属表面所形成的保护膜,不与金属表面基体发生化学反应,能保持金属表面平整、润湿、光滑,防锈剂维持 pH 值在 8～9,使金属表面含氧量降低,防锈性能好,特别适用于工序间的防锈,金属防锈在 1 年以上;由于是水性金属防锈剂,因此在进入下道工序时,清洗方便;防锈剂能与水按任意比例互溶,可反复使用。

实例 2 金属防锈剂(2)

【原料配比】

原　　料	配比(质量份)		
	1#	2#	3#
纯水	44.7	42.7	44.2
吗啉	35	40	38
1,3‑戊二酸吗啉	13	12	11
硼酸吗啉	7	5	6.5
苯并三氮唑	0.3	0.3	0.3

其中 1,3‑戊二酸吗啉配比为:

原　　料	配比(质量份)
吗啉	550
1,3‑戊二酸	450

其中硼酸吗啉配比为:

原　　料	配比(质量份)
吗啡啉	600
硼酸	400

【制备方法】

(1)1,3-戊二酸吗啉的制备:在反应容器中加入吗啉和1,3-戊二酸搅拌并升温至沸腾,控制温度在140~150℃,当有大量气体产生时停止加热,使其自然反应60min左右得到1,3-戊二酸吗啉备用。

(2)硼酸吗啉的制备:在另一反应容器中加入吗啡啉和硼酸,搅拌并加热升温至140~160℃,保温2h,旋转冷却至50~60℃,得到硼酸吗啉备用。

(3)金属防锈剂的制备:在纯水中加入吗啉搅拌使其完全溶解,再加入1,3-戊二酸吗啉搅拌至完全溶解,然后加入硼酸吗啉搅拌至完全溶解,最后加入苯并三氮唑搅拌至完全溶解即可得到本品的金属防锈剂。

【产品应用】 本品主要用作金属防锈剂。

【产品特性】 本品的金属防锈剂对铸铁具有很好的防锈效果,并对铜、铝有较好的适应性,与压缩机工质、冷冻机油具有良好的兼容性,适用于压缩机行业的工序间防锈及最终防锈,其残留率较低,可形成极薄的防锈膜,具工序间防锈,防锈时间长,可达3个月以上。同时本品不含对人体有害物质,对人体无毒、无害,具有良好的环境效果。

实例3　金属防锈剂(3)

【原料配比】

原　　料	配比（质量份）		
	1#	2#	3#
平平加	4	6	8
聚乙二醇	2	3	6
油酸	2	4	6
三乙醇胺	6	10	15
亚硝酸钠	2	3	3
苯三唑	0.2	0.5	1.2
硅酮消泡剂	0.5	0.5	1.2

【**制备方法**】 将各组分混合均匀即可。

【**产品应用**】 本品主要用作金属防锈剂。

使用方法:本品在使用时可采用超声波清洗、喷淋清洗、浸泡清洗,清洗液可以重复使用,待去污能力下降时,可以添加新的原清洗液继续使用。

【**产品特性**】

(1)不含三氯乙烷、四氯化碳等有害物质,不会使高空中的臭氧层破坏,对环境无污染。

(2)脱脂去污能力强,对有色金属无不良影响。

(3)防锈能力强。

(4)抗泡沫性强,高压下不会产生溢出现象。

实例4 金属防锈剂(4)

【**原料配比**】

原 料	配比(质量份)		
	1#	2#	3#
纯水	6.38	5.8	5.58
十二酸	1.8	1.88	2
环己胺	1	1.2	1.5
碳酸环己胺	0.8	1.1	0.9
苯并三氮唑	0.02	0.02	0.02

其中碳酸环己胺配比为:

原 料	配比(质量份)
环己胺	0.7
二氧化碳	0.4

【制备方法】

(1)碳酸环己胺的制备:先将环己胺在丙酮溶液中通入二氧化碳,聚合反应3~6h,备用。

(2)再按比例在纯水中加入环己胺,搅拌均匀,加入十二酸使其与环己胺中和反应安全,再控制温度在90℃以下加入碳酸环己胺搅拌均匀,然后加入苯并三氮唑搅拌至溶解即得到本品金属防锈剂。

【产品应用】　本品主要应用于压缩机行业的工序间防锈。

处理方法:本品可采用直接浸泡、超声、喷淋的方法对设备进行防锈处理。

【产品特性】　本品具有很好的防锈效果,并对铜、铝有较好的适应性,与压缩机工质,冷冻机油具有良好的兼容性,适用于压缩机行业的工序间防锈及最终防锈,其残留率低,用量小,并与压缩机工质具有良好的兼容性,可形成极薄的防锈膜,防锈时间长,可达3~6个月,并对铜、铝有较好的适应性,同时本品不含有害物质,对人体无毒、无害,具有良好的环保效果。

实例5　金属水基防锈剂

【原料配比】

原　　料	配比（质量份）	
	1#	2#
二元酸	15	12
三乙醇胺	35	38
一乙醇胺	10	6
合成硼酸酯	100	74
聚乙二醇	70	80
三嗪类杀菌剂	10	20
苯并三氮唑	1	1
水	759	769

【制备方法】

(1)将适量水加入反应釜 A 中,升温至 35～50℃,加入反应量的二元酸混合,然后再加入反应量的三乙醇胺和一乙酸醇搅拌,保持反应温度 40～42℃反应 3.5～5h,最后加入反应量的苯并三氮唑并充分搅拌,形成混合液 A。

(2)在反应釜 B 中加入反应量的聚乙二醇和步骤(1)剩余的水,在搅拌下加入反应量的合成硼酸酯,混合充分,温度为 20～80℃,反应时间为 35～50min,形成混合液 B。

(3)将反应釜 A 中的混合液 A 加入到反应釜 B 中与混合液 B 进行反应,搅拌 0.8～1.2h,保持温度在 0～80℃。

(4)再向反应釜 B 中加入反应量的杀菌剂,混合搅拌 25～35min后即得金属水剂防锈剂。

【产品应用】 本品主要用作金属防锈剂。

【产品特性】

(1)本品的作用机理简单科学,通过各组分的协同作用使防锈效果达到最佳,本防锈剂中含杀菌剂,能够有效防止防锈剂在储存和工作过程中发生腐败。同时本防锈剂所含的聚乙二醇可协助成膜,使防锈剂具有较好的斥水作用,有效提高防锈能力。

(2)本防锈剂与金属有很强的吸附作用,能够将剩余的含水油污置换脱离金属表面,在金属表面形成均匀、牢固、洁净、美观且没有油渍和白斑的憎水保护膜,有效排斥水及油污,经本防锈剂处理后的金属零部件表面清洁、无油污残留,可直接用于装配或包装。

(3)本防锈剂是弱碱性防锈剂,不含亚硝酸盐,使用方便、安全、环保、无毒、经济(使用浓度为 2%～5%),使用方法简单,可喷淋或浸泡使用,能够显著提高零部件防锈工序的工作效率。

(4)本品涉及的制备方法简单,且所用原料来源广泛,获取容易,使用量少,非常适用于大规模的工艺生产。

实例6　静电喷涂防锈油

【原料配比】

原料		配比 (质量份)								
		1#	2#	3#	4#	5#	6#	7#	8#	9#
防锈剂	石油磺酸镁	—	6	—	11	—	2	—	—	—
	石油磺酸钠	3	—	—	1	—	—	—	4	2
	石油磺酸钡	—	—	—	—	6	8	—	4	6
	石油磺酸钙	—	—	—	—	—	—	—	9	—
	壬基酚醚磷酸酯	—	—	—	—	2	—	—	—	—
	壬基酚醚亚磷酸酯	—	—	—	—	—	—	—	2	—
	二壬基石油磺酸钡	4	—	8	—	—	—	10	—	—
	碱性二壬基萘磺酸钡	—	—	—	—	—	—	—	—	3
	中碱值石油磺酸钙	—	—	3	—	—	3	3	—	—
	高碱值石油磺酸钙	—	—	—	10	—	—	—	—	—
	环烷酸锌	3	—	3	—	—	—	3	—	2
	苯并三氮唑	—	—	—	—	—	0.1	0.1	—	—
	十二烯基丁二酸单酯	—	—	—	4	1	—	—	1	—
	十二烯基丁二酸	2	0.5	1	—	—	—	—	—	1
	十七烯基咪唑啉烯基丁二酸盐	2	—	—	—	—	—	—	—	—
	十七烯基咪唑啉脂肪酸盐	—	—	—	—	—	—	2	—	—
表面活性剂	脂肪醇聚氧乙烯(4)醚	0.5	—	—	—	1	0.2	0.4	—	—
	失水山梨醇单油酸酯	1	1	—	1	—	—	—	1	2
	辛醇聚氧乙烯(4)醚	—	—	0.5	0.5	—	—	—	—	—

原　　料		配比(质量份)								
		1#	2#	3#	4#	5#	6#	7#	8#	9#
减磨剂	季戊四醇油酸酯	—	12	—	—	—	—	—	—	—
	新戊二醇油酸酯	—	—	—	1	—	—	—	—	—
	硬脂酸异辛酯	—	—	—	—	—	—	—	—	5
	硬脂酸丁酯	—	—	—	—	10	—	—	—	—
	油酸异辛酯	—	—	—	—	—	0.5	—	—	—
	三羟甲基丙烷油酸酯	—	—	—	—	—	—	4	—	—
	菜籽油	3	—	—	—	—	—	—	4	—
	椰子油	—	—	4	—	—	—	—	—	—
	苯并三氮唑脂肪酸盐	—	—	1	—	—	—	—	—	—
抗氧剂	T501	0.3	—	—	1.3	—	—	2	—	—
	T531	—	—	—	—	—	1	—	—	—
	T502	—	—	0.8	—	—	—	—	—	—
	2,6-二叔丁基混合酚	—	0.5	—	—	—	—	—	—	0.3
	2,6-二叔丁基-α-二甲氨基对甲酚	—	—	—	—	0.5	—	—	1.5	—
基础油	HVⅡ2	—	80	—	—	—	—	—	79.5	—
	HVI75SN	—	—	—	71.2	—	84.9	—	—	—
	MVI60SN	81.2	—	78.7	—	—	—	75.5	—	—
	10#变压器油	—	—	—	—	75.5	—	—	—	78.7

【制备方法】　将基础油、防锈剂、表面活性剂、减磨剂和抗氧剂混合,加热至115℃,恒温搅拌5h,降温至75℃,检验合格后过滤罐装。

【产品应用】　本品主要应用于钢铁企业冷轧碳钢板、镀锌板、镀铝锌硅板的静电喷涂防锈。

【产品特性】 本品由于充分利用了各组分之间的协同作用,本品静电喷涂防锈油用于普通碳钢板、镀锌钢板、镀铝锌硅板的静电喷涂防锈,具有良好的防锈性能、叠片性能优异;使用时雾化性能好,涂油均匀;使用后易于除去,不会影响钢板后处理效果。本品静电喷涂防锈油不仅能够提供良好的润滑性能,减小钢板卷取时钢板与钢板之间的摩擦,防止钢板表面划伤,保持较好的表面质量,同时还使防锈性能大大增强,湿热试验可以长达36天不生锈,叠片试验可以长达42天不生锈,涂油后的钢板按照防锈工艺包装后,在包装完好的情况下,按照正常储存和运输条件能保持10~12个月不生锈,取得了较好的技术效果。

实例7 聚硅氧烷防锈液

【原料配比】

原 料		配比(质量份)										
		1#	2#	3#	4#	5#	6#	7#	8#	9#	10#	11#
聚硅氧烷	二甲基硅油	15	—	—	—	—	—	—	—	—	—	—
	高含氢硅油	—	10	—	—	—	—	—	—	—	—	—
	氨基硅油	—	—	40	—	—	—	—	—	—	—	—
	羟基硅油	—	—	—	50	—	—	—	—	—	—	—
	水性硅油	—	—	—	—	15	—	—	—	—	—	—
	聚醚改性硅油	—	—	—	—	—	20	—	—	—	—	—
	乳化硅油	—	—	—	—	—	—	25	—	—	—	—
	含氢硅油乳液	—	—	—	—	—	—	—	18	—	—	—
	羟基硅油乳液	—	—	—	—	—	—	—	—	15	—	—
	甲基三乙酰氧基硅烷	—	—	—	—	—	—	—	—	—	28	—
	有机硅树脂	—	—	—	—	—	—	—	—	—	—	20
交联剂	正硅酸乙酯	0.1	1	—	2	—	—	—	—	2.5	—	2
	硅酸钠	—	—	2	—	1.5	—	2	—	5	—

原　　料		配比（质量份）										
		1#	2#	3#	4#	5#	6#	7#	8#	9#	10#	11#
催化剂	二月桂酸二丁基锡	0.1	—	5	—	—	1	—	—	2.5	—	3
	硅酸钠	—	—	—	—	4	—	—	—	—	—	—
溶剂	无味煤油	84.8	89	—	—	79	77.5	75	—	80	67	—
	石油醚	—	—	55	48	—	—	—	80	—	—	—
	乙酸乙酯	—	—	—	—	—	—	—	—	—	—	75
溶液 pH 值		6	8	6.5	9	8.5	9.5	10	7.5	9	7	6

【制备方法】　将聚硅氧烷置于容器中,加入交联剂、催化剂和溶剂混合搅拌均匀,用氢氧化钠调节 pH 值至 6～10,得到聚硅氧烷防锈液。

【产品应用】　本品主要应用于金属防锈。

【产品特性】

（1）本品聚硅氧烷防锈液无色、无味、无毒,符合食品行业规定,且成本低,操作简单,既解决了以往防锈液的涂覆工艺复杂、含有有害物质、不环保、经济成本过高的问题,又弥补了国内金属瓶盖切边防锈的空白,适用于各种饮料的金属瓶盖的防锈。

（2）金属瓶盖施用本品后,能在金属瓶盖切边形成疏水性吸附膜,隔绝外部环境的水分,达到防腐的效果。

实例8　抗静电气相防锈膜

【原料配比】

原　　料	配比（质量份）	
	1#	2#
聚烯烃树脂	80	90
气相缓蚀剂	16	4
抗氧剂 1010	1	1

续表

原　　料	配比(质量份)	
	1#	2#
光稳定剂 6911	1	1
紫外线吸收剂 UV531	—	1
混合抗静电剂	1.5	2.5
铝酸酯偶联剂	0.5	0.5

其中气相缓蚀剂配比为:

原　　料	配比(质量份)
苯甲酸单乙醇胺	52
钼酸钠	16
2 - 乙基咪唑啉	31
铝酸酯偶联剂	1

【制备方法】

(1)气相缓蚀的制备:将各组分研磨、偶联得到气相缓释剂。

(2)抗静电气相防锈膜的制备:将气相缓蚀剂与聚烯烃树脂、抗氧剂、光稳定剂、紫外线吸收剂、偶联剂混合、共挤;将抗静电剂与聚烯烃树脂偶联、混合、共挤;采用三层共挤吹膜设备,分别将含有气相缓蚀剂和抗静电剂的聚烯烃树脂放入进料口吹塑得到抗静电气相防锈膜。

【注意事项】　聚烯烃树脂由95%混合聚烯烃(低密度聚乙烯:线性低密度聚乙烯=3:7 份数比)和5%聚乙烯蜡组成。

抗静电剂由30% N,N - 双(2 - 羟乙基)脂肪酰胺、50%乙氧基烷基胺和20%羟乙基烷基胺经粉碎研磨混合而成。

【产品应用】　本品主要应用于金属防锈。

【产品特性】

(1)可适用于各种钢铁、铜、铝、镀铬等多种金属的防锈,对其他非金属材料如光学器材、橡胶材料、电子元器件等不产生不良影响,相容性好。

（2）可适用于各种电子设备的防锈包装,包装膜的表面电阻率可以达到$10^{10}\Omega\cdot m$,对内装的电子设备具有优异的防静电性能。

实例9 快干型金属薄层防锈油

【原料配比】

原　　料	配比（质量份）			
	1#	2#	3#	4#
石油磺酸钙	10	7	9	8
二壬基萘磺酸钡	4	8	7	5
医用羊毛脂	3	2.5	2	4
十八铵盐	1	0.5	1.5	1
N5#机油	37	38	40	35
N32#机油	45	44	40.5	47

【制备方法】

（1）将N5#机油和余量N32#机油加入到反应釜中搅拌加热到110~120℃充分脱水。

（2）将石油磺酸钙加入到反应釜中,加热搅拌使其溶解。

（3）从反应釜底部放出少量热油,在添加剂二壬基萘磺酸钡、十八铵盐、医用羊毛脂中加入热油搅拌使其溶解为混合物。

（4）将溶解后的混合物加入反应釜中加热搅拌,在110~115℃下反应3h。

（5）待其温度降至40℃以下时过滤装桶包装。

【产品应用】 本品主要应用于轴承、机械零件的快干型薄层防锈处理。

【产品特性】

（1）解决了许多轴承（零件）生产厂家的包装封存问题,保证防锈油在零件上快速形成较薄的油膜,防锈时间长。

（2）对于出口运往国外的轴承（零件）,一方面满足了长时间海上运输而不生锈的要求,另一方面又满足了国外客户对油膜厚度的要求。

实例10 零件内腔的除锈液

【原料配比】

原 料	配比(质量份)		
	1#	2#	3#
磷酸	10	20	15
柠檬酸	2	5	4
聚醚2010	0.1	0.3	0.2
乌洛托品	3	5	4
工业酒精	0.5	1	0.75
自来水	68	84	78
对硝基苯酚指示剂	10ppm	10ppm	10ppm

【制备方法】 将各组分溶于水混合均匀即可。

【产品应用】 本品主要应用于变速箱壳体、中桥或后桥壳体、转向机壳体、汽车轮毂内腔以及涉及运动部件之间的配合零件的除锈。

【产品特性】 用本品对锈蚀后的零件进行处理,对其尺寸、表面状态以及内腔的清洁度等技术参数等均无影响。

实例11 浓缩液态油基防锈剂

【原料配比】

原 料	配比(质量份)		
	1#	2#	3#
20#航空润滑油	88.56	84.04	84.8
石油磺酸钡	9.5	10.5	10
石油磺酸钠	1.9	2.1	2
环烷酸锌	2.85	3.15	3
苯并三氮唑	0.19	0.21	0.2

【制备方法】

(1)将石油磺酸钡加入20#航空润滑油内,加热到108~115℃,不停地搅拌至石油磺酸钡全溶,然后冷却至98~102℃。

（2）将石油磺酸钠和苯并三氮唑混合并充分搅拌，加热到 75~85℃，待苯并三氮唑全溶后加入步骤（1）形成的混合液中。

（3）将环烷酸锌加入到步骤（2）形成的混合液中，于 75~85℃ 充分搅拌均匀。

（4）将步骤（3）形成的混合液冷却至室温，罐装在容器内，密封。

【产品应用】　本品用作防锈剂。

【产品特性】　本品不仅防锈性能优良，而且由于它是一种浓缩剂，如果作为产品销售，可以节省生产、包装、运输、储存费用；用户可以根据自己的要求、用量按产品使用说明进行调配使用，这样就降低了因产品性能过剩造成的浪费现象。

实例 12　汽车钢板用防锈油

【原料配比】

原　料		配比（质量份）		
		1#	2#	3#
防锈剂	35# 石油磺酸钠	3	2	—
	二壬基奈磺酸钡	5	6	8
	石油磺酸钡	—	2	—
	山梨糖醇酐单油酸酯	3	—	2
	环烷酸锌	—	—	2
	十二烯基丁二酸	1	2	2
润滑剂	二烷基二硫代磷酸锌	2	3	3
	硫化脂肪酸酯 Starlub4161	—	3	—
	磷酸酯 Hordaphos774	3	—	3
辅助添加剂	脂肪醇聚氧乙烯醚	2	3	3.5
抗氧剂	叔丁基对甲酚	1	1.5	1
矿物油	全损耗系统用油 L-AN5	34	—	32.5
	全损耗系统用油 L-AN32	45	—	43
	全损耗系统用油 L-AN15	—	77.5	—

【制备方法】 将矿物油加热至 130～140℃,加入防锈剂、辅助添加剂、抗氧剂,使其溶解,并充分搅拌,然后待其自然冷却至 70℃以下再加入润滑剂,充分搅拌,待其自然冷却至室温即制成汽车钢板用防锈油。

【产品应用】 本品用作汽车钢板用防锈油。

【产品特性】 本品解决了防锈油中防锈性与润滑性和脱脂性的相关平衡,满足了汽车钢板用防锈油的性能要求。

实例13 汽车油箱用水基防锈剂

【原料配比】

原 料	配比(质量份)			
	1#	2#	3#	4#
环氧丙烯酸酯树脂	60	65	70	70
甲醇	8	9	10	10
丁醇	3	4	5	5
水	3	4	5	5
水性氟碳乳液	80	90	100	100
微米级锌粉	8	9	10	—
异丙醇	40	45	50	—
丙酮	20	25	30	—

【制备方法】

(1)在环氧丙烯酸酯树脂中依次加入甲醇、丁醇和水进行溶解,充分搅拌(连续搅拌 3min)后,再加入的水性氟碳乳液(水性氟碳乳液为氟乙烯和羟基乙烯基醚共聚物,氟的质量分数为 8%～11.5%,且主链含氟原子),充分搅拌(连续搅拌 3min),即可初步制得汽车油箱用水基防锈剂。

(2)将微米级锌粉加入到异丙醇和丙酮所组成的混合溶液中,充分搅拌(连续搅拌 3min),并超声分散 10min 以形成悬浮液,将得到的悬浮液加入到初步制得的汽车油箱用水基防锈剂中,搅拌均匀(连续搅拌 3min),最终制得本防锈剂。

【产品应用】　本品用作汽车油箱用水基防锈剂。

【产品特性】　使用本防锈剂对油箱进行防锈处理后,形成一层防锈保护膜,使其具有良好的耐腐蚀性。因此,本防锈剂的防锈效果好、工艺简单可行,能满足汽车油箱的防锈要求和市场的需要。使用本防锈剂后,可以采用普通钢板代替镀锌板等生产油箱,大大降低汽车油箱的生产成本,提高产品的市场竞争力。

本防锈剂配方经济、功能持久、防锈效果好;同时,本防锈剂的制备方法工艺简单、使用设备少。将本防锈剂在普通钢板上使用可以满足汽车油箱的防腐要求,这使利用普通钢板生产油箱成为可能,从而大大降低了油箱的生产成本。

经检测,本防锈剂在 40～60℃即可成膜,在 150℃下 20min 内烘干。

本防锈剂易于储存,只需保存在 5℃以上,避免日光直晒,置于通风阴凉处即可。在正常的存放环境下,保质期可达 60 个月以上。

实例 14　清洗防锈剂

【原料配比】

原　　　料	配比(质量份)	
	1#	2#
乙二胺四乙酸溶液	1.5	1.2
三乙醇胺溶液	3.5	3.8
一乙醇胺溶液	1	0.6
合成硼酸酯溶液	5	7.4
聚丙烯酸溶液	7	8
三嗪类杀菌剂溶液	1	2
水	81	77

【制备方法】

(1)将配比的50%的水加入反应釜A内,升温至40℃,按配比加入乙二胺四乙酸溶液、三乙醇胺溶液和一乙醇胺溶液进行反应,在温度为40℃条件下保温4h,即形成水基防锈剂。

(2)在反应釜B中加入另外的50%的水,并在搅拌条件下按配比加入聚丙烯酸溶液进行充分混合,然后在搅拌下再加入合成硼酸酯溶液进行反应,反应温度不要高于40℃,反应40min,得到反应液。

(3)将反应釜A中的水基防锈添加到反应釜B的反应液中进行反应,提高并保持温度42℃,搅拌1h。

(4)再向反应釜B中加入三嗪类杀菌剂溶液,进行搅拌混合,搅拌30min后即成为清洗防锈剂成品。

【产品应用】 本品主要应用于钢材、铝材的清洗防锈。

【产品特性】

(1)本清洗防锈剂作用机理简单科学,采用有机酸与三乙醇胺和一乙醇胺反应生成一种水基防锈剂,其中所添加的三乙醇胺起到清洗和防锈作用。所生成的水基防锈剂还需要添加合成硼酸酯、杀菌剂以及聚丙烯酸以形成本品清洗防锈剂,其中所添加的合成硼酸酯可为清洗过程提供一个稳定的pH值,所添加的杀菌剂能够抑制细菌生成使清洗工作液不发生腐败,所添加的聚丙烯酸可起到助洗和分散油污的作用。由此,本清洗剂的作用机理是将油污清洗、分散、乳化,利用防锈剂与金属间很强的吸附作用,将剩余的油污置换脱离金属表面,此时金属表面吸附了一层憎水防锈膜,此膜对水、油污有排斥作用。因此清洗后,金属表面很干净,没有油污的残留。

(2)本清洗防锈剂使用简单,效果显著,利用高压喷淋可使清洗液使用量低,提高工作效率,清洗后零件不需要漂洗,在高压下不起泡,可达到漂洗的效果,且清洗后零件不需要经防锈剂漂洗防锈以实现工序间防锈的效果。因此本品克服了清洗剂有大量表面活性剂而不能采用高压清洗的弊端,使繁杂的清洗工艺简化。

(3)本清洗防锈剂是采用有机酸和表面活性剂、杀菌剂为主要原料,经科学加工工艺制备而成,清洗后不需漂洗,洗后零(部)件表面无白斑,光亮如新,并可达到工序间防锈要求。本品呈弱碱性,所用原料来源广泛,获取容易,使用量少,对防锈油、乳化油、切削液、压制油、润滑油、变压器油等加工用油具有强的净洗力,特别适用于钢材、铝材的清洗防锈。

实例15 乳化型金属防锈剂

【原料配比】

原 料	配比(质量份)	
	1#	2#
二元酸	20	20
三乙醇胺	60	60
一乙醇胺	10	10
合成硼酸酯	60	80
十二烯基丁二酸	80	80
N－油酰肌氨酸十八胺盐	50	45
苯并三氮唑	1	1
水	719	784

【制备方法】

(1)将二元酸加入反应釜中,再加入三乙醇胺和一乙醇胺进行反应,并保持温度为40～42℃,反应3.5～4.5h,后加入苯并三氮唑,搅拌0.5～1.5h,再加入水即形成水溶性防锈剂。

(2)将N－油酰肌氨酸十八胺盐加入到反应釜中,在75～80℃下搅拌反应35～45min。

(3)再将反应量的合成硼酸酯和十二烯基丁二酸加入到反应釜中,在75～85℃下搅拌反应0.5～1.5h,降至室温后即得到乳化型金属防锈剂成品。

【注意事项】 所述二元酸为十一碳二元酸或十二碳二元酸或者上述两者的混合物。

【产品应用】 本品主要应用于金属防锈。

【产品特性】

(1)本品采用科学的成分配比和制备方法,使水溶性和油溶性防锈剂进行有机组合,得到清澈透明、防锈效果极佳的乳化型金属防锈剂,其中二元酸与三乙醇胺和一乙醇胺反应生成水溶性防锈剂,加入具有稳定 pH 值作用的合成硼酸酯,再添加油溶性防锈剂十二烯基丁二酸和 N–油酰肌氨酸十八胺盐,油溶性与水溶性防锈剂协同起到耐盐雾及增加防锈期的效果,使防锈达到最佳的状态,其防锈期可达 1～4 个月。

(2)本品利用防锈剂与金属间很强的吸附作用,将残余的油污置换脱离金属表面,使金属表面吸附上憎水保护膜,经本防锈剂处理后的金属表面没有油渍残留,不易粘染灰尘,可直接使用,且成分中不含亚硝酸盐,使用安全、环保。

(3)本品可喷淋也可浸泡使用,能够显著地提高零部件防锈工序的工作效率,原液可直接使用或者根据实际需要稀释 2～30 倍使用,经济实惠,并且其制备所用原料来源广泛,有效降低生产成本,尤其适合大规模的工业生产。

实例16 润滑防锈油

【原料配比】

原　料		配比(质量份)					
		1#	2#	3#	4#	5#	6#
极压抗磨剂	磷酸三甲酚酯	0.3	—	—	2	3.1	—
	硫化脂肪酸甘油脂	0.2	—	—	—	4	—
	硫化脂肪酸甲酯	—	1.2	—	—	—	4.3
	亚磷酸二正丁酯	—	—	3.5	2.2	—	—
	三辛基亚磷酸酯	—	—	—	—	—	4.3

续表

原料		配比(质量份)					
		1#	2#	3#	4#	5#	6#
防锈剂	磺酸镁盐	0.5	—	—	—	—	—
	烯烃丁二酸	1.5	—	2	—	2	—
	十七烯基咪唑啉烯基丁二酸盐	3	—	—	—	—	2
	磺酸钙盐	—	3.5	—	—	—	—
	山梨糖醇单油酸酯	—	1	—	—	—	—
	环烷酸锌	—	2	—	5	—	1
	硬脂酸锌	—	—	1	—	—	—
	羊毛脂镁皂	—	—	2	—	2.6	—
	磺酸钡盐	—	—	—	4	3.4	—
抗氧抗腐剂	硫磷双辛基碱性锌盐	0.8	—	—	4	—	1.2
	硫磷丁辛基碱性锌盐	—	3.2	—	—	1	1.6
	二叔丁基对甲酚	—	—	1.5	—	1	—
黏度指数改进剂	聚异丁烯	1	—	—	—	0.4	1
	苯乙烯—异戊二烯聚合物	2	2	—	—	—	—
	聚甲基丙烯酸酯	—	6.2	—	6.5	0.6	4
	聚丙烯酸酯	—	—	4.5	5.5	—	—
摩擦改进剂	二苄基二硫	0.5	3	—	0.5	—	4
	油酸乙二醇酯	1.5	—	—	—	—	—
	硫化动物油	—	2.8	4.4	—	—	2
	油酸	—	—	3.2	—	2.2	—
	硬脂酸丁酯	—	—	—	0.4	—	—
	硬脂酸异辛酯	—	—	—	—	3.5	—
	硫化植物油	—	—	—	—	3.8	—

原　　料			配比(质量份)					
			1#	2#	3#	4#	5#	6#
基础油	矿物油	溶剂精制油	50	—	—	15	30	55
		加氢精制油	—	20	60	—	45	—
	合成酯	双酯	50	50	—	—	25	—
		多元醇酯	—	30	40	85	—	45

【制备方法】　将基础油泵送入调合釜,加热搅拌均匀,待油品温度升至70~80℃时,依次加入黏度指数改进剂、摩擦改进剂、防锈剂,保温(60~70℃)搅拌2~5h后,当油温冷却至45~50℃时,再依次加入抗氧抗腐剂、极压抗磨剂,恒温搅拌2~5h即可。

【产品应用】　本品主要应用于金属防锈。

【产品特性】　本品由于充分利用了各组分之间的优良的极压抗磨性、良好的防锈防腐性能、渗透性能、抗氧化性和黏附性等协同作用的效果,另外,本品润滑防锈油不仅能满足防锈性能的要求,使涂油钢丝绳等金属具有较强的抗腐蚀能力,而且能快速渗入加工表面,从绳索表面渗透到芯部并润滑内部股线,并在加工表面形成较强的极压膜,减少钢丝绳线与滑轮间的摩擦,延长其使用寿命。经过防锈、极压和减磨等模拟评定试验,证明油品在高温高湿和盐雾环境气候条件下具有较好的防锈和润滑性能,取得了较好的技术效果。

实例17　水溶性防锈剂

【原料配比】

原　　料	配比(质量份)					
	1#	2#	3#	4#	5#	6#
石油磺酸钡	6	—	4	8	8	8
二壬癸基磺酸钡	—	5	3	2	2	2
钼酸钠	3	—	2	3	3	3

续表

原　　料	配比（质量份）					
	1#	2#	3#	4#	5#	6#
钼酸铵	—	4	3	3	3	3
癸二酸	—	8	6	4	6	4
油酸三乙醇胺皂	15	—	8	5	8	5
乳化剂 S－80	—	5	6	3	6	3
甘油	—	3	6	2	6	2
聚丙烯酸酯	10	8	6	5	6	5
石油磺酸钠	—	8	12	15	15	15
水	加至100	加至100	加至100	加至100	—	—
机械油（15#或46#）	—	—	—	—	加至100	加至100

【制备方法】　将石油磺酸钡、二壬癸基磺酸钡、乳化剂 S－80、石油磺酸钠混合于 25% 的 15#或 46#机械油中，加热至 105～110℃，使其完全溶解得中间体 1；将钼酸钠、钼酸铵加温至 60～70℃溶化，得中间体 2；在中间体 2 中加入甘油、癸二酸、油酸三乙醇胺皂、聚丙烯酸酯，加温至 80～90℃得中间体 3。将中间体 3 与中间体 1，加上余量的 15#或 46#机械油，三者混合搅拌，得水溶性防锈剂浓缩液。使用时加入70% 的水稀释成工作液，浸或涂或喷于工作表面。

【产品应用】　本品主要应用于金属防锈。

【产品特性】　本品由于选择在常温能溶于水，遇黑色金属能成膜物质，以及选择防锈性能好、且能与成膜剂结合的有机、无机防锈成分，通过乳化剂的架桥作用结合组成不溶于冷水的防锈保护膜，各助剂均有一定的防锈功能的协同叠加作用。较现有水溶性防锈剂，具有成膜时间短，快干性好，1～2min 即成膜，成膜吸附牢固，在黑色金属表面具有极强的吸附能力，常温环境水汽不会渗至金属表面，因而具有很好的防锈效果,中性盐雾试验时间长达 6h,实际防锈使用可以达到 3～6 个月不生锈;而且成膜薄而致密,仅 3～5μm,不改变加工件表面,一般工件不需除膜可以直接装配、涂装;除膜方便,退膜只需在 50℃以上温水中浸泡、漂洗即可快速除膜,清洗水量少,用水量只是正常清洗的 1/3,可节约大量清洗材料和人工费用,成膜、去膜均较方便。防锈剂组分中不含有毒有害物质,也不含磷,环保性好,不会对环境造成污染,为环境友好型水溶性防锈剂。

实例18　水溶性防锈润滑添加剂

【原料配比】

原　　料	配比（质量份）			
	1#	2#	3#	4#
植物油（豆油）	800	800	800	800
顺丁烯二酸酐	80	160	240	320
苯磺酸	1	2	3	4
三乙醇胺	240	480	720	960

【制备方法】

(1)将植物油与顺丁烯二酸酐加入反应容器中,再加入苯磺酸,搅拌并加热升温至 200～300℃,保温 2～6h。

(2)停止加热,继续搅拌使反应物自然冷却至 60～100℃。

(3)此时向反应容器中加入三乙醇胺进行中和反应,继续搅拌 30min,得到棕红色透明黏稠液体,即为水溶性防锈润滑添加剂。将其配成 10%的水溶液后,pH 值在 8.5～9.0。

【产品应用】　本品主要用作防锈润滑添加剂。

【产品特性】　本品具有优良的润滑性、防锈性和抗硬水性能,其原料易得,制备方便,生产成本低。其以植物油为原料制成,以取代传统的聚醚类石油产品,可节约宝贵的石油资源,减少环境污染。

实例19 水性丙烯酸树脂防锈乳液

【原料配比】

原 料	配比(质量份)
丙烯酸丁酯	30
甲基丙烯酸甲酯	45
甲基丙烯酸二甲基氨基乙酯	8
偏二氯乙烯	16
TON－953	3
脂肪醇聚氧乙烯醚	4
过硫酸铵	0.4
去离子水	150
三乙醇胺	适量

【制备方法】 在安装有搅拌器、冷凝器、温度计和加料漏斗的500mL四口烧瓶中加入溶有配方量的 TON－953、脂肪醇聚氧乙烯醚和部分去离子水,并用剩余的去离子水溶解引发剂过硫酸铵,升温至86℃时开始同时滴加混合单体(丙烯酸丁酯、甲基丙烯酸甲酯、甲基丙烯酸二甲基氨基乙酯和偏二氯乙烯)和引发剂过硫酸铵溶液,使两种物料在1.5h 内同时加完,并在此温度下继续反应2h 后降温过滤,用三乙醇胺将 pH 值调至 8 左右即得所需产品。

【产品应用】 本品主要应用于金属防锈。

【产品特性】 本品完全避免了溶剂的污染,节约了能源。更克服了闪锈,又因具有良好的湿附着力而大大提高了防锈效果。

实例20 水性金属阻锈剂

【原料配比】

原 料	配比(质量份)		
	1#	2#	3#
三乙醇胺	4	5	6
苯甲酸钠	1.5	2.25	3
亚硝酸钠(NaNO$_2$)	10	13	15

续表

原　料	配比（质量份）		
	1#	2#	3#
磷酸二氢钠（NaH_2PO_4）	0.15	0.2	0.3
碳酸氢钠（$NaHCO_3$）	0.9	1	1.1
丙三醇	0.8	0.95	1.1
水	加至100	加至100	加至100

【制备方法】

（1）取三乙醇胺、苯甲酸钠加入水中混合均匀并充分反应，反应至淡黄色透明状且 pH 值在 8～9 之间，液体待用。

（2）向上述溶液中依次加入 $NaNO_2$、NaH_2PO_4、$NaHCO_3$，在 30～40℃之间，以转速 150r/min 进行搅拌，充分混合 2h，至 pH 值大于 9。

（3）向以上反应液中加入丙三醇，并快速搅匀，制得最终产品，最终产品颜色为白色乳状液体，当静止 24h 后为淡黄色透明液体。

【注意事项】　本品阻锈剂以多种无机盐为合成基料，以水为分散介质，含有碱性防锈剂和在高温（250℃以上）下能与钢铁反应形成防锈氧化膜的氧化促进剂，含碱性防锈剂选用三乙醇胺，起阻蚀调节平衡剂的作用。氧化促生剂选用 $NaNO_2$、NaH_2PO_4、$NaHCO_3$ 等无机化工原料，其作用是借助钢铁本身温度与钢铁表面的氧化亚铁（FeO）的铁离子进行反应，最终生成一层致密的四氧化三铁（Fe_3O_4）保护膜，这层保护膜由钢铁本身生成，十分牢固，且不影响钢铁的其他性能。Fe_3O_4 保护膜具有很强的耐雨水、耐大气、耐海气腐蚀作用，Fe_3O_4 本身是 Fe 的高价化合物，不易得失电子，从而本身不易被电化腐蚀。此外，Fe_3O_4 膜比较致密，隔绝了大气中的腐蚀气与潮气进入钢铁内部，使电化学腐蚀不能进行，从而起到钢铁在运输、储存过程中的阻锈作用。

【产品应用】　本品主要应用于金属阻锈。

【产品特性】　本品可直接在钢铁生产线上喷涂，借助钢铁本身的热量参加反应，生成抗腐蚀氧化膜，这样可节约大量人力、物力，使钢铁下线就包裹上一层保护衣，并起到"美容"钢铁的作用。

实例21 酸式除锈剂

【原料配比】

原 料		配比（质量份）			
		1#	2#	3#	4#
磷酸盐	磷酸钠	3	—	—	—
	磷酸钾	—	3	—	8
	磷酸二钠	—	—	10	—
渗透剂	乙二醇乙醚	10	—	—	—
	乙二醇丁醚	—	6	—	—
表面活性剂	聚合度为20的脂肪醇聚氧乙烯醚	5	5	5	10
	聚合度为35的脂肪醇聚氧乙烯醚	—	—	—	8
	月桂酰单乙醇胺	—	—	5	—
pH值调节剂	硫酸	—	—	1	—
	盐酸	2	3	—	—
	乙酸	—	—	—	6
去离子水		80	83	79	68

【制备方法】 首先,在室温条件下依次将磷酸盐、渗透剂、表面活性剂、pH值调节剂加入到去离子水中,搅拌均匀,即可制成除锈剂成品,pH值为3~4,相对密度为1.0~1.1。

【产品应用】 本品主要用作除锈剂。

使用方法:清洗机械设备:采用28kHz的超声滤清洗设备,将机械设备放置在超声波清洗设备中,加入除锈剂和20倍体积的纯水混合液体,控制清洗温度为40℃,清洗6min,取出,清洗后,采用光学显微镜放大100倍的方法检测,机械设备表面无油污残留,表面光亮,清洗后24h内机械设备表面仍无发乌以及锈斑现象。

【产品特性】

(1)本品配方科学合理,生产工艺简单,不需要特殊设备。

(2)其清洗能力强,清洗时间短,节省人力和工时,提高工作效率,且具有除锈和防锈功效。

（3）该清洗剂呈酸性，对设备的腐蚀性较低，使用安全可靠，利于降低设备成本。

（4）本品机械设备清洗剂中含有的表面活性剂能够使机械设备经过清洗后在表面形成致密的保护膜，从而保证了清洗后的零件具有防锈的功能，渗透剂可提高清洗液的清洗作用。

实例22　铜合金防锈剂（1）

【原料配比】

原　　料	配比（质量份）
稀盐酸	15
铬酸酐	3
十四烷基三甲基氯化铵	3
无水乙醇	2
氯化亚锡	3
纯水	加至100

【制备方法】　在纯水中分别加入稀盐酸、铬酸酐、十四烷基三甲基氯化铵、无水乙醇、氯化亚锡，即可得到成品防锈剂。

【注意事项】　本品的工作原理在于：除锈剂可以完全溶解于水，其中的pH值调节剂稀盐酸可以很快地去除黑色金属工件表面的锈迹，且在活性剂十四烷基三甲基氯化铵的配合下，不会对工件造成腐蚀；除锈剂中特意选用了钝化剂铬酸酐和固化剂氯化亚锡，可以在清洗后有效地保证工件表面长时间不易被氧化、腐蚀；去油剂无水乙醇能有效去除工件加工过程中沾染上的机械油等油污。

【产品应用】　本品主要应用于铜合金防锈。

使用方法：将除锈剂加热至40～50℃之间，将所要清洗的金属浸于本溶液中4～5min，取出即可。当浸泡4～5min后不能完全除净油污锈迹时，可根据溶液实际浓度，适当延长浸泡时间，直至除净为止。

【产品特性】

（1）除锈剂中选用pH值调节剂与表面活性剂配合使用，能够大大减缓酸对黑色工件的腐蚀速度,在清洗掉锈迹的同时还保证了较好的表面状态。

(2)除锈剂中加入了表面活性剂,能够降低其表面张力,增强渗透性,提高对黑色金属工件的清洗效果。

(3)除锈剂中合理配置钝化剂和固化剂,能很好地对清洗后的工件进行全方位地保护,使清洗后的工件不易氧化,不易生锈。

(4)除锈中选用的化学试剂,不污染环境,不易燃烧,属于非破坏臭氧层物质,清洗后的废液便于处理排放,能够满足环保三废排放要求。

(5)制备工艺简单,操作方便,使用安全可靠。

实例23 铜合金防锈剂(2)

【原料配比】

原　　料	配比(质量份)					
	1#	2#	3#	4#	5#	6#
五羟基己酸钠	10	8	8	—	8	8
苯并三氮唑钠(BTANa)	—	—	—	8	1	—
三聚硅酸钠	5	—	—	4	—	—
无水硅酸钠	—	—	—	6	3	—
二硅酸钠	—	—	5	—	—	9
硅酸钠	3	6	5	—	7	—
硅酸钾	—	4	—	—	—	1
脂肪醇聚氧乙烯醚(聚合度为20)	5	—	—	—	—	—
脂肪醇聚氧乙烯醚(聚合度为25)	—	5	—	—	—	—
脂肪醇聚氧乙烯醚(聚合度为40)	—	—	5	—	—	—
月桂酰单乙醇胺	—	—	—	6	5	5
氢氧化钾	2	—	—	—	—	—
三乙醇胺	—	—	—	—	3	—

续表

原　　料	配比（质量份）					
	1#	2#	3#	4#	5#	6#
乙二胺	—	—	—	—	—	3
氢氧化钠	—	—	3	—	—	—
过氧焦磷酸钠	—	—	—	4	—	—
氨水	—	1	—	—	—	—
去离子水	加至100	加至100	加至100	加至100	加至100	加至100

【制备方法】　在室温下依次将其加入到去离子水中,搅拌混合均匀,即得防锈剂成品。

【产品应用】　本品主要应用于铜合金防锈。

【产品特性】　本品配方科学合理,生产工艺简单,不需要特殊设备,仅需要将上述原料在室温下进行混合即可;其除锈能力强;防锈时间长;使用时节省人力和工时,工作效率高;该防锈剂为碱性水溶液,对设备的腐蚀性较低,使用安全可靠,并利于降低设备成本;该防锈剂不含磷酸盐,不含对人体和环境有害的亚硝酸盐,便于废弃防锈剂的处理排放,符合环境保护要求。

实例24　用于板材除锈的中性除锈剂

【原料配比】

原　　料	配比（g/L）		
	1#	2#	3#
脂肪醇聚氧乙烯醚	5mL	2mL	2mL
硅酸钠	0.5	3	3
硫脲	1	3	3
酒石酸	15	5	10
氨基磺酸	0.5	0.2	0.8
柠檬酸	5	3	5

【制备方法】 将各组分溶于水混合均匀即可。

【产品应用】 本品主要应用于板材除锈。

处理工艺:利用中性除锈剂在室温条件、pH 值为 5～7、频率为 25～40kHz 的超声波环境下,将板材浸泡 2～10min 进行除锈处理。处理之后将板材进行高温烘烤,烘烤温度为 100～130℃,从中性除锈剂溶液中取出板材,并对板材进行清洗,清洗方式包括浸泡水洗或喷淋水洗。

【产品特性】 本品采用中性除锈剂成本低廉,常温状态下即可使用,不易产生酸雾,对人体及环境均友好,而且对板材表面锌层不产生破坏,操作简单。

实例25 用于磷化处理后的防锈剂

【原料配比】

原　　料	配比(质量份)		
	1#	2#	3#
钼酸钠	1.5	0.5	1
硅酸钠	4	2	0.2
六亚甲基四胺	0.5	3	1.5
非离子表面活性剂平平加	0.05	0.3	0.5

【制备方法】 将各组分混合均匀即可。

【产品应用】 本品主要用作磷化处理后的防锈剂。

使用方法:将防锈剂按 1:(5～10)的比例与水混合,配成防锈液,将工件磷化、水洗后,浸入防锈液中 3～30min 后取出,该工件经现场存放 6 个月后未发生锈蚀现象。

【产品特性】 经过本品的防锈剂处理,磷化膜表面形成了一层致密的钝化膜,可有效改善保护层隔潮和隔绝空气的性能,防锈时间可达半年以上。该防锈剂不会产生污染环境的酸雾,不含亚硝酸盐、重铬酸盐等有毒、有污染的物质。使用时不会灼伤皮肤,对人体无刺激、无伤害,安全可靠,易于操作。

实例26　用于清洗中央空调主机的除垢除锈剂

【原料配比】

原　　料		配比（质量份）			
		1#	2#	3#	4#
氨基磺酸		85	80	85	75
多元膦酸类螯合剂	羟基亚乙基二膦酸	7	—	—	—
	氨基三亚甲基膦酸	—	10	—	10
	乙二胺四亚甲基膦酸	—	—	10	—
氟化物硅垢溶解促进剂	氟化氢铵	7	8	—	—
	氟化钠	—	—	4	10
非离子表面活性剂脂肪醇聚醚渗透剂	脂肪醇聚氧乙烯醚	1	2	—	—
	硅氧烷聚醚	—	—	1	—
	烷基聚氧乙烯醚	—	—	—	5

【制备方法】　将各组分混合均匀即可。

【产品应用】　本品主要应用于中央空调主机冷凝器、吸收器、蒸发器、换热器铜管清除水垢、锈垢,也可用于其他铜质换热设备的除垢、除锈清洗。

本品的使用方法是:

(1)用少量水将本品的固体混合物分别溶解后投入配液箱中混匀,或直接将本品的固体混合物投入配液箱中搅拌溶解,同时按比例添加缓蚀剂,用循环清洗泵注满被清洗设备,按确定的清洗工艺清洗(可采用强制循环法或浸泡法)。

(2)配比浓度视水垢厚薄程度,每100L水投加本品的固体混合物3~10公斤,投加缓蚀剂0.3kg。

(3)清洗时间一般在2~8h,最长不超过12h。要缩短除垢时间可适当增加温度,但不能超过60℃。

(4)除垢结束后,可用中和剂中和,并用清水漂洗30min。

【产品特性】

(1)能溶解碳酸盐、硅酸盐、硫酸盐以及铁氧化物等各种水垢、锈垢。除垢剂中的固体有机酸酸度强,能快速与碳酸盐水垢反应。利用高效渗透剂先使固体表面润湿,使酸洗液能渗透到垢层内部,在垢层基底上反应,以剥离、去除污垢,加快除垢速度。复配的螯合剂对成垢性阳离子钙、镁以及铁等金属离子有较强的螯合能力,对这些金属的难溶盐垢类,如硫酸钙、硅酸镁等进行螯合、软化、分散,并将之清除,可以有效地解决无机酸对非碳酸盐水垢的清洗难题。本品对碳酸盐水垢的除垢率可达 100% ,对硅酸盐水垢、铁氧化物的除垢率可达70% 以上,对硫酸盐水垢的除垢率可达40% 以上。

(2)对金属腐蚀率极低。本品由于复配了高效缓蚀剂,且有机多元膦酸类螯合剂对金属有缓蚀作用,因此,对紫铜、黄铜等中央空调主机常用材料以及碳钢材料有较强的缓蚀性能,其腐蚀率较一般无机酸类除垢剂低几倍,甚至几十倍,大大低于化学清洗质量标准。同时缓蚀剂还可以有效地抑制碳钢的析氢能力以及铁离子(Fe^{3+})的加速腐蚀能力,在除垢过程中可以有效地保护设备,保证设备的安全,因此本品尤其适用于中央空调主机这类铜管管壁极薄的设备。

(3)除垢时,不会像无机酸除垢剂一样产生酸雾及有害气体,对环境以及操作人员的危害大大降低。

(4)相对一般有机酸除垢剂,常温时即有较快的除垢速度,在温度低于60℃的条件下清洗,能进一步加快除垢速度。

(5)与目前类似的其他产品相比具有更好的除垢效果。

实例27　有机钢筋混凝土阻锈剂

【原料配比】

原　　料	配比(质量份)			
	1#	2#	3#	4#
正丁醇	25	—	—	—
1,4－丁炔二醇	—	—	34	15
丙烯酸	—	—	16	15
乙二醇	—	—	—	26

原　　料	配比（质量份）			
	1#	2#	3#	4#
丙三醇	33	36	—	—
己二酸	—	15	—	—
二乙醇胺	—	32	58	—
二乙烯三胺	—	28	—	56
甲基丙烯酸	18	—	—	—
乙醇胺	62	—	—	—
AA－UDA－丙烯酸甲氧基聚氧二醇大单体	54	50	60	58
葡萄糖酸钠	15	5	5	5
烷基磺酸钠	0.7	0.2	0.3	0.5
水	399	331	336	343

【制备方法】　将各组分溶于水混合均匀即可。

【产品应用】　本品主要应用于钢筋混凝土阻锈。

【产品特性】　本品可应用于氯离子浓度较高、有干湿交替以及严寒等恶劣环境。本品对混凝土的性能无负面影响，具有良好的阻锈效果，而且兼具减水、缓凝与引气的功能。

实例28　长效防锈脂

【原料配比】

原　　料	配比（质量份）		
	1#	2#	3#
机械油	80	85	75
硬脂酸	15	10	18
氢氧化钙	3	1	4
石油磺酸钡	2	1	3
水	2	1	2

【制备方法】　首先在反应釜内加入少量的机械油及全部硬脂酸、氢氧化钙、石油磺酸钡,注入一定量的水,加温至130℃,充分皂化,1～2h后再加入其余的机械油,在100℃左右温度下保温约1h即得成品。

【产品应用】　本品主要应用于钢轨接头、混凝土轨枕、道岔、桥梁等各部位螺栓的防腐、润滑,具有一定的耐酸、碱、盐的作用。

【产品特性】　本品原料之间具有相互协同作用,本品可抗日晒雨淋,金属紧固件涂上本品后,防锈功能显著改善,防锈时效可达三年,另外,本品原料易购,工艺操作简单,相对减少生产成本。

实例29　长效乳化型防锈液

【原料配比】

原　料	配比(质量份)			
	1#	2#	3#	4#
环烷基基础油	73	—	73	—
氧化石油酯钡皂	10	—	—	10
石油磺酸钠(相对分子质量为650)	10	—	—	14
二乙二醇丙醚	7	—	—	—
石蜡基基础油	—	71	—	71
石油磺酸钡(相对分子质量为650)	—	10	—	—
重烷基苯磺酸钠	—	10	—	—
乙醇	—	9	—	—
二壬基萘磺酸钡	—	—	10	—
对氨基苯磺酸钠(相对分子质量为650)	—	—	12	—
乙醚	—	—	5	—
乙二醇丙醚	—	—	—	5

【制备方法】　将基础油、油性防锈剂相混合,加热并搅拌均匀后,再加入油溶性表面活性剂、醇醚类耦合剂,充分搅拌,至上述两组分完全溶解均匀,即可得到所需的长效乳化型防锈液。

【注意事项】 油溶性表面活性剂相对分子质量介于300～800的石油磺酸钠、重烷基苯磺酸钠、对氨基苯磺酸钠中的任意一种;醇醚类耦合剂为乙醇、乙醚、丁醚、二乙二醇丁醚、二乙二醇丙醚中的任意一种;油性防锈剂为石油磺酸钡、二壬基萘磺酸钡、氧化石油酯钡皂中的任意一种;基础油为环烷基基础油、石蜡基基础油中的任意一种。

【产品应用】 本品主要应用于金属防锈。

使用方法:使用时在本防锈液中加入一定比例的水进行稀释,这样,利用油溶性表面活性剂和醇醚类耦合剂的乳化作用,使油性防锈剂和基础油乳化于水中,从而形成乳化型防锈液。

【产品特性】 本品可满足金属的短期防锈需求,且使用成本较低。

实例30 脂型防锈油

【原料配比】

原　料	配比(质量份)			
	1#	2#	3#	4#
凡士林	70	74	76	75
22#机械油	15	11	8	10
石油磺酸钙	2	2	1	1
山梨糖醇单油酸酯	2	3	3	2
N-油酰基氨酸十八胺盐	2	2.5	3	1.5
苯并三氮唑	0.4	0.6	0.8	1
苯三唑丁三胺	1	0.8	0.6	0.4
十八胺	0.7	1	1.3	1.5
硬脂酸	2	3	4	5
酚醛树脂	4.9	2.1	2.3	2.6

【制备方法】 将凡士林和22#机械油加入到反应釜内,升温至70℃,加入硬脂酸、酚醛树脂,搅拌15min,保持70℃,依次加入石油磺酸钙、山梨糖醇单油酸酯、N-油酰基氨酸十八胺盐和苯并三氮唑,搅

拌 30min；待冷却到 60℃，加入苯三唑丁三胺和十八胺，再搅拌 1h 即可。

【**产品应用**】　本品主要应用于各种金属器具、精密仪器、机械设备、机械加工行业车间金属转序等的防锈。

【**产品特性**】　本品具有抗日晒雨淋，高温不流失，低温不开裂，油膜透明、柔软，涂覆性好，易去除等特点。加入了气相防锈剂，使脂型防锈油兼具一定的气相防锈性，独特的气相缓蚀（VCI）技术，能够在常温下挥发出具有防锈作用的缓蚀粒子，由于此技术的气相缓蚀剂粒子挥发性较高，只要其蒸汽能够到达金属表面就能使金属得到保护。

第五章 生物柴油

实例1 复合生物柴油

【原料配比】

原料	配比（质量份）							
	1#	2#	3#	4#	5#	6#	7#	8#
0#柴油	80	—	—	—	40	90	60	—
+5#柴油	—	86	—	—	—	—	—	—
-10#柴油	—	—	90	—	—	—	—	—
-20#柴油	—	—	—	80	—	—	—	—
煤油	—	—	—	—	—	—	—	40
水	10	7	5	20	5	40	20	10
复合剂	10	7	5	20	5	30	20	10

其中复合剂配比为：

原料		配比（质量份）							
		1#	2#	3#	4#	5#	6#	7#	8#
碱性化合物	氢氧化钠	1	—	0.5	1	0.5	3	1.2	1
	氢氧化钾	—	0.7	1.5	1.5	—	—	0.8	—
稀释剂	甲醇	2	—	—	1	0.6	2	2	2
	环己胺	—	1.4	—	1	0.4	—	1.2	—
	氨水	—	—	1	2	—	—	0.8	—

146

原　　料		配比（质量份）							
		1#	2#	3#	4#	5#	6#	7#	8#
脂肪酸	动物油酸	7	—	—	—	—	—	—	—
	植物油酸	—	4.9	—	—	—	—	—	—
	软脂酸	—	—	2.5	—	—	—	—	—
	硬脂酸	—	—	1	0.5	—	—	—	7
	牛羊油脂肪酸	—	—	—	2	—	21	—	—
	月桂酸	—	—	—	4	—	—	—	—
	蓖麻油酸	—	—	—	2.5	—	—	—	—
	皂用脂肪酸	—	—	—	2	—	—	—	—
	环烷酸	—	—	—	2	—	—	—	—
	椰子油酸	—	—	—	—	3.5	—	—	→
	菜籽油	—	—	—	—	—	—	14	—

【制备方法】　将柴油（或煤油）、水和复合剂按比例加入反应釜中混合，搅拌，反应，并循环喷淋，制成纳米级的混合物；将所得的混合物以 90～110t/h 的速度注入半成品罐中，再把半成品罐中的混合物以 90～110t/h 的速度注入重油混合装置中进行加工，调整压力为 8MPa，最后把复合机内混合物以 12～30t/h 的速度注入成品罐中，即得本品复合生物柴油。

【注意事项】　所述柴油为任意一种型号的市售柴油，例如可以为 0#、+5#、－10#、－20#柴油等，此外，本品的柴油还可用煤油来代替，也具有同样的效果。

本品复合生物柴油中，油粒粒径大小优选为 0.1～10μm。

【产品应用】　本品可以应用在机动车、船、各种燃料柴油炉上。应用于柴油机上时也无须改动柴油机，直接添加使用。

【产品特性】

(1)生产工艺设备简单,生产成本较低。

(2)能使柴油发动机的机身温度降低,有限地降低发动机在工作时的振动力,可以延长发动机的使用寿命。本品复合生物柴油在发动机内燃烧室工作时发动机的机身各部件受损害程度明显小于使用 0# 柴油时发动机的受损害程度,并且由于本品复合生物柴油能防止发动机在工作时机身过热工作,可以减少发动机的活塞及钢套的加速磨损。

(3)可降低油耗(以 100km 计算,使用本品复合生物柴油时的油耗要比使用 0# 柴油的油耗要降低 0.5~1L),提高动力性,降低尾气污染(本品复合生物柴油硫含量比柴油低,使得二氧化碳和硫化物的排放低;本品复合生物柴油含氧量高,使其燃烧时排烟少,一氧化碳的排放与柴油相比减少约 10%)。

(4)无须改动柴油机,直接添加使用,同时无须另添加油设备、储存设备以及对人员进行特殊的技术训练。

(5)本品复合生物柴油还具有以下几个方面的特性:

①逼真性:外观如同柴油,清亮透明,不混浊。

②拒水性:当配置后的复合柴油中水的比例固定(已混溶)后,再加水是加不进去的,水只会沉于乳化油底部。

③稳定性:无变化,不分层,完全能满足用户需要。

④互溶性:可任意比例与纯柴油混合,而不影响使用效果。

实例 2 高酸值废弃油脂制备生物柴油

【原料配比】

原　　料	配比(质量份)							
	1#	2#	3#	4#	5#	6#	7#	8#
废弃火锅油	100	100	100	100	100	100	—	—
大豆油	—	—	—	—	—	—	100	100
甲醇	42	42	42	42	30	21	42	21
四氯化钛	2	5	10	1	2	5	10	1

【制备方法】

（1）对废弃油脂（地沟油、食用油加工下脚料、火锅油）进行预处理，向废弃油脂中加入废弃油脂质量的1%的活性炭，然后将油脂在常压下加热并控制在105℃左右，直到没有水蒸气气泡冒出为止，然后过滤，就可以得到预处理纯净油脂——预处理废弃油脂，可以作为原料油进入制备生物柴油的生产阶段。

（2）将预处理后的废弃火锅油或未处理的大豆油、甲醇加入反应器中，同时加入四氯化钛，混合均匀后，常压下加热并维持在65～70℃，搅拌回流反应6～8h，反应物静置0.5h后分为两层，上层为含少量甲醇和四氯化钛的高级脂肪酸甲酯液体，下层为甘油、四氯化钛和过量甲醇。上层液体在65～70℃条件下常压蒸馏脱除残留的甲醇并回收循环利用，剩余物就是含有四氯化钛的高级脂肪酸甲酯，少量水洗至中性，过滤除去杂质，干燥后即可得到生物柴油产品。

【注意事项】　本品的原料可以是废弃的油脂，如地沟油、食用油加工下脚料、火锅油等。废弃油脂是含有杂质的高酸值油脂，含游离脂肪酸、蛋白聚合物和分解物等杂质，这对于制备生物柴油会产生非常大的影响，必须对废弃油脂进行预处理。原料也可以是任何脂肪酸三甘油酯，包括动、植物油脂，如大豆油、菜籽油、花生油、棉籽油、棕榈油、蓖麻油等，可以直接作为原料油制备生物柴油。

本品使用的醇类是低分子量的一元醇，特别优选甲醇和乙醇。本品采用四氯化钛作为催化剂，在常压下同时催化游离脂肪酸的酯化反应和脂肪酸三甘油酯的转酯化反应。甲醇、催化剂的加入量不是固定的，需要根据实际所用的废弃油脂成分的变化而变化。

【产品应用】　本品主要用作车用燃料。

【产品特性】

（1）本品采用路易斯酸催化剂在常压下同时催化游离脂肪酸的酯化反应和脂肪酸三甘油酯的酯交换反应。生产工艺简单，污染较小，反应过程中和后处理过程中基本没有皂化现象产生，产品收率高、质量好。

（2）催化剂四氯化钛为液体，且溶于醇，反应过程中与油溶解性较好,对废弃油脂的催化效果好。催化剂四氯化钛是路易斯酸,腐蚀性较小。而且四氯化钛遇水立即水解产生沉淀,所以在后处理时,通过加入水洗涤几乎可以除去所有的钛。所得的生物柴油产品基本不含金属离子钛。

(3)本品原料来源广,生产工艺简单,反应条件温和,能耗低,产品收率高,后处理简单,而且反应过程及后处理中基本无皂化物生成,使工业化的实现更加可能,具有很高的工业价值。

(4)本品使用的过量的小分子醇可以在反应结束时纯化回收循环利用,分离出来的粗甘油通过精制可以得到工业级甘油,以用于其他行业的生产(如纺织、造纸、油漆等行业)。

(5)本品解决了废弃油脂因没有得到充分、有效的利用而对环境造成的污染问题,避免了废弃油脂再次进入食用油市场危害人们的身体健康,为废弃油脂的回收再利用提供了一条新的途径。

实例3 高酸值油脂生产生物柴油

【原料配比】

原　料		配比(质量份)		
		1#	2#	3#
NaOH		40	—	—
KOH		—	30	12
废植物油(酸价为4mgKOH/g)		1000	—	—
废植物油(酸价为5mgKOH/g)		—	1000	—
麻风树果油(酸价为3mgKOH/g)		—	—	1000
脂肪酸甲酯		30	10	10
短链醇	甲醇	300	—	200
	乙醇	—	400	—
硼砂		20	—	—
碳酸钠		—	30	—
磷酸二氢钾		—	—	10

【制备方法】

（1）将油脂加入到具有高速（300r/min）搅拌设备的反应釜中，再加入部分短链醇和脂肪酸甲酯，室温下高速搅拌 1～4h 形成均匀的乳状液。

（2）在上述乳状液中加入弱碱性物质硼砂，高速搅拌 1～4h。

（3）将 KOH 或 NaOH 溶于剩余甲醇中，配成质量分数为 8%～10% 的 KOH 或 NaOH 甲醇溶液，作为催化剂，加入到上述（2）的乳状液中，在 50～120℃下回流反应 0.5～4h。

（4）反应完成后，将反应物料降温至 40℃，进行静置分离，分离下层的甘油等副产物，得生物柴油粗品。

（5）将生物柴油粗品进行常压蒸馏，回收多余的短链醇。

（6）再经过分子蒸馏，制得达标的生物柴油。

【产品应用】 本品主要用作车用燃料。

【产品特性】 在酯交换反应前加入脂肪酸甲酯，增加了反应物接触概率，使反应速度加快，有利于缩短反应时间；同时在反应过程中使用高速搅拌设备，有助于物料的乳化和接触，可促使反应迅速、完全。因此，该工艺的反应时间短；在酯交换反应前道工序使用了弱碱性缓冲剂除去反应体系的酸值，可避免下一步加入强碱性催化剂造成的油脂皂化现象，这样就省去了原"二步法"生产工艺中的酯化反应工序，直接进入酯交换反应，从而克服了原"二步法"生产工艺存在的缺点。生物柴油生产过程中使用 NaOH 或 KOH 作催化剂，避免了碱性催化剂甲醇钾（钠）价格高的缺点，使整个反应的制造成本降低；使用 KOH 或 NaOH 的甲醇溶液为催化剂，可以避免 KOH 或 NaOH 直接加入油脂和甲醇的混合体系中导致部分 KOH 或 NaOH 无法完全溶解。整个生物柴油制备过程简单、条件温和、后处理简单、易实现产业化。

实例4 高酸值油脂生物柴油

【原料配比】

原　　料		配比(质量份)					
		1#	2#	3#	4#	5#	6#
高酸值油脂	米糠油	150	—	—	—	—	—
	泔水油	—	100	—	—	—	140
	油厂皂脚	—	—	120	—	—	—
	大豆油	—	—	—	90	—	—
	菜籽油	—	—	—	—	160	—
路易斯酸催化剂	醋酸铅	5	—	—	—	—	—
	硬脂酸锌	—	3	—	—	—	—
	醋酸镉	—	—	2	—	—	—
	硬脂酸铅	—	—	—	1	—	—
	硬脂酸镉	—	—	—	—	6	—
	醋酸锌	—	—	—	—	—	4
甲醇		100	150	130	160	90	110

【制备方法】

(1)将高酸值油脂与甲醇加入高压釜中,加入路易斯酸催化剂,控制反应温度为 160～220℃,反应压力为 1～8MPa,反应时间为 5～50min。

(2)反应结束后将步骤(1)得到的产物蒸馏分离甲醇,离心或过滤分离出部分催化剂,水洗脱除残留甘油及催化剂,精制得到生物柴油。

【产品应用】 本品可作为柴油机燃料,既可以单独使用,也可以与普通柴油混合用于各种型号的发动机,并且无须改动发动机。

【产品特性】

(1)通过路易斯酸催化同时进行甲醇与游离脂肪酸的酯化反应及甲醇与油脂的酯交换反应,减少了反应步骤。

（2）亚临界甲醇相甲醇与高酸值油脂互溶,解决了相间传质问题,反应时间大大缩短,提高了产能。

（3）通过亚临界及路易斯酸催化结合实现了高温高压的超临界甲醇相反应过程中的目标,反应条件温和,减少了设备投资。

实例5 高酸值油脂制备生物柴油

【原料配比】

原　　料	配比			
	1#	2#	3#	4#
高酸值菜籽油	35mL	35mL	—	—
高酸值潲水油	—	—	35mL	—
桐油	—	—	—	35mL
甲醇①	12.9mL	6.5mL	12.9mL	8.9mL
活性炭负载硫酸催化剂	2.46g	1.05g	2.46g	1.78g
KOH	0.55g	0.27g	0.55g	0.55g
甲醇②	8.9mL	6.5mL	8.9mL	11.2mL

【制备方法】

（1）催化剂制备:将干燥恒重的颗粒状活性炭（粒度为2～6目）浸入到浓度范围为40%～98%的硫酸溶液中,静置24h,抽滤,用蒸馏水洗2～3次,将洗好的活性炭置于烘箱中,烘干至恒重,制得活性炭负载硫酸催化剂,催化剂组成为:活性炭为43.5%～74.9%,硫酸为25.1%～56.5%。

（2）酯化反应:向反应器中加入一定量的高酸值原料油或桐油、甲醇①及活性炭负载硫酸催化剂,水浴温度范围为80～95℃,加热回流反应0.5～3h,反应结束,常压蒸馏回收甲醇后,将液体反应物倒出,剩下的活性炭负载硫酸催化剂回收重复利用。

（3）酯交换反应:将倒出的液体混合物置于另一反应器中,添加适量的甲醇②和KOH催化剂,水浴温度范围为40～70℃,冷凝回流,强烈搅拌反应0.5～1h。

(4)产品提纯:反应结束后,静置分层,上层为甲醇和生物柴油混合物,下层为甘油、氢氧化钾、皂化物及甲醇混合物,上层液体经常压蒸馏回收甲醇后,用65~95℃热水洗涤2~3次,再经减压蒸馏可得到精制生物柴油。

【产品应用】 本品主要用作车用燃料。

【产品特性】 本品催化剂制备简单,具有良好的催化活性,且能实现重复使用;工艺简单、过程无废酸排放,既经济又环保。

实例6 硅酸盐催化制备生物柴油

【原料配比】

原　　料	配比				
	1#	2#	3#	4#	5#
大豆油	30	30	30	30	—
粗菜籽油	—	—	—	—	30
水	—	0.3	—	—	—
石油醚	—	—	33mL	—	—
甲醇	8mL	8mL	8mL	8mL	14mL
硅酸钠	0.3	0.3	1.5	1.8	0.3

【制备方法】

(1)将油脂或油脂与有机溶剂的混合物加入到反应器中,再加入硅酸盐催化剂和甲醇或乙醇,醇油比为(4~12):1(物质的量比),在60~90℃下搅拌反应30~120min,静置分层,上层即得到粗制生物柴油。

(2)将粗制生物柴油回收醇(或有机溶剂),然后经过真空精馏得到生物柴油精制品;将下相甘油和催化剂分离,回收备用。

(3)重复利用所回收催化剂,按照步骤(1)、(2)所述方法制备生物柴油。

(4)将步骤(3)重复利用若干次的催化剂回收,加入0.2~1.5mol/L的 NaOH 或 KOH 再生后,可继续按照步骤(1)、(2)制备生物柴油。

【产品应用】　本品主要用作车用燃料。

【产品特性】　本品是采用硅酸钠等新型催化剂与油脂(或油脂与有机溶剂的混合物)与短链醇反应生产生物柴油,所得的催化剂可以重复利用,并且能够使用一定浓度的强碱溶液,如 NaOH 或 KOH 实现催化剂的再生,降低了生产成本。本品所采用催化剂价格低廉,易分离,能重复使用,可再生,生产过程无污染液排放,后处理工序简单。反应结束后,在室温下静置 6～12h,催化剂在沉降过程中,能吸附生物柴油中的色素、游离甘油,即改善了产品的色泽,又除掉了油脂中残留的游离甘油,极大地改善了生物柴油产品的品质。此外,催化剂对含水量高达 2% 的油脂原料也有很好的催化作用,从而简化了油脂原料的预处理过程,适于大规模工业化生产。

实例7　含酸油脂制备生物柴油

【原料配比】

原　料	配比				
	1#	2#	3#	4#	5#
精制菜籽油	45.26	31.79	46.07	52.89	—
地沟油	—	—	—	—	50.87
油酸	9.56	5.73	9.74	—	—
甲醇	27mL	19mL	27mL	40mL	25mL
活性炭固载酸性催化剂	4.23	1.85	6.48	4.04	4.03
氢氧化钾	0.55	0.38	0.55	0.53	0.51
甲醇	17mL	17mL	17mL	16mL	16mL

【制备方法】　向 250mL 三口瓶中加入精制菜籽油或地沟油、油酸、甲醇、活性炭固载酸性催化剂,用水浴加热至 85～95℃,使甲醇回流,且无须搅拌,反应 4～7h 后,常压蒸馏回收甲醇后抽滤除去催化剂,将滤液静置分层除去下层由部分甘油三酯发生酯交换反应产生的少量甘油。将上层液体加入到 250mL 三口瓶中,预热至 40～70℃,加

入氢氧化钾、甲醇,搅拌反应0.5~2h,静置过夜,反应液分为两层,上层为生物柴油和甲醇,下层为甲醇、甘油、皂化物及氢氧化钾,将上层油相经常压蒸馏回收甲醇后,用65~95℃的热水洗涤至洗液呈中性,再经减压蒸馏可得到精制生物柴油产品。

【产品应用】 本品主要用作车用燃料。

【产品特性】 本品采用的活性炭固载酸性催化剂价格低廉,在后处理过程中易于除去,可重复使用,具有环境友好、成本低且高效等特点。

实例8 含有界面活性剂的生物柴油

【原料配比】

原　料	配比(质量份)				
	1#	2#	3#	4#	5#
基础油	59.3	79.7	69.5	74.6	64.4
普通柴油	40	20	30	25	35
界面活性剂	0.7	0.3	0.5	0.4	0.6

其中界面活性剂配比为:

原　料	配比(质量份)				
	1#	2#	3#	4#	5#
石油酸	75	70	75	74	75
杂醇油	13	15	15	12	12
单硬脂酸甘油酯	4	7	5	6	7
丙二醇	8	8	5	8	6

【制备方法】

(1)将石油酸、杂醇油、单硬脂酸甘油酯和丙二醇置于功能容器中,然后放入50~80℃的水溶箱中加热5~10min,同时稍加搅拌均匀,经冷却后得本品界面活性剂。

（2）再在基础油中加入普通柴油和界面活性剂，然后使用一般的机械搅拌设备搅拌5～8min即可得生物柴油。

【注意事项】　所述基础油包括菜籽油、豆油、玉米油、花生油、棉籽油、山茶油、椰子油、葵花籽油、棕榈油和废弃动、植物油脂中的一种或多种混合油；所述普通柴油为0#柴油。

【产品应用】　本品可广泛应用于各种内燃机和外燃机。

【产品特性】　本品使生物柴油的原料广泛、成本低廉，并具有与普通柴油等同的使用价值，可广泛应用于各种内燃机和外燃机，且其动力性能、单位油耗和排放更优于普通柴油，排放达到欧盟4（欧盟OBD标准NO.4）标准。此外，由于基础油为再生性的植物油（主体成分为脂肪酸），该生物柴油不但具有再生特征，而且能极大地降低尾气和有害物质的排放浓度，是一种理想的再生、清洁和环保能源。

实例9　河泥生物柴油

【原料配比】

原　料		配比（质量份）				
		1#	2#	3#	4#	5#
河泥		70.5	63.5	56.5	65	61
溶剂	菜籽油或大豆油	20	—	—	—	—
	花生油或蓖麻油	—	30	—	—	—
	玉米油	—	—	40	—	—
	菜籽油和大豆油	—	—	—	15+15	—
	混合溶剂①	—	—	—	—	35
助剂	甲醇	8.5	—	—	4	—
	十六醇	—	5.5	2.5	—	3
催化剂	氯化铝	1	1	1	1	1

　　注　①是指菜籽油、大豆油、花生油、蓖麻油和玉米油的混合物，用量各为7质量份。

【制备方法】

(1)将原料河泥进行自然干燥,经日照和风化,堆积的河泥出现大量裂纹即可转入烘干工序,进行机械烘干,干燥后的河泥含水量≤16%。

(2)将物料(1)进行破碎,破碎颗粒粒径为10~20mm,然后粉碎至粒度为100目。

(3)将物料(2)与溶剂、助剂、催化剂进行混合,转入搅拌器内,搅拌时间为15~20min。

(4)将搅拌均匀的物料(3)加入反应釜,加热至400~600℃,压力为3.8~6.8MPa,反应1~3h。

(5)将物料(4)加入蒸馏釜,加热至365℃,在365℃前的馏分物为粗柴油,余渣为有机复合土。

(6)将步骤(5)得到的粗柴油转入调和工序,在常温下加入调和剂硝酸戊酯(粗柴油在转入调和工序前,应对该粗柴油进行分析检测,确定加入调和剂的用量,其用量范围通常为1%~0.3%),当粗柴油的技术指标经调和剂调和达到常规普通柴油的技术指标时,应立即停止加入调和剂,并转入过滤工序除去杂质,过滤液即为生物柴油。

【注意事项】 所述河泥为滇池、太湖及其流域、黄浦江、珠江、巢湖、海河、深圳河、松花江、杭州西湖、钱塘江的水下沉积物,有机组分含量≥60%。

【产品应用】 本品可以作为石化柴油的代用品。

【产品特性】 本品采用污染的河泥为主要原料,可变废为宝,在降低生产成本的同时可大大减轻环境污染;工艺简单,易于操作,所需设备均为常规传统设备,投资少,生产周期短;生物柴油的技术指标符合普通柴油的标准,使用效果理想。

实例10 环保生物柴油

【原料配比】

原　　料	配比（质量份）		
	1#	2#	3#
植物油	20	25	30
甲醇	25	25	20
乙醇	5	5	5
煤油	5	5	5
0#柴油	40	35	35
添加剂	5	5	5

其中添加剂配比为：

原　　料	配比（质量份）
钛粉末	10
锶粉末	5
硝基甲烷	60
三氯甲烷	20
正丙醇	5

【制备方法】

（1）将纯金属钛、锶进行激光粉碎得到纳米级粉末，按比例合成后，加入硝基甲烷、正丙醇、三氯甲烷，合成为添加剂。

（2）首先将植物油在1#反应釜——钛催化反应釜中进行加温，搅拌催化，然后将甲醇加入到釜中，继续加温搅拌，再将0#柴油加入釜中继续加温搅拌，当温度升到60～70℃时，釜内产生加剧的钛催化反应，至合成液透明为止，缓慢地将煤油、乙醇、添加剂顺序加入另外一个钛催化反应釜——2#釜中进行钛催化反应，搅拌5min。将1#釜中的合成液送到冷却反应器中，快速降温至10～20℃，再送至3#反应釜——锶催化加氢釜中，进行搅拌催化，将2#釜中的合成液也送到3#釜中进行搅拌催化加氢,搅拌至互溶、均匀透明为止。

【注意事项】 所述植物油可利用棕榈油、棉籽油、棉花油、麻风树果油、大豆油等多种植物油。

【产品应用】 本品主要用作车用燃料。

【产品特性】 本品利用可再生的植物油、甲醇、乙醇为基础原料,经过钛、锶催化使植物油成为改性的环保生物柴油,具有矿物柴油的基本功能。本品配方独特,完全具备了矿物柴油的基本功能,同时还可使任何柴油发动机尾气排放的有害物质降低90%以上。本品可再生,永不枯竭,并且不含对环境造成污染的芳香族烷烃,因而对人体的损害低于矿物柴油,可大大减少对环境的污染。

实例11 苦楝籽油制备生物柴油

【原料配比】

原　　料	配比		
	1#	2#	3#
预处理好的苦楝籽油	1000	1000	1000
KOH－甲醇溶液(其中含18g纯度为82%的KOH,250g无水甲醇)	268	—	—
KOH－甲醇溶液(其中含16g纯度为82%的KOH,200g无水甲醇)	—	216	—
KOH－甲醇溶液(其中含25g纯度为82%的KOH,160g无水甲醇)	—	—	185
苦楝籽油	1000	1000	1000
无水甲醇	2500mL	2000mL	1500mL

【制备方法】

(1)预处理阶段:取干燥好的苦楝籽油,在真空恒温反应釜中预热至30℃,将无水甲醇预热至相同温度并加入反应釜中,缓慢搅拌萃取10~20min,萃取3次,将反应所得产物转移至分液漏斗中静置分层,将下层甲醇相回收,将上层油相转移至旋转蒸发仪的蒸馏瓶中,在70~80℃,100~120r/min 的条件下常压蒸馏并回收残存的甲醇,然后用无水硫酸钠干燥,真空抽滤除硫酸钠,即得预处理低酸值苦楝籽油。

(2)酯交换反应:取预处理好的苦楝籽油并转移于真空恒温反应釜中,装好反应釜,并将油预热至反应温度55℃,搅拌状态下加入充分混溶并预热至反应温度45~65℃的 KOH - 甲醇溶液,在转速为600~800r/min 下反应50~150min;反应结束后将反应混合产物转移至分液漏斗中静置分层,静置10~20h,下层液为甘油相,上层液为生物柴油相。

(3)制备生物柴油后处理阶段:将上层液在70~80℃下用旋转蒸发仪常压蒸去大部分甲醇;然后在搅拌状态下用硅胶吸附甲酯相,进一步除去残存的甲醇和催化剂,再真空抽滤去除硅胶;最后用无水硫酸钠干燥所得甲酯,真空抽滤除硫酸钠,得产品生物柴油。

为达到综合利用得目的,下层甘油相先稀释,降低甘油的黏度,然后进行稀酸中和,去除碱性催化剂(调节 pH 值为6.5),在转速为2000r/min 的条件下进行离心分离10~20min,得上层液为生物柴油,中层液为甘油及少量甲醇,下层液为皂、盐及少量甘油,将中层液在常压下蒸馏蒸出甲醇,然后进行减压蒸馏,取160~205℃的馏分,即得副产品精制甘油。

【产品应用】 本品主要用作车用燃料。

【产品特性】

(1)本品所采用的制备生物柴油的原料比较新,即目前以苦楝籽油为原料制备生物柴油的研究鲜有报道。以苦楝籽油为原料制备生物柴油可使苦楝籽油得以应用,并可从生产原料角度扩大制备生物柴油的原料来源。

(2)本品采用碱催化酯交换法制备生物柴油,同时改进其工艺,使苦楝籽油充分转化为生物柴油,其燃烧性能指标可达 0# 柴油标准。

(3)本品在酯交换反应的后处理过程中,酯相是采用先酸中和后水洗的方式,而是蒸馏除去大部分溶剂后直接采用吸附的方式除去产品生物柴油中残存的甲醇或乙醇、KOH 等小分子物质,这样可避免因中和或水洗产生的废碱液污染环境,同时避免了由于中和或水洗时产生乳化而影响产品生物柴油的转化率,本品的整个反应过程中无酸碱废液产生,产品生物柴油中的脂肪酸甲酯含量可达98%以上。

(4)综合利用效果好,不但可以制备出生物柴油,还可以制备得到副产物精制甘油。

实例12　快速催化生产生物柴油

【原料配比】

原　　　料	配比(质量份)	
	1#	2#
变质菜籽油	500	—
潲水油	—	400
十二烷基硫酸钠	0.5	2
氢氧化钠	2	14
甲醇	100	120

【制备方法】　将变质菜籽油或处理过的潲水油泵入密闭储罐中,再泵入十二烷基硫酸钠与氢氧化钠混匀制成的催化剂和甲醇混合配成的混合溶液,启动循环泵并加热物料至 60～75℃,循环 30～60min,离心分离除去相对较重的大部分甘油和催化剂,剩余的轻液部分进行蒸馏,除去水分并回收 55～90℃的馏分的甲醇供下一次反应使用,过滤加热产生的絮状物,滤液即是生物柴油。

【产品应用】　本品主要用作车用燃料。

【产品特性】　本品采用十二烷基硫酸钠与氢氧化钠作为催化剂,使催化剂的效率大幅度提高,且可以使酯交换反应在密闭容器中和在适当较低的温度下进行,大幅度缩短了生物柴油的生产时间、生产能耗,从而降低了生产成本。本品的生物柴油经产品质量监督部门检验,其各项指标均达到石油柴油的标准,而硫、芳香烃含量以及十六烷值等指标优于国家标准。本品具有反应时间短,反应温度低,设备投资少,易于生产,生产成本低,对环境无污染的特点。

实例 13 快速生产生物柴油

【原料配比】

原 料	配比（质量份）
工业级猪油	1000
工业甲醇或乙醇（浓度为98%）	200
纯碱（纯度为98%）	10
过氧化氢（浓度为30%）	10
硫酸（浓度为98%）	5
苯磺酸（晶体）	2
磷酸（浓度为98%）	0.2

【制备方法】 取工业级猪油、工业甲醇或乙醇、纯碱，一起投入酯化罐内，升温至 60～65℃ 并高速搅拌 60min 后，加入过氧化氢、硫酸、苯磺酸（晶体）、磷酸，继续搅拌 30min 后，静置 15min 分层，先后将过量甲醇或乙醇、副产物甘油酯及皂化物抽出，往酯化罐中加入浓度为 3%～4% 的盐水，搅拌 20min，然后，升温至 100℃ 进行减压蒸馏，脱除水分。产物经过滤器过滤后打入成品罐，得到成品生物柴油。

【产品应用】 本品主要用作车用燃料。

【产品特性】 本品的全部工艺过程在一个搅拌反应釜内连续完成，不但工艺简单快速，操作安全可靠，设备投资也十分低廉。

本品的低酸值的动物油脂原料主要来源于畜禽屠宰场，也可来源于饭店泔水，以及从食品加工厂回收的废油脂，原料来源广泛、易得。

实例14 利用餐饮废油生产生物柴油

【原料配比】

原 料	配比（质量份）
粗生物柴油	300
过氧化氢（浓度为30%）	6

其中粗生物柴油配比为：

原　　料	配比（质量份）
地沟油	300
多组元 $SO_4^{2-}/ZrO_2 - TiO_2 - SnO_2$ 超强固体酸催化剂	6
工业甲醇（浓度为98%）	54

【制备方法】　于5000L的具有回流冷凝装置的搪玻璃反应罐中投入地沟油、固体酸催化剂、甲醇。搅拌下升温进行反应,当物料达到70℃左右时罐内起泡沸腾。随甲酯化程度升高,反应罐内甲醇含量减少,罐内物料温度自动上升到80~85℃,继续保持反应10h,取样测定酸值≤5mgKOH/g,脂肪酸三甘酯含量≤3%,则说明反应完成,否则适当延长反应时间直至中控合格(酸值≤5mgKOH/g)。

升温,将回流甲醇进罐阀门关闭,将甲醇蒸出直至罐温达90℃,回收残留甲醇后,将粗酯泵压到静置分层罐储放4h以上,分出下层稀甘油水、催化剂,得到粗生物柴油,回收稀甲醇(浓度为50%~56%)送波纹蒸馏塔蒸馏提浓后再作原料回用;稀甘油水出售提取甘油原料。

为进一步节约资金,催化剂经20%稀硫酸洗净,过滤,干燥后于500℃焙烧活化后回用。

于5000L搪玻璃反应罐中投入粗生物柴油,升温到60℃,搅拌下慢慢加入浓度30%的双氧水,加完后,物料会自氧化升温到80~90℃,继续保温搅拌30min,用含纯碱10%的饱和食盐水搅拌下中和至pH值为6.5,此时粗生物柴油颜色从浅棕色变成极浅透明橘红色,经碟式离心机滤去水杂后得成品。

【注意事项】　所述餐饮废油包括煎炸油、潲水油或地沟油。其中,煎炸油是指重复油煎、油炸使用过氧化值超标的废油;潲水油是指城市餐馆及食堂剩菜倒在一起后上层的浮油;地沟油是指从餐馆或食堂地沟里流出的地沟水经沉淀后上层撇出的浮油。餐饮废油中主要含有游离的脂肪酸三甘酯和脂肪酸。

本品采用城市餐饮废油与低级醇的酯化与醇解反应同时进行,餐饮废油1.05吨,工业甲醇0.14吨,能生产1吨的生物柴油,回收60kg工业甘油,其一次转化率可以高达96%以上。所生成的生物柴油经中试验证,可完全替代轻柴油。

【产品应用】 本品主要适用于农用机械及船舶用油。

【产品特性】

(1)工艺流程短,成本低,无"三废"污染,催化剂经过滤出、清洗、活化后可循环使用,无其他化学法废酸、碱、皂的污染且有利于副产物甘油的回收。

(2)产物无须常压或减压蒸馏,油品残留酸值低,中性油少,适用于农用机械及船舶用油。

实例 15 利用动、植物废油生产生物柴油

【原料配比】

原　　料	配比(质量份)
酸化油	1000
固体植酸	0.5
硫酸	40
甲醇	140
盐水(浓度为 10%)	200

【制备方法】

(1)取酸化油泵入酯化釜内,加入固体植酸。

(2)取硫酸、甲醇混合液泵入滴加罐内。

(3)将酯化釜内加热,使温度升至 50℃,同时搅拌,打开滴加罐开关,使其缓缓滴加,混合液尽量控制在 1~3h 滴加结束,滴完后继续搅拌 6h,监测酸价,直到酸价≤5mgKOH/g,完成酯化。

(4)静置 2h 后,将底层沉淀物排除(如果沉渣多须反复两次)。

(5)将浓度为 10% 的盐水放入酯化釜内,搅拌 10min,静置 20min,将釜底沉淀物排出,洗出催化剂,重复此步,直至 pH 值为 6。

(6)将酯化物通过碟式离心机脱水。

(7)将酯化并脱水的液体送入蒸馏釜,以负压蒸馏,收集在 180~250℃时的馏出物,即为生物柴油的成品。

【产品应用】 本品适用于以植物油或植物油炼制过程中产生的皂脚、油脚以及城市餐饮业排出的地沟油为原料生产生物柴油。

【产品特性】

(1)为工业废油和城市废油的利用提供了一条新途径,避免了城市废油再次进入食用油市场危害人们健康以及废弃抛洒污染环境的弊端。

(2)解决了目前在酸化油和城市废油中提取生物柴油的生产工艺中,酯化过程不完全,提炼的生物柴油燃烧性能差,且生产时间长,成品率低的问题。

(3)本品生产工艺简单,原料来源广,生产反应时间短,成品率高,不仅解决了城市地沟油处理的环保问题,且排出的渣料可制造生物有机肥料。

(4)本工艺所产生的生物柴油理化指标高,燃烧后废气中二氧化硫含量少,减少了对环境的污染。

实例16 利用废油生产生物柴油

【原料配比】

原　　料		配比		
		1[#]	2[#]	3[#]
动植物废油		200mL	—	—
脱水的废油		—	270	—
已经脱胶、脱水的废油		—	—	1000
磷酸(浓度为85%)		0.36		
甲醇[①]		8mL	23.7	69.5
硫酸锆		—	4	
酸性催化剂	硫酸	—	0.3mL	1.2mL
	硼酸	3.6	—	—
甲醇[②]		32mL	29.3	370.5
醇胺类有机碱催化剂	二乙醇胺	4.8	10.5	
	三乙醇胺			18

【制备方法】

(1)预处理:脱胶:用过滤法机械除动植物废油中的杂质后加热至60~90℃,加入原料质量分数为 2%、浓度为 85%的磷酸,混合 30min后加入所生成的磷脂 3.5 倍的水,60~70℃,较慢速度搅拌,保温 50~60℃静置,除去下层杂质。脱水:脱胶后的原料在压力 0.08~0.095MPa,温度70~90℃条件下脱水,水含量控制在 0.5%以下。

(2)预酯化:将预处理后的原料或已经脱胶、脱水的废油泵入反应器中,加热至 35~75℃,再将甲醇①、硫酸锆与酸性催化剂混合后加入反应器,搅拌反应 1~4h。

(3)中和过滤:加入 Na_2CO_3 中和反应器中酸性物质,使体系达到 pH值为 6.0~7.5,之后继续搅拌 5~90min,静置 1~3h 后过滤沉降物。

(4)醇解:向预酯化后或中和后的原料中加入甲醇②与醇胺类有机碱催化剂的混合物,将反应物加热至 60~70℃,反应 2~6h。

(5)将醇解产物泵入储罐静置 8~24h 后泵入冰化罐,冰化温度为 -10~10℃,上层即为生物柴油。

【产品应用】　本品主要用作车用燃料。

【产品特性】　本品方法对废油进行脱胶,消除胶质对后序生产步骤的影响,保证了工艺稳定,避免皂化而造成整批废品,产品达到 0#柴油的主要指标,冷滤点低于 0℃,闭口闪点大于 65℃,且预处理后的转化率(利用率)达 90%以上;无须水洗,不会产生大量工业废水而造成环境污染,产品后期处理相当方便。

实例17　利用钙镁锌盐类生产生物柴油

【原料配比】

原　　料	配比(质量份)		
	1#	2#	3#
含酸废油(酸值为 10mgKOH/g)	50	—	—
含酸废油(酸值为 7mgKOH/g)	—	50	—
含酸废油(酸值为 8mgKOH/g)	—	—	50
甲醇	10	10	10

原 料		配比（质量份）		
		1#	2#	3#
催化剂	氢氧化钠	0.54	0.43	—
	氢氧化钾	—	—	0.67
钙镁锌盐	氯化钙	0.8		
	氯化镁		0.5	
	硝酸锌			1.2

【制备方法】 向反应器中加入含酸油脂,加入甲醇、氢氧化钠或氢氧化钾催化剂,60~90℃下搅拌反应 30~120min。反应物与产物不分层,反应结束后加入钙镁锌盐类,20~70℃下搅拌反应 60~120min,静止分层,分离上层生物柴油产品,上层产物经洗涤干燥得到精制生物柴油。

【产品应用】 本品主要用作车用燃料。

【产品特性】 本品是利用一种钙镁锌盐类促进生物柴油与甘油的分层,与反应后的生物柴油中的钠皂或钾皂及氢氧化钠或氢氧化钾发生复分解反应,相应生成脂肪酸钙、脂肪酸镁、脂肪酸锌,以及氢氧化钙、氢氧化镁、氢氧化锌等沉淀。利用其较低的表面活性和不溶性从而促进生物柴油与甘油的分离,减少水洗过程的乳化。

应用此方法,加大了碱催化生产生物柴油原料的适应性,简化了油脂原料的预处理过程,适于大规模工业化生产。

实例18 利用高酸值废动、植物油制备生物柴油(1)

【原料配比】

原 料	配比（质量份）
泔水油	40
甲醇	6
硫酸	2.4
活性白土	2.4

【制备方法】　首先,将泔水油加入脱水器内,在75℃真空条件下对其进行脱水处理;经脱水后加入反应釜中,加入甲醇及硫酸在75℃下进行酯化、酯交换反应,反应时间持续4h;反应后的产物加入相分离器,加入活性白土,在75℃条件下进行分相处理,持续0.5h;最后,在115℃下进行脱色处理,持续0.5h,即生成脂肪酸甲酯,即生物柴油,收率达95%。

【产品应用】　本品主要用作车用燃料。用本品生物柴油按一定比例加入改性聚乙烯醇类添加剂或直接与石化柴油勾兑,即可用作汽车等的燃料。

【产品特性】　本品原料易得、实施容易,不仅适用于变质的高酸值废动、植物油来生产生物柴油,也适用于餐饮业、食品业等相关产业产生的含杂质较多的高酸值废动、植物油(如泔水油)来生产生物柴油,收率可达95%。本品解决了高酸植废动、植物油因没有得到充分、有效的利用而对环境造成污染的问题,为高酸值废动、植物油的利用提供了一条新的途径。

实例19　利用高酸值废动、植物油制备生物柴油(2)

【原料配比】

原　　料		配比(质量份)					
		1#	2#	3#	4#	5#	6#
高酸值废弃油	地沟油	100	—	—	—	—	—
	泔水油	—	100	—	—	—	—
	餐饮废油	—	—	100	—	—	—
	煎炸油	—	—	—	100	—	—
	酸化油和煎炸油混合油	—	—	—	—	100	—
	废弃牛羊油	—	—	—	—	—	100
低碳醇①	甲醇	200	200	200	—	200	—
	异丙醇	—	—	—	—	—	250
	乙醇	—	—	—	200	—	—

续表

原　　料		配比(质量份)					
		1#	2#	3#	4#	5#	6#
单质碘		1	1	1	0.5	0.8	1
分子筛(孔径为 3~5A)		20	50	50	50	50	50
低碳醇②	甲醇	40	40	40	40	40	—
	异丙醇	—	—	—	—	—	40
有机碱	胍	1	—	—	—	—	1
	缩二胍	—	0.7	—	—	—	—
	四甲基胍	—	—	0.6	—	—	—
	乙醇胺	—	—	—	1.6	1.6	—

【制备方法】

(1)将高酸值废弃油脂、低碳醇①、单质碘和分子筛加入反应容器,接冷凝回流管,加热至 50~100℃,搅拌反应 0.2~4h。

(2)反应液取出冷却,分液除去低碳醇②和单质碘,重复利用;下层油脂过滤除去分子筛,分子筛干燥,回收利用。

(3)将所得油脂与低碳醇、有机碱混合装入反应容器,加热并搅拌,同时接冷凝管使低碳醇回流,反应 0.2~4h。

(4)取出并降温中止反应,产物静置分液,上层主要是脂肪酸甲酯(生物柴油),下层为过量的甲醇、甘油及有机碱。

【产品应用】　本品主要用作车用燃料。

【产品特性】

(1)单质碘对高酸值废弃动、植物油脂中游离脂肪酸的酯化反应有良好的催化活性,与传统工艺所使用的催化剂浓硫酸相比,单质碘具有环保,副反应少,无须与甲醇分离,萃取分液后可直接重复利用,受水分影响小等多种优点。

(2)分子筛除去了酯化反应中的水,降低其对酯化反应的不利影响,提高了酯化效率;分子筛价格便宜,经干燥后可重复利用。

（3）有机碱催化剂降低了以往所用的甲醇钠（钾）或氢氧化钠（钾）对环境的影响。

实例20 利用高酸值油脂生产生物柴油

【原料配比】

原　　料		配比（质量份）			
		1#	2#	3#	4#
高酸值油脂	花生油下脚料（酸值为150mgKOH/g）	100	—	—	—
	地沟油（酸值为90mgKOH/g）	—	100	—	—
	煎炸油（酸值为30mgKOH/g）	—	—	200	200
甲醇		40	50	80	100
催化剂四氯化锡		2	3	4	6
氢氧化钾		适量	适量	适量	适量

【制备方法】

（1）将各种废弃高酸值油脂和甲醇混合，在催化剂四氯化锡作用下进行预酯化反应；反应温度为58～63℃，反应时间为2～3h。

（2）将步骤（1）所得反应物静置分层，离心除去下层的催化剂和甘油。

（3）将催化剂KOH溶于甲醇后，和步骤（2）中回收甲醇后的剩余油脂一起加入到反应釜中，在反应温度为58～63℃，KOH占剩余油脂重的1%～1.2%，醇油质量比为（1:5）～（1:8），反应时间为40～60min下进行酯化反应。

（4）将步骤（3）所得反应物静止分层，上层含生物柴油和甲醇，下层含甘油、KOH及少量皂化物和甲醇。

（5）将上层液体经甲醇回收塔回收甲醇，用高于油温5～10℃的水洗涤至水澄清，将上层液体脱水得到生物柴油。

【产品应用】 本品主要用作车用燃料。

【产品特性】 本品提供了一种生物柴油生产的新方法，利用两步法生产生物柴油，第一步预酯化能够有效降低废弃油脂的酸值，不影响第二步碱催化反应,特别以四氯化锡作为预酯化催化剂容易离心除去,本品既可以使用花生油下脚料、地沟油等各种废弃油脂为原料,同时又可以加快生物柴油的生产速度,明显缩短反应时间,并提高了生物柴油的得率,提高了企业的效益。

实例21 利用固体碱制备生物柴油

【原料配比】

原　　料		配比(质量份)							
		1#	2#	3#	4#	5#	6#	7#	8#
甲醇		19.2	3.2	1.12	3.2	—	3.2	3.2	—
植物油	麻风果油	85	—	—	8.5	8.5	—	—	—
	棉籽油	—	—	8.5	—	—	—	—	8.5
	乙醇	—	0.72	—	0.72	3.6	0.72	0.72	3.6
	大豆油	—	—	—	—	—	8.5	8.5	—
	蓖麻油	—	8.5	—	—	—	—	—	—
固体碱催化剂	实心颗粒型固体碱	1.7	0.034	—	—	—	—	—	—
	多孔型固体碱	—	—	0.77	0.51	—	—	—	—
	多孔的ABO/载体复合材料	—	—	—	—	0.77	0.17	0.77	0.34
沉淀剂	柠檬酸	2.25	—	0.42	0.017	0.03	—	—	—
	草酸	—	1.7mg	—	—	—	—	—	—
	碳酸铵	—	—	—	—	—	0.034	—	—
絮凝剂	缩甲基纤维素	—	—	—	1.7mL	—	—	—	—
	聚乙烯醇	0.017	—	—	—	—	—	—	—
	聚丙烯酰胺	—	0.42	0.42	—	—	—	—	—
	聚丙烯酸	—	—	—	—	0.084	1.7mg	—	—
去离子水		1.8mL	5.4mL	5.4mL	5.4mL	3mL	5.4mL		

其中实心颗粒型固体碱配比为：

原　料	配比（质量份）	
	1#	2#
四水合硝酸钙	7.86	7.86
乙醇	400mL	15.72mL
碳酸钠	3.51	10.55
去离子水	200mL	200mL

其中多孔型固体碱配比为：

原　料	配比（质量份）	
	1#	2#
硝酸钡	4	5.7
六水合氯化镁	4.3	4.3
乙醇	600mL	600mL
异丙醇	200mL	—
十六烷基三甲基溴化胺	—	0.05
正丁醇	—	200mL
琥珀酸	0.8	—
XC-72 活性炭	2.75	—
聚乙二醇	0.5	—

其中多孔的 AOB/载体复合材料配比为：

原　料	配比（质量份）	
	1#	2#
氯化镁	3.3	—
四水合硝酸钙	—	5
六水合氯化镁	—	4.3

续表

原　　料	配比(质量份)	
	1#	2#
乙醇	—	400mL
1,6 – 己二胺	—	20mL
蜂窝陶瓷	—	85mL
硝酸钙	2.1	—
硝酸锶	0.5	—
二甲基甲酰胺	120mL	—
MCM – 41分子筛	117mL	—

【制备方法】 先将甲醇或乙醇和植物油加入到预先放好的固体碱催化剂的500mL的圆底瓶中,装好冷凝管和干燥管,搅拌下升温至40~90℃,反应0.8~20h后,保持温度在30~60℃,在缓慢搅拌下,−0.08~−0.1MPa的真空度下减压蒸馏回收甲醇,直到真空度不再有变化为止,离心分离除掉固体颗粒。离心管中的液体分成两层,上层为粗生物柴油,下层为甘油。将上层液体吸出,置于250mL烧杯中,加入沉淀剂,搅拌10min,离心分离除掉沉淀。吸取上层液体,加入絮凝剂,搅拌2min,加入去离子水,离心去除固体,得生物柴油。

【产品应用】 本品主要用作车用燃料。

【产品特性】 本品工艺可以适用于多种原料,制备生物柴油的产率可达到85%以上。固体碱作为催化剂可以解决现有技术中采用的匀相催化剂很难与产品分离的问题,回收的固体碱可以作为催化剂循环使用。采用沉淀剂和絮凝剂相结合的办法,简单高效地去除粗生物柴油中的杂质,得到优质的生物柴油。清除粗生物柴油中的杂质时使用的去离子水可以循环使用。本工艺具有反应条件温和、工艺过程简单易控、对环境友好等优点,具有很好的经济效益。

实例22 利用固体酸和固体碱两步催化法生产生物柴油

【原料配比】

原　料		配比（质量份）							
		1#	2#	3#	4#	5#	6#	7#	8#
酸性油脂原料	地沟油	100	—	—	100	—	—	—	—
	大豆油	—	—	—	—	—	—	—	100
	棕榈油	—	—	—	—	100	100	—	—
	废弃食用油	—	—	—	—	—	—	100	—
	大豆油－月桂酸混合油	—	100	—	—	—	—	—	—
	大豆油－油酸混合油	—	—	100	—	—	—	—	—
甘油		18	—	—	—	—	5	—	10
乙醇[①]		—	—	—	—	28	—	—	—
甲醇[①]		—	20	30	28	—	18	48	—
甲酯[①]		—	—	—	5	—	—	10	—
固体酸催化剂 SO_4^{2-}/ZrO_2		4	2	3	4	3	3	1	0.8
甲醇[②]		25	15	25	25	—	25	27	—
乙醇[②]		—	—	—	—	24	—	—	15
甲酯[②]		—	—	—	5	—	—	—	—
固体碱催化剂	CaO 粉末	2	3	4	—	—	—	—	1.8
	含6.3%的 Na_2O 的 CaO 粉末	—	—	—	4	—	—	—	—
	含3.3% Li_2O 的 CaO 粉末	—	—	—	—	3	—	—	—
	含8.0% K_2O 的 CaO 粉末	—	—	—	—	—	4	—	—
	含1.3% Li_2O 的 CaO 粉末	—	—	—	—	—	—	1	—

【制备方法】

（1）第一步：

①将酸性油脂原料、甲醇①（乙醇①或甘油）、甲酯①和固体酸催化剂混合后加入反应器内搅拌反应 2 ~ 10h 得混合物，反应温度控制在50 ~ 200℃。

②将步骤①反应后得到的混合物过滤，分离出固体酸和液体物料，再从液体物料中分离出水得滤液。

（2）第二步：

①得分离出水的滤液加低碳醇（甲醇②或乙醇②）、甲酯②和固体碱催化剂预混合后加入反应器中，搅拌反应 1 ~ 8h，反应温度控制在 40 ~ 100℃。

②将反应产物过滤分离出固体碱，将滤液分离出甘油和酯层，再将酯层蒸馏分出低碳醇，即得到生物柴油产品。

【产品应用】 本品主要用作车用燃料。

【产品特性】 本品利用固体酸和固体碱两步催化法生产生物柴油，适用于各种高酸值油脂，转化率高，反复条件温和，能耗低，固体酸催化剂和固体碱催化剂在反应后经过过滤和简单的处理后可反复使用。甲醇、乙醇和甘油回收后也可反复使用。在提高反应效率的同时，可以简化原有生产工艺，既降低了生产成本，又消除了生产过程中的污染环节。

实例 23　利用回收地沟油制备生物柴油

【原料配比】

原　　料	配比（质量份）		
	1#	2#	3#
地沟油	100	100	100
酸性催化剂	2	0.5	3.5
甲醇	25	35	15

【制备方法】 将地沟油、酸性催化剂和甲醇加入反应釜中，反应温度控制在 75 ~ 80℃，进行 7.5h 酯化反应；反应完成后，将液体静置

2h;上层液体在75℃条件下蒸馏出残留的少量甲醇,剩余的生物柴油粗品中加入含纯碱或浓度为15%的饱和氯化钠溶液中和,之后加入工业纯碱进行加热蒸馏,收集气相温度为250～330℃的成分,即为精制的生物柴油—脂肪酸甲酯。

【产品应用】 本品主要用作车用燃料。

【产品特性】 在酸性催化剂存在的条件下,利用回收的地沟油与甲醇进行反应,得到脂肪酸甲酯和甘油,经分离获得纯度较高的生物柴油。该方法的实施,既可以减少柴油燃烧时污染物排放,又可以减少含有毒物质的废油污染环境。

实例24　利用文冠果籽油制备生物柴油

【原料配比】

原　　料		配比 (质量份)							
		1#	2#	3#	4#	5#	6#	7#	8#
精制的文冠果籽油		1000	1000	1000	1000	1000	1000	1000	1000
甲醇		100	204	204	204	300	300	300	300
固体酸催化剂	三氟甲基磺酸镧 (60 目)	20	20	—	—	—	—	80	20
	三氟甲基磺酸镥 (60 目)	—	—	20	—	—	80	—	—
	三氟甲基磺酸铈 (60 目)	—	—	—	40	80	—	—	—
共溶剂	2 - 甲基呋喃	90	—	—	200	400	—	400	—
	3 - 甲基呋喃	—	200	—	—	—	—	—	400
	四氢呋喃	—	—	90	—	—	400	—	—

【制备方法】

(1)文冠果籽油的制取和精制:取文冠果种子,脱去种皮后得到种仁,将种仁放入液压榨油机中进行连续压榨,得到文冠果毛油。为提高出油率，将压榨下来的饼粕用 6# 溶剂再进行浸出取油，得到文冠果毛油。将文冠果毛油沉淀、过滤、脱胶、干燥制得文冠果籽油。

（2）酯交换反应制取生物柴油：将甲醇与共溶剂混合后加入 2L 的三颈烧瓶中，预热到 40℃，同时加入文冠果籽油和固体酸催化剂，搅拌下加热升温，并保持温度在 60～100℃ 反应 10～90min，停止搅拌，分离出催化剂，将反应液于 2500r/min 的转速下离心分离，收集上层液，加温至 80℃，蒸馏出甲醇和共溶剂，得到清亮透明的生物柴油。下层在常压下蒸馏出甲醇和共溶剂循环再用，于 120℃，真空度为 −0.1MPa 的条件下进行减压蒸馏，得到副产品甘油。

【产品应用】 本品主要用作车用燃料。

【产品特性】

（1）采用本品制备生物柴油，收率可达 99% 以上，而且产品各项性能指标达到柴油机燃料调和用生物柴油标准要求。

（2）本品方法反应时间短，反应温度低，能耗低，工艺流程简单，操作方便，后处理过程大大简化。整个制取工艺无任何废水、废气、废液产生，无环境污染。

（3）反应后剩余的甲醇、固体酸催化剂和共溶剂可以循环利用。由于所选用的共溶剂的沸点与甲醇接近，非常容易分离。

（4）反应产生的副产品甘油很容易分离提纯。

实例 25 利用植物油废脚料油生产生物柴油

【原料配比】

原　　料	配比（质量份）		
	1#	2#	3#
油脂产品	30	30	30
甲醇	45	52.5	75
碘	0.15	0.45	0.6

其中油脂产品配比为：

原　　料	配比（质量份）		
	1#	2#	3#
植物油废脚料油	50	50	50
甲醇	75	87.5	125
碘	0.25	0.75	1

【制备方法】

（1）将植物油废脚料油、甲醇、碘加到反应容器中，接冷凝回流管，加热至60～90℃，搅拌反应2h后，取出冷却，分液取上层溶液，于真空度−0.09～−0.085MPa下减压蒸馏，脱除甲醇及反应生成的水，得油脂产品。

（2）取油脂产品、甲醇、碘加到反应釜中，加热回流，在60～90℃下反应1.5～3h后，冷却分液取上层油相，并用50～60℃热水洗涤至中性，除水干燥即得到生物柴油产品，产率在95%以上。

【产品应用】　本品主要用作车用燃料。

【产品特性】　本品利用植物油废脚料油生产生物柴油的方法制备生物柴油，其工艺简单，设备投入低，避免了使用大量的强酸、强碱，环境污染小，反应中使用的甲醇还可以进一步回收利用，而且产品纯度转化率可以达到95%以上，适合工业化应用。

实例26　利用植物油调配生物柴油

【原料配比】

原　　料	配比（质量份）			
	1#	2#	3#	4#
航空煤油	50	170	50	170
添加剂	0.02	0.005	0.02	0.005
标准柴油	400	520	400	520
植物油	221	101	101	221
碳九芳烃	249	369	369	249

其中添加剂配比为:

原 料	配比(质量份)
氧化锌	1
抗氧剂	1
金属钝化剂	3
着色剂	5
消烟助燃剂	8

【制备方法】

(1)配制添加剂:将氧化锌与抗氧剂在常温常压下混合均匀形成混合物 E;将 E 放入高温炉中,迅速将温度升高至200℃后加入金属钝化剂,形成混合物 F;将混合物 F 在 270～330℃的温度和 0.5～2.5MPa的气压下持续密封30min 以上,然后将 F 在常压下冷却至 50～60℃,再加入消烟助燃剂形成混合物 G;在常压下继续自然冷却至20～30℃后加入着色剂,即制得添加剂。

(2)配制生物柴油:

①取航空煤油和添加剂混合搅拌调配形成 CHF,静置30min 以上。

②将上述 CHF 与标准柴油混合搅拌调配成母本柴油,静置30min以上。

③取植物油与碳九芳烃混合搅拌调配形成组分 A,静置30min 以上。

④将上述母本柴油与组分 A 混合搅拌调配形成生物柴油,静置30min 以上。

⑤过滤后,得到纯净生物柴油。

【产品应用】 本品主要用作车用燃料。

【产品特性】

(1)植物油与柴油互溶性好,可大大减少中间环节,从而可以简化工艺,降低设备投资,使得生产成本较低。

(2)某标号的生物柴油可以与同标号的标准柴油以任意比例混合。

(3)利用可再生植物油作为原料,开拓了新的能源利用途径,尤其适用原油资源短缺的地区使用。

实例27 利用植物油下脚料炼制生物柴油、磷脂和甘油

【原料配比】

原　料	配比				
	1#	2#	3#	4#	5#
新鲜大豆油下脚料（油脚、皂脚混合物）	400	—	—	—	—
新鲜菜籽油下脚料（油脚、皂脚混合物）	—	400	—	—	—
新鲜棉籽油下脚料（油脚、皂脚混合物）	—	—	400	—	—
新鲜花生油下脚料（油脚、皂脚混合物）	—	—	—	400	—
新鲜玉米油下脚料（油脚、皂脚混合物）	—	—	—	—	400
饱和食盐水	40mL	20mL	60mL	40mL	40mL
有机溶剂　正己烷	800mL	—	—	400mL	—
有机溶剂　石油醚	—	400mL	—	—	400mL
有机溶剂　乙醚	—	—	400mL	—	—
中性油	100	100	100	100	100
甲醇①	21.36	19.58	23.14	21.36	21.36
碱性催化剂　甲醇钠	—	—	1.5	—	—
碱性催化剂　甲醇钾	—	—	—	1.5	—
碱性催化剂　氢氧化钾	—	0.5	—	—	1
硫酸（浓度为50%）	72	—	—	80	72
硫酸（浓度为40%）	—	86.4	—	—	—
硫酸（浓度为60%）	—	—	57.6	—	—
甲醇②	33.82	40.58	33.82	33.82	33.82
浓硫酸（浓度为98%）	2.85	3.42	2.85	2.85	2.85

【制备方法】

(1)萃取:在新产生的下脚料中加入饱和食盐水,混合均匀;然后加入有机溶剂,再混合均匀,离心后分为3层:上层为有机相,中间层为皂化物,下层为水相。

(2)分离磷脂和中性油:取上层有机相,蒸发回收有机溶剂,浓缩物用乙醚溶解,再加入溶液体积1~3倍的丙酮,有浅黄色沉淀析出,然后抽滤,收集滤饼,滤饼于40~60℃条件下真空干燥,得浅黄色磷脂,滤液再蒸发回收丙酮,剩余部分为中性油。

(3)酯交换反应:收集萃取获得的中性油经蒸发脱水后加入到带回流装置的反应釜中,水浴加热至50~60℃,再加入甲醇①或碱性催化剂,在60~70℃的温度条件下,将上述成分混合反应1~1.5h;下层用酸中和后再离心取轻相或静置取上层溶液,蒸发回收甲醇,剩余部分经水洗、干燥后即得生物柴油;下层用酸中和后再离心分离,取上层溶液,经蒸发加回甲醇,剩余部分为粗甘油。

(4)酯化反应:取步骤(1)中得到的皂相,与40%~60%的硫酸混合搅拌,加热至90~100℃反应1~1.5h,静置后分为两层,上层油相经水洗、干燥后得混合脂肪酸;将混合脂肪酸加入到带回流装置的反应器中,水浴加热到50~60℃,再加入甲醇②和浓硫酸,在70~90℃的温度条件下,将上述成分混合反应4~6h;将反应混合物静置或离心分层,取上层酯相,蒸发回收甲醇,剩余部分经水洗、干燥后即得生物柴油;下层水相用CaO中和后离心除去$CaSO_4$沉淀,水相再循环使用。

【产品应用】 本品主要用作车用燃料。

【产品特性】

(1)采用合理的工艺流程,大大缩短了反应时间,提高了转化率。

(2)在生产生物柴油的同时获得了高附加值副产品——磷脂和甘油,从而进一步降低了生产成本。

(3)生产工艺简单,排放无污染;本品水洗得到的碱性废水与水洗得到的酸性废水按比例混合,中和至中性,再经过滤后可循环使用多次。

实例28 路易斯酸催化一步法生产生物柴油

【原料配比】

原料		配比						
		#	2#	3#	4#	5#	6#	7#
油脂	大豆油	1000	—	—	—	—	—	—
	回收的食用废油	—	1000	—	—	—	—	—
	植物油皂脚	—	—	1000	—	—	—	—
	麻风果油	—	—	—	1000	—	—	—
	鱼油	—	—	—	—	1000	—	—
	猪油	—	—	—	—	—	1000	—
	菜籽油和棉籽油混合油	—	—	—	—	—	—	1000
甲醇		200	150	170	180	190	180	200
硫酸铁催化剂		10	—	—	—	—	—	—
氯化铝催化剂		—	15	—	—	—	—	—
氯化稀土催化剂		—	—	30	—	—	—	—
氯化铝和硝酸稀土混合催化剂 [混合比为(1~9):(9~1)]		—	—	—	10	—	—	—
硝酸铝和氯化稀土混合催化剂 [混合比为(1~9):(9~1)]		—	—	—	—	20	—	—
氯化铁和氯化稀土混合催化剂 [混合比为(1~9):(9~1)]		—	—	—	—	—	10	—
氯化铝、硫酸铁和硝酸稀土混合催化剂[混合比为(1~7):(8~1):(1~6)]		—	—	—	—	—	—	6

【制备方法】

(1)将油脂和甲醇混合,加入催化剂,搅拌混合均匀后加热到75~90℃保持4~15h。

(2)在80~90℃下蒸出未反应的甲醇,静置后分离出下层催化剂和甘油水,得粗品生物柴油。蒸馏出的甲醇经提浓后可循环使用。

(3)用浓度为5%～10% Na_2CO_3溶液中和洗涤粗品生物柴油,得中性粗品生物柴油。

(4)将中性粗品生物柴油进行连续真空蒸馏,在真空度<666.5Pa (5mmHg)下收集130～190℃之间的馏分即为成品生物柴油。

【产品应用】 本品主要用作车用燃料。

【产品特性】 本品生产工艺简单、无污染;本品工艺无须经过两步合成法的预酯化和相应中间环节中和洗涤工艺,而是采用油脂醇解和脂肪酸酸化同时进行的工艺,从而缩短了工序,消除生产中的污水排放,符合目前国内环保要求;产品得率高、成本低,由于克服了两步法的工艺繁杂的缺点,故产品损失少,得率高,制造成本也相对更低;能充分利用废旧油脂,使制造生物柴油的原料来源更加多样化,更加广泛。

实例29 清洁生物柴油

【原料配比】

原　　料	配比(质量份)	
	1#	2#
生物油	70	75
乙醇	10	6
甲苯	15	12
正丁醇	3	5
乙二醇乙醚	1	0.5
2－硝酸丙烷	0.5	1
硝酸异辛酯	0.5	0.5

【制备方法】 在常温常压下,按配比量,将主燃剂加入搅拌罐,再将辅助剂按顺序加入搅拌罐,启动搅拌器,搅拌 10～15min(转速 100～150r/min)使其充分混合;然后将十六烷值增进剂也投入搅拌罐内,继续搅拌 3～5min 后,即可使用。

【注意事项】 所述主燃剂为可再生的生物油,如菜籽油、花生油、棉籽油、合成油或经化学转化反应提炼后的阴沟油、潲水油等;辅助剂为乙醇、甲苯、正丁醇、乙二醇乙醚等;十六烷值增进剂为 2 - 硝基丙烷、硝酸异辛酯等。

【产品应用】 本品主要用作车用燃料。

【产品特性】

(1)清洁生物柴油可作为各种柴油发动机和锅炉、窑炉的燃料,既可单独使用,也可与各种柴油混合使用,比例不限。

(2)清洁生物柴油启动性能好,燃烧充分、热效率高、积炭少,排烟率较矿物柴油降低 50% 以上。

(3)清洁生物柴油有良好的润滑动能,对发动机磨损低于矿物柴油。

(4)清洁生物柴油不含硫,无毒副作用,环保、安全。

实例30 燃烧性能好的生物柴油

【原料配比】

原 料	配比(质量份)
潲水油	1000
盐水(浓度为 4%)	300
活性白土	30~40
甲醇	105
甲苯磺酸	10

【制备方法】

(1)取潲水油,加至烧杯中,烧杯上置搅拌器,下面放置可调温的电炉,在不断搅拌的条件下加热至 80~85℃,然后加入温度为 85~90℃、浓度为 4% 的盐水,搅拌 30min 以上,停止加热和搅拌,静置 30min 进行分层,分层可在分液漏斗中进行,放掉下层废水,按此步骤洗涤多次,一般 2~3 次即可。

(2)将用盐水洗涤过的潲水油升温至 105~110℃,搅拌脱水 1~

2h,直到液面无水汽和气泡为止。

(3)脱过水的潲水油加入活性白土,于 110～120℃下搅拌 1h,然后用中速定性滤纸过滤。

(4)将上述精制过的潲水油、甲醇、甲苯磺酸,顺次加入 1L 四口烧瓶中,四口烧瓶上装有可调速的搅拌机,200℃水银温度计,通有冷却水的球形冷凝器,下置 1000W 可调温电炉,在回流温度下反应 7～9h,停止加热和搅拌,静置 2h。

(5)将上述反应物用分液漏斗分去下层重组分(主要是过量甲醇和甘油),上层较轻组分置于蒸馏瓶中,首先于常压下脱除大部分溶解在物料中的甲醇,再在抽真空条件下蒸馏残留甲醇,瓶中余留物便是可替代柴油的目的产品。

(6)分离出去的下层重组分主要是甘油和过量甲醇,通过常压蒸馏将甲醇和甘油分离。

【产品应用】　本品主要用作车用燃料。

【产品特性】　由于潲水油成分主要是三脂肪酸甘油酯,在催化剂和加热条件下与甲醇进行酯交换反应,得到脂肪酸甲酯。脂肪酸甲酯的相对分子质量、组成、凝固点、闪点、燃烧值与石油、柴油相当,可完全代替石油、柴油,故称之为生物柴油。解决了现有利用潲水油制备生物柴油的方法中得到的生物柴油相对分子质量大小悬殊,闪点、燃点不一致,在用于柴油机时,燃烧不充分的技术问题。另外,本品的生物柴油几乎完全用生物材料合成,产物无毒、无味,可生物降解,不会对环境造成负面影响。

第六章　饲料添加剂

实例1　产奶家畜饲料特种营养添加剂

【原料配比】

原　　料	配比（质量份）	
	1#	2#
母蛎	1	7
生石膏	0.1	2
葡萄糖酸锌	0.1	0.1
路路通	0.3	0.5
蛋白粉	加至100	加至100

【制备方法】
(1)将原料在常温下烘干,粉碎破壁,粒度为500～2500目。
(2)将药粉造粒。
(3)包装后射线灭菌。
(4)质检后入库。

【产品应用】　本品是一种可以使产奶家畜奶中含有金属硫蛋白的饲料特种营养添加剂。动物饲养方法为:
(1)要求条件为圈养已产奶动物。
(2)动物产奶期每日喂两次,早晚各一次。
(3)动物喂养时间为30天后动物奶中产生金属硫蛋白(MT)。

【产品特性】　加有本特种营养添加剂的饲料育成的产奶家畜,如牛羊等产奶动物,其所产奶中含有一定量的金属硫蛋白,开辟了获取金属硫蛋白的新途径,提高奶产品的营养价值和经济效益。

实例2 畜禽复合饲料添加剂

【原料配比】

原　　料	配比(质量份)
粗蛋白	60
硫黄	5.8
硼酸	0.6
呋喃唑酮	0.4
硫酸亚铁	6.8
硫酸镁	2.2
硫酸铜	2.3
硫酸锰	1
硫酸锌	4.5
碘化钾	1.2
氯化钴	1
赖氨酸	3.2
磷酸氢钙	6
碳酸钙	5

【制备方法】

(1)称取粗蛋白、硫黄、硼酸及呋喃唑酮,分别粉碎后过20目筛。

(2)称取硫酸亚铁、硫酸镁、硫酸铜、硫酸锰、硫酸锌、碘化钾、氯化钴,混合后粉碎过20目筛。

(3)称取赖氨酸、磷酸氢钙、碳酸钙,在与粉碎的物料(1)和(2)充分混合均匀后,计量包装即得成品。

【产品应用】 本品为动物饲料添加剂,适用于畜禽养殖。

【产品特性】 本品原料来源广泛,成本低廉,能对畜禽生长阶段在饲料中易缺乏的蛋白质、矿物质、微量元素进行必要的补充,集营养、抗病、促生长于一体;使用方便,可直接掺入饲料中喂服,提高饲料的利用率,具有较高的经济效益及使用价值。

实例3 畜禽生物饲料营养添加剂

【原料配比】

原料	配比（质量份）					
	1#	2#	3#	4#	5#	6#
赖氨酸发酵液	80	100	50	30	30	90
芽孢杆菌发酵产物	5	5	2	10	10	5
光合菌发酵产物	3	3	4	8	8	3
菜籽饼	—	—	—	10	10	—
豆粕	15	—	10	—	—	—
花生麸	—	10	—	—	—	10
酵母菌发酵产物	2	—	2	5	5	2
乳酸菌发酵产物	—	1	1	—	—	1
玉米粉	—	12	—	—	—	—
葡萄糖酸亚铁	—	—	0.5	—	0.8	0.8
硫酸铜	—	—	0.2	—	0.3	0.3
硫酸锌	—	—	0.9	—	0.9	0.9
大米粉	—	—	10	—	10	5
葡萄糖酸钙	—	—	—	—	—	2
硫酸锰	—	—	—	—	—	0.3
硫酸钠	—	—	—	—	—	0.2
麦麸粉	—	—	—	—	—	10
红薯粉	—	—	—	10	—	—

【制备方法】 将上述原料按配比混合均匀即可。

【产品应用】 本方法用于畜禽生物饲料营养添加剂及其生产。

【产品特性】 本方法包括赖氨酸菌种发酵产物和芽孢杆菌、光合菌等微生物,并添加有豆粕、植物淀粉以及微量元素,这种添加剂用生物发酵的氨基酸原液,维持比较完整的氨基酸模式,可使动物的生物学效价更高,还可以分解畜禽体内产生的氨态氮、亚硝酸、硫化氢等有害物质,减轻粪便的臭味,减少畜禽排泄物对环境的污染,同时本身还是优质的菌体高蛋白,并含有丰富的蛋氨酸,因此在改善动物免疫力上有独到之处,在提高蛋白质利用率、改善畜禽生长情况、增强畜禽免疫功能等方面比同类传统饲料更好。

实例4 畜禽用饲料添加剂

【原料配比】

原　　料	配比(质量份)
沸石	40～85
贝壳	10～40
磷酸氢钙	2.5～45
硫酸锌	加至100

【制备方法】 首先将沸石与贝壳粉碎,于80～1100℃温度下活化1.5～9h,然后将各粉末状原料混合即可。

【产品应用】 本品适用于猪、鸡等畜禽。本添加剂可拌入畜禽饲料中使用,使用温度不必严格限制,对于青饲料,一般添加量为1%～10%,对于混合饲料,添加量则视成分和喂养对象确定。以饲养猪为例,每100kg混合干饲料可加入500～8000g添加剂,加水后密闭发酵,即可喂食。对于鸡,则可直接将添加剂拌和于鸡饲料中。

【产品特性】 本品具有以下优点:

(1)工艺简单,生产成本低廉,原料来源广泛,适宜大规模推广使用。

(2)活化后的沸石粉及贝壳具有防止饲料添加剂或制得的相应饲料结块的作用。

(3)使用本品后,可使猪的出栏时间提前三个月以上;对于蛋鸡,可提高产蛋率10%以上,并且鸡蛋内所含营养成分及微量元素显著提高。由本品饲育的畜禽普遍毛色发亮,抗疾病能力显著增强。

实例5　畜用饲料添加剂

【原料配比】

原　　料	配比（质量份）	
	1#	2#
决明子	35	35
黄芪	30	30
首乌	20	20
白术	15	15
山药	25	25
神曲	30	30
陈皮	25	25
党参	15	15
辅料	70	适量
维生素C	—	20
异吡啶酸铬	—	0.05
L－肉碱	—	20
碳酸钙	—	20

【制备方法】　将各中草药混合或单独提取,经浓缩后得到浸膏。提取采用的可以是水、乙醇、甲醇,或水与乙醇或甲醇的混合物,最好是水或乙醇水溶液,乙醇的浓度范围可以是 0～85%,最好是 5%～75%。提取的温度范围可以是 50～100℃。提取可以为多次,最好为2～3 次。每次提取时间为 1～5h,最好是 2～3h。提取后,滤去药渣,滤液浓缩成浸膏备用。加入一定量的辅料或其他生理活性成分和异吡啶酸铬、碳酸钙等,经充分混合,干燥,粉碎,包装即得添加剂成品。

【注意事项】　其他生理活性成分包括维生素、矿物元素、氨基酸、L－肉碱等。选用的维生素可以是维生素 C、维生素 E、维生素 B_1、维生素 B_2、维生素 B_6、维生素 D、叶酸、维生素 P、生物素等;辅料可以是豆粕粉、玉米粉、麸皮等。

【产品应用】 可将本添加剂按 0.1% ~ 10% 的比例加入到全价饲料中,经充分混合后,即可饲用。饲喂时间可以从仔猪开始,直到出栏,最好从 40kg 开始到育成出栏。

【产品特性】 本品采用天然中草药为主要原料,配比科学,工艺简单;中草药不易引起抗药性及耐药性,一般也无蓄积或残留的药害,一些中草药具有良好的保生长作用,能够提高动物的免疫力;使用后能够促进家畜特别是猪的生长,增加瘦肉率,降低猪肉脂肪含量,改善猪肉品质。

实例6 纯中药饲料添加剂

【原料配比】

原　　料	配比(质量份)		
	1#	2#	3#
柴胡	6	8	4
杏仁	10	12	8
陈皮	16	24	12
杉叶	24	20	28
黄柏	8	10	6
车前草	8	10	6
胆草	8	10	12
蒲公英	10	12	6
黄芩	10	12	8
白头翁	12	6	18
松叶	26	32	20
甘草	6	2	4
艾叶	28	24	32
银花	12	8	16
茶碳	14	10	18

【制备方法】 将上述原料用粉碎机粉碎成粉末,再混合成成品。

【产品应用】 本饲料用于动物的饲喂。

【产品特性】 本饲料全部是中草药,具有不含任何激素、无生物毒性、增重效果明显的优点。

实例7 纯中药猪饲料添加剂

【原料配比】

原　　料	配比（质量份）		
	1#	2#	3#
黄芪	20	10	30
酸枣仁	20	30	10
贯众	15	10	20
刺五加	10	15	5
白芍	10	5	15
麦芽	10	15	5
神曲	10	5	15
陈皮	5	7	3

【制备方法】 将上述原料分别粉碎成粉状,然后混合均匀,即得到本纯中药猪用饲料添加剂。

【产品应用】 本饲料用于猪的饲养。使用方法为将饲料添加剂原粉以相当于饲料1%的量添加到饲料中。

【产品特性】 将本纯中药猪用饲料添加剂添加到饲料中让猪食用后,能显著提高饲料转化率和猪的生长速度,改善猪的免疫机能,预防疾病发生。本纯中药猪用饲料添加剂所需原料种类少,加工工艺简单,原料便于采购,产品便于使用,是一种环保绿色的饲料添加剂。

实例8 促进产奶并提高免疫力的饲料添加剂

【原料配比】

原　　料	配比(质量份)		
	1#	2#	3#
黄芪	15	10	20
枸杞	3	2	4
锁阳	3	2	4
大麦芽	25	20	30
王不留行	10	5	15
金银花	1	0.5	1.5
板蓝根	1	0.5	1.5
鱼腥草	1	0.5	1.5
蒲公英	1	0.5	1.5
甘草碴	40	30	50

【制备方法】 将上述原料组分按比例混匀,粉碎,过筛即得。优选过 2mm 筛,制得颗粒剂。

【产品应用】 本饲料用于母猪的饲养。将该饲料添加剂加入到饲料中喂养。喂养时优选将该饲料添加剂按 2%～6% 的比例加入到饲料中,最好按 4% 的比例加入到饲料中。

【产品特性】

(1)增加母猪产奶:母猪产的奶有极强的免疫功能,使子猪吃上初奶,是今后生长的关键保证,它可减少疾病,本品加入饲料中,母猪奶水增多,保证子猪吃奶。

(2)本饲料添加剂含有增强免疫功能、抗炎、补气、补虚、活血的天然植物,可整体调控猪的健康,使其快速生长。

(3)本品可为养殖者带来显著的经济效益,可使每窝猪纯收入增加 200 元以上。

(4)使用本饲料添加剂后,母猪奶水可增加 10% 以上。

（5）子猪从出生到进育肥舍,每头猪可增加 2.5kg 以上。

（6）可取代常规饲料中的抗生素,节约开支,降低副作用。

（7）可调理僵猪。僵猪就是小老猪,也就是光吃食不生长的小病猪,形成僵猪的原因很多,如果使用本饲料添加剂后,约 1 个月可调理过来。

（8）使用本饲料添加剂,还可防止母猪瘫痪。

实例9　蛋鸡绿色复合饲料添加剂

【原料配比】

原　料	配比（质量份）						
	1#	2#	3#	4#	5#	6#	7#
蒲公英	11.4	11	11	11	11	10	11.8
甘草	5.7	5.5	6	6	5	5	5.4
当归	5.7	6	7	6	5.5	6	6.2
益母草	11.4	7	11.5	10.5	16	10.5	11
黄芪	5.7	6.5	5.5	6.5	5.5	5.5	6
黄芩	5.6	5.8	5.8	5.5	5.5	5.5	6
元参	9.1	9	7	8.5	8.5	7	9
地丁	11.4	11.9	9.2	10.5	11	12.5	12
板蓝根	11.4	11.3	11	11.5	11	11.5	8.1
连翘	5.6	6	6	6.5	5.0	6.5	5.5
木通	5.6	7	7	5.5	5.5	7.5	6
泽兰叶	5.7	5	5	6	5	7	6
知母	5.7	8	8	6	5.5	5.5	7
螺旋藻	590	540.4	500	508.2	651.2	580.2	573
辣椒粉	51	53	60	60	50	50	57
牛磺酸	5	6.8	5.8	7	5	5	6
益生素	200	240	275	250	140	200	200

原　料	配比(质量份)						
	1#	2#	3#	4#	5#	6#	7#
糖萜素	40	50	39	50	30	50	40
大蒜素	4	4.8	4	4.8	3.8	4.8	4
苜蓿素	10	5	16.2	20	20	10	20
维生素 A	1.1	1.2	1	2	1	2	1.4
维生素 D_3	0.3	0.4	0.25	0.5	0.2	0.5	0.3
维生素 E	3	2.8	3.59	4.5	2.5	4.5	3
维生素 B_1	0.136	0.14	0.1	0.2	0.05	0.05	0.1
维生素 B_2	0.375	0.4	0.48	0.8	0.2	0.8	0.5
维生素 B_{12}	0.1	0.125	0.087	0.2	0.05	0.2	0.1
维生素 B_3	1.302	1.354	1.258	1.5	1.2	1.5	1.35
泛酸钙	0.581	0.614	0.5	0.7	0.4	0.7	0.5
纳米锌	5.13	5.68	5.25	6	5	6	5.2
纳米铜	1.61	1.75	2.25	2.5	1.5	2.5	2
纳米硒	0.06	0.058	0.078	0.08	0.05	0.08	0.06
硫酸亚铁	16.67	17.89	16	20	15	20	18
硫酸锰	11.72	12.74	14	15	10	10	12
碘酸钙	0.06	0.055	0.075	0.09	0.05	0.05	0.08
蛋氨酸	80	70	90	100	50	50	69
氯化胆碱	90	100	90	150	70	150	110
乙氧基喹啉	0.25	0.3	0.2	0.5	0.1	0.5	0.35
稻壳粉	242.856	243.227	252	220	260	250	236
沸石粉	544.75	541.267	522.882	475.43	582.7	500.62	540.06

【制备方法】　按所述质量份取蒲公英、甘草、当归、益母草、黄芪、黄芩、元参、地丁、板蓝根、连翘、木通、泽兰叶、知母进行清洗干净后晒干,将晒干后的中草药进行混合,将混合好的原料进行研磨与粉碎,然

后搅拌,混合均匀即得中草药混合物体;按所述质量份取维生素 A、维生素 D_3、维生素 E、维生素 B_1、维生素 B_2、维生素 B_{12}、维生素 B_3、泛酸钙、纳米锌、纳米铜、纳米硒、硫酸亚铁、硫酸锰、碘酸钙、螺旋藻、辣椒粉、牛磺酸、益生素、糖萜素、大蒜素、苜蓿素、蛋氨酸、氯化胆碱、乙氧基喹啉、稻壳粉和沸石粉,再将所述的中草药混合物加入混合,过 60目筛即得本产品。

　　【产品应用】　本品用于蛋鸡的饲养。

　　【产品特性】　本饲料添加剂具有天然无毒副作用、无残留、无抗药性、提高蛋鸡产蛋率和产蛋质量的作用,同时还具有增强机体的免疫机能和增强机体的抗应激能力的功能。

实例10　蛋鸡双低菜籽粕复合饲料添加剂(1)

【原料配比】

原　　料	配比(质量份)			
	1#	2#	3#	4#
蛋鸡复合维生素	3.00	3.80	2.2	3.20
五水硫酸铜(含量为98%)	0.20	0.18	0.28	0.20
一水硫酸亚铁(含量为98%)	1.52	1.42	2.5	1.20
一水硫酸锌(含量为98%)	1.71	1.58	2.5	1.30
一水硫酸锰(含量为98%)	3.14	2.93	2.30	4.2
碘化钾(含碘量为1%)	1.20	1.50	1.23	0.8
亚硒酸钠(含硒量为1%)	0.33	0.40	0.32	0.20
赖氨酸盐酸盐(含量为98.5%)	12.0	8.0	15.0	13.0
蛋氨酸(含量为99%)	12.0	13.0	10.0	16.0
非淀粉多糖酶	10.0	12.0	8.0	12.0
微生物制剂	10.0	8.0	12.0	8.0
乙氧喹(含量为33%)	2.0	1.8	1.6	2.2
诱食剂	2.6	2.0	3.1	3.5
砻糠粉	40.3	43.4	38.97	34.2

【制备方法】 将上述原料充分搅拌均匀后即可。

【注意事项】 所述的微生物制剂由植物乳杆菌、乳链球菌、干酪乳杆菌、啤酒酵母菌、沼泽红假单胞菌、枯草芽孢杆菌组成;所述的诱食剂包括三种物质,即丁酸、三甲胺以及精鱿鱼的提取物。

【产品应用】 本饲料用于蛋鸡的饲养。

【产品特性】 在蛋鸡饲料中应用本产品,双低菜籽粕的用量可达到10%~13%,蛋鸡的采食量、产蛋率、饲料报酬达到豆粕日粮的相同水平,鸡蛋中无鱼腥味,且蛋中胆固醇含量下降10%,应用后经济效益明显,充分扩大了饲料蛋白质饲料的资源。

实例11 蛋鸡双低菜籽粕复合饲料添加剂(2)

【原料配比】

原　料	配比(质量份)			
	1#	2#	3#	4#
维生素A(含量为$5×10^5$IU/g)	0.30	0.208	0.19	0.28
维生素D_3(含量为$5×10^5$IU/g)	0.05	0.036	0.02	0.045
维生素E(含量为50%)	0.035	0.026	0.025	0.15
维生素K_3(含量为65%)	0.04	0.06	0.03	0.4
维生素B_1(含量为98%)	0.03	0.013	0.01	0.018
维生素B_2(含量为80%)	0.06	0.05	0.04	0.03
维生素B_6(含量为98%)	0.3	0.133	0.12	0.1
维生素B_{12}(含量为1%)	0.03	0.012	0.01	0.01
生物素H(含量为2%)	0.025	0.013	0.015	0.01
叶酸(含量为98%)	0.003	0.005	0.002	0.002
维生素B_3(含量为99%)	0.03	0.158	0.20	0.1
泛酸钙(含量为98%)	0.05	0.085	0.065	0.1

原　料	配比（质量份）			
	1#	2#	3#	4#
五水硫酸铜（含量为98%）	10	8.0	2.08	2.0
一水硫酸亚铁（含量为98%）	7	5.0	3.52	3
一水硫酸锌（含量为98%）	4.2	3.44	2.8	2.98
一水硫酸锰（含量为98%）	2.0	2.0	1.44	1.0
碘化钾（含碘量为1%）	7.2	2.6	4.2	4.8
亚硒酸钠（含硒量为1%）	0.35	0.32	0.28	0.4
赖氨酸盐酸盐（含量为98.5%）	25.0	16.0	24.0	18
非淀粉多糖酶	12	5.2	10.0	4.2
微生物制剂	12	10.0	10.0	8
乙氧喹（含量为33%）	2.5	2.0	2.0	2.0
诱食剂	4	4	3.2	2.4
砻糠粉	13.397	42.013	35.753	49.975

　　【制备方法】　将上述原料充分搅拌均匀后即可。
　　【注意事项】　所述的微生物制剂由植物乳杆菌、乳链球菌、干酪乳杆菌、啤酒酵母菌、沼泽红假单胞菌、枯草芽孢杆菌组成；所述的诱食剂由甜味剂和香味剂组成，甜味剂包括天门冬酰苯丙氨酸甲酯和新橘皮苷二氢查耳酮；香味剂包括丁二酮、十八醛、乳酸乙酯、香兰素和天然奶油香基。
　　【产品应用】　本饲料用于猪的饲养。
　　【产品特性】　在猪饲料中应用本产品，双低菜籽粕的用量可达到10%～13%，猪的采食量、日增重和日粮养分消化率达到豆粕日粮的相同水平，而经济效益却提高14%，充分扩大了蛋白质饲料的资源。

实例12　蛋鸡中草药饲料添加剂

【原料配比】

原　　料	配比(质量份)	
	1#	2#
当归	0.2	0.2
黄芪	0.2	0.2
玄参	0.3	0.3
蒲公英	0.3	0.3
地丁	0.3	0.3
板蓝根	0.3	0.3
益母草	0.3	0.3
黄芩	0.1	0.1
知母	0.1	0.1
连翘	0.1	0.1
木通	0.1	0.1
泽兰叶	0.1	0.1
苦参	0.2	0.2
白头翁	0.2	0.2
甘草	0.2	0.2
芒硝	15	45
金银花	2	4
穿心莲	2	2
阳起石	2	2
淫羊藿	2	2
艾叶	12	30
荆芥	0.2	—
薄荷	0.2	—
乌梅	—	0.2
石榴皮	—	0.2

【制备方法】　将上述配方的中草药晒干、称重、粉碎后过 40 ~ 60 目筛,然后混合均匀即得本蛋鸡中草药饲料添加剂。

【产品应用】　本饲料用于蛋鸡的饲养。本蛋鸡中草药饲料添加剂用法是:按 1% 剂量本品添加到蛋鸡基础饲料内,在整个产蛋期不间断使用,直至鸡群淘汰。

【产品特性】　本饲料具有增加蛋重、加深蛋黄颜色,减少鸡病发生、提高鸡蛋品质的作用。

实例 13　蛋禽饲料添加剂

【原料配比】

原　　料	配比(质量份)	
	1#	2#
大豆蛋白活性肽粉	2.5	3
沙葱粉	2	1.5
向日葵籽粉	0.3	0.5
亚麻籽粉	0.2	0.5
大麻籽粉	0.2	0.3
兔脑粉	1	0.5
苏籽粉	1	0.5
黑芝麻粉	0.5	0.5
马齿苋粉	1	0.7
红糖	0.5	0.5
鸡内金粉	0.3	0.5
陈皮粉	0.2	0.5
黄瓜籽粉	0.3	0.5

【制备方法】　将上述的原料按配比搅拌均匀即可。

【注意事项】　所述的饲料添加剂与基础饲料的配比为:1 : (10 ~ 20)。

【产品应用】 本品用于蛋鸡的喂养。使用方法为:饲喂产蛋的蛋鸡 15 天后,开始取蛋。

【产品特性】 本品不仅有效成分高,功能组分丰富,而且所用原料全部都是广泛生长、栽培容易、可食用、饲用或药用的天然植物,无毒性,极易获得,适合高营养和保健功能禽蛋的开发应用。

实例14 鹅饲料添加剂

【原料配比】

原　　料	配比(质量份)		
	1#	2#	3#
芦荟干粉	27	22	32
仙人掌干粉	43	48	38
螺旋藻干粉	11	6	16
大蒜干粉	7	8	5
蜂蜜	7	5	8
益生菌制剂	6	8	4

【制备方法】 将上述物料按配比要求称取后再放入搅拌器中进行充分搅拌混合即制得本产品。

【注意事项】 所述的仙人掌干粉是采摘具有三年期以上的墨西哥米邦塔食用仙人掌叶片,经清洗、烘干、粉碎而制成。所述的芦荟干粉是采摘三年期以上的芦荟叶片,经清洗、烘干、粉碎而制成。所述益生菌选取双歧杆菌、枯草芽苞杆菌、沼泽红假单胞菌、嗜酸乳杆菌、啤酒酵母菌中的一种或两种以上的复合菌,上述益生菌液用麦麸吸附并固着在麦麸上成为益生菌制剂。

【产品应用】 本品用于鹅的饲养。给鹅喂食时本饲料添加剂的加入量为鹅饲料总量的 0.1%~0.8%。

【产品特性】

(1)本添加剂富含多种营养成分,能促进鹅的食欲使鹅喜食,食后生长速度快,产蛋多。

（2）本添加剂较大地降低了养鹅饲料的成本。

（3）本添加剂极大地提高了鹅的免疫功能，增强了鹅的防病、治病、抗病毒能力，使养鹅过程基本上不需再使用抗生素类药物，因而也无化学药物残留，因此所产鹅肉、鹅蛋为绿色无污染环保型食品。

（4）这些食品经人类食用后，对人体有增强体质和提高免疫功能的作用。

实例15 断奶仔猪中药复方超微粉饲料添加剂

【原料配比】

原　　料	配比（质量份）							
	1#	2#	3#	4#	5#	6#	7#	8#
黄芪	20	25	28	30	24	25	22	23
刺五加	30	20	27	20	26	25	28	24
山楂	20	25	15	18	22	20	16	19
党参	12	9	8	10	5	10	14	15
丹参	13	6	10	15	5	10	12	10
壳寡糖	5	15	12	7	14	10	8	9

【制备方法】

（1）将黄芪、刺五加、党参、山楂和丹参分别切段（长度为3～5cm）。

（2）将切段后的黄芪、刺五加、党参、山楂和丹参分别粉碎（粒径为145～155目）。

（3）按比例取黄芪、刺五加、党参、山楂、丹参和壳寡糖粉剂混合均匀，得到混合物。

（4）进一步将上述混合物作超微粉碎处理，使平均粒径为30μm，便得到饲料添加剂，分装后密封保存。

【产品应用】 本品用于断奶仔猪的饲养。

【产品特性】 本品配方合理、有效成分释放完全、添加量小、起效迅速、效果显著、无毒副作用，方法易于实施，可适用于大规模生产。

实例16 多功能饲料复合添加剂

【原料配比】

原　　料	配比(质量份)
硫酸铜	150
硫酸亚铁	80
硫酸锰	40
硫酸锌	80
硫酸镁	70
亚硒酸钠	1
亚硫酸钠	1
氯化钴	4
硼酸	15
赖氨酸	200
蛋氨酸	70
碘化钾	25
维生素 E	15
维生素 B_6	10
维生素 B_{12}	10
土霉素	20
痢特灵	30
氯化胆碱	60
蛎壳粉	300
蒸骨粉	300

【制备方法】 将各组分粉碎至60~120目,混合均匀即为产品。

【产品应用】 本品特别适用于牛、羊、猪的饲养。

【产品特性】 本品配比科学合理,工艺简单,使用方便,效果理想,能够满足家畜机体生长所需的各种营养,用后可使牛、羊、猪增重率提高42%,乳牛产奶率提高25%,受胎率提高30%,发病率减少20%~80%,饲料利用率提高20%左右,饲养成本降低,经济效益提高,极具推广应用前景。

实例17 猪生长育肥阶段饲料添加剂

【原料配比】

原　　料	配比(质量份)	
	1#	2#
维生素 B_2	1.8	1.8
维生素 B_{12}	0.0066	0.0066
烟酸	6.60	6.60
泛酸钙	5.30	5.30
叶酸	0.20	0.20
次粉	86.0934	86.0934

【制备方法】 将上述原料按配比混合均匀即可。

【产品应用】 本品特别适于体重为30~100kg生长育肥阶段的猪。用量为每100kg日粮添加34~45g,用量优选为每100kg日粮中添加45g。

【产品特性】 所述的猪生长育肥阶段复合B族维生素饲料添加剂,能提高生长育肥阶段猪的日增重率和饲料转化率,对猪的屠宰率、胴体瘦肉率、后腿比例、眼肌面积、肉中大理石纹、失水率、肌内脂肪也有较显著的改善作用。

实例18　猪饲料添加剂

【原料配比】

原　　料	配比（质量份）
硫酸铜	18
硫酸锌	7
硫酸钴	0.75
硫酸锰	12
亚硒酸钠	0.25
碳酸氢钠	15
土霉素	25
酵母片	22

【制备方法】　将原料按上述配比混合研磨成粉末状，装袋备用。

【产品应用】　本方法用于猪饲料添加剂。

待生猪长至 25～50kg 时，在含 60% 玉米粉（或麦麸）加 40% 的酒糟的精饲料中每餐加入上述添加剂 100g，加水调和成糊状，等 5h 后给猪食用，连续饲养 30～40 天，生猪便可出栏，体重达 180～200 斤，比不使用本品生长周期提前 30～40 天。本品通过喂养观察，生猪特别爱吃经发酵成高糖成分的甜味饲料，而且食后 1.5h 后深睡不醒，至下顿喂食前 30min 才起身活动，放入该添加剂的饲料由于充分糖化易被猪的肠胃吸收，替代了青饲料，对喂养达同样体重的生猪来说，大大减少了饲料的消耗量，提高了经济效益。但需要说明的是，本品勿与铁器工具接触，以免发生化学反应，造成不良后果。

【产品特性】　本方法提出的猪饲料添加剂，可达到增重效果好、成本低以及使用方法简便的目的。

实例19　猪饲料中草药添加剂

【原料配比】

原　　料	配比（质量份）							
	1#	2#	3#	4#	5#	6#	7#	8#
黄芪	15	20	15	20	15	20	15	20
板蓝根	20	15	—	—	15	20	—	—
神曲	5	10	—	—	5	10	—	—
山楂	10	5	—	—	10	5	—	—
麦芽	5	10	—	—	10	5	—	—
陈皮	10	5	—	—	10	5	—	—
柏子仁	3	5	5	3	3	5	5	3
远志	5	3	3	5	3	5	3	5
当归	15	20	—	—	15	20	—	—
淫羊藿	20	15	—	—	20	15	—	—
苍术	5	10	5	10	10	5	5	10
甘草	10	7	10	7	10	7	10	7
党参	—	—	20	15	—	—	20	15
双花	—	—	5	10	—	—	5	10
连翘	—	—	10	5	—	—	5	10
黄芩	—	—	5	10	—	—	10	5
白头翁	—	—	10	5	—	—	10	5
蒲公英	—	—	5	10	—	—	5	10
栀子	—	—	5	2	—	—	5	2
厚朴	—	—	10	5	—	—	5	10
马齿苋	—	—	5	10	—	—	10	5
枣仁	—	—	—	—	2	3	3	5

【制备方法】　取黄芪、板蓝根、神曲、山楂、麦芽、陈皮、柏子仁、远

志、当归、淫羊藿、苍术、甘草、党参、双花、连翘、黄芩、白头翁、蒲公英、栀子、厚朴、马齿苋、枣仁,将它们置于日光下晾晒,当水分含量为 12% 时,用粉碎机将它们的混合物粉碎,再将粉碎后的混合物过 80 目筛,将筛上物再粉碎过筛,得到的筛下物即为本品产品。

【产品应用】 本方法用于猪用饲料的中草药添加剂。

【产品特性】

(1)增强了猪的免疫力,减少猪在生长过程中得传染性疾病的风险。

(2)加快猪的生长速度,日增重提高 17.2%。饲料消耗少,消耗降低了 13.3%。

(3)猪肉内无有害残留物。人们食用安全无副作用。

实例 20　猪用抗热应激饲料添加剂

【原料配比】

原　　料	配比(质量份)
维生素 C	50
氯化钾	10
杆菌肽锌(含量为 10%)	100
柠檬酸	5
甘草素	8
丁酸钠	20
脱脂米糠	607
葡萄糖	200

【制备方法】 将上述成分充分混合均匀,密封袋包装即可。

【产品应用】 本饲料添加剂用于猪的饲养。使用时,将猪用抗热应激饲料添加剂加入猪的饮水或饲料中,每 25 ~ 50kg 饮水加入本添加剂 150g,每吨饲料加入本添加剂 2 ~ 3kg。

【产品特性】 本品的优点是:提高猪抗热应激及贩运、转栏等各种应激反应的能力;提高猪机体免疫机能,促进患畜快速康复,改善猪睡眠,解决畜群闹栏躁动,皮粗毛乱,咬尾,啃食异物等症状,促进正常生长,并对牲畜的各种细菌性呼吸道、肠胃道疾病有显著疗效。

实例21　猪用饲料添加剂(1)

【原料配比】

原　　料	配比(质量份)		
	1#	2#	3#
硫酸亚铁	330	340	350
硫酸锌	190	200	210
硫酸镁	200	205	210
口服葡萄糖	170	175	180
干酵母	50	55	60
喹乙醇	25	28	30
蛋氨酸	25	28	30
碳酸钙	20	24	26
磷酸铵	24	25	26
硫酸锰	20	24	26
氯化钾	20	25	27
硫黄	9	10	11
硫酸钠	14	15	16
硫酸铜	403	346	298

【制备方法】　将以上各组分混合均匀,经粉碎后倒入搅拌机,搅拌均匀,装袋、封口即为成品。

【产品应用】　本品为猪饲料添加剂。不分猪品种,年龄大小均可使用,每袋为150g,可配制50kg饲料,25kg以下小猪加1.5袋。

【产品特性】　本品原料易得,配比科学,工艺简单,易于推广应用;本品加入猪饲料中,经喂养可使猪催肥快,有治病防病功效,增进食欲,猪食用后,皮毛光亮、爱睡觉、不拱圈,增重快,成本低,并且不含激素和抗生素，无任何副作用，不会给猪造成抗药性，安全可靠。

实例22　猪用饲料添加剂（2）

【原料配比】

原　　料	配比（质量份）	
	1#	2#
硫酸亚铁	400	12.8
硫酸锌	200	6.4
硫酸镁	—	4
氯化钴	1.3	1.6
硫酸铜	15	6.8
硫酸锰	12.7	6.8
碘化钾	0.52	1.8
亚硒酸钠	0.2	—
磷酸氢钙	—	360
赖氨酸	2	2
L-亮氨酸	1	1
L-异氨酸	0.6	—
L-异亮氨酸	—	0.6
L-缬氨酸	0.6	0.3
氯霉素	—	6.5
喹乙醇	0.2	—
阿普唑仑	0.04	0.04
动物增长素	12	12
淀粉	4647	4789.4
碳酸钙	4647	4788

【制备方法】　本品中加入了从以高粱、红薯为原料经发酵而生产酒及醋的发酵残渣物（包括溶液）及土霉素、四环素制造发酵用的培养

基物中经处理而提取的动物增长素,该动物增长素的提取方法为:

(1)将上述残渣以及发酵液以 1 : 15 的比例与水混合,经回流蒸发、浓缩后过滤。

(2)滤液(1)用稀盐酸酸化,然后加热,析出少量沉淀物,过滤。

(3)滤液(2)用碱中和使滤液呈碱性,析出少量沉淀物,过滤。

(4)向滤液(3)中加入 1% 的活性炭,煮沸 30min,过滤除去废炭,溶液浓缩、结晶、干燥,得到动物增长素。

【产品应用】 本品为猪饲料添加剂。1# 为仔猪用添加剂,2# 为大猪用添加剂。

【产品特性】 本品原料配比科学,能够促进猪体消化吸收,使猪吃饱后安静嗜睡,猪的增长速度快,可缩短饲养周期约 1.5 ~ 2 个月,同时,还表现有明显的抗菌作用,可治疗白肌病,对白痢、便秘、发育不良、营养缺乏症有明显防治效果,并可防治僵猪。使用本品可降低每公斤肉的耗饲料量,可降低成本、提高利润。

实例23 猪用饲料添加剂(3)

【原料配比】

原　　料	配比(质量份)
钩吻根饮片	198
制首乌	200
炒白术	80
陈皮	40
生甘草	20
蔷薇根	60
钩吻总碱	2
松针粉	400

【制备方法】

(1)钩吻饮片的加工炮制:

①净选加工:将原药材钩吻根经过鉴定、筛选后除去混杂的泥沙、

杂物、霉败品及残留的非药用部位,使药材洁净后备用。

②切制饮片:将上述药材喷洒少量清水,使水分慢慢渗入药材组织内部,使其软化后切片,片厚为 1~1.5mm,晒干或烘干,筛去灰屑。

(2)钩吻总碱的提取:

①采用渗滤法提取:将钩吻根饮片粉碎,粒径为 40 目,按配比称取上述一定量钩吻根粉,加入适量浓度为 1% 的 H_2SO_4 水溶液湿润,放置 3~4h,使粉末充分膨胀,在渗漉筒底放置粗砂袋或玻璃小珠的滤袋,防止钩吻浸出液的大量黏液质在渗滤过程中产生阻塞现象,按照渗滤法的要求,将润湿的粉末均匀装入渗漉筒内,用浓度为 0.1% 的 H_2SO_4 水溶液为溶剂,预浸 24h,慢速渗滤,渗出的液体的 pH 值以 4~5 为宜,不可过低,否则应降低溶剂中酸的浓度。直至渗滤液对碘化汞钾试剂(Mayer 试剂)呈阴性反应为止。在渗漉筒上端与大的溶剂并向连接,以减少加溶剂的次数,并利用位差,增大液压加快渗滤速度,渗漉筒下端可直接与离子交换柱密封连接(1kg 生药需 400g H 型强酸阳离子交换树脂),这样只要调节树脂柱的流速,即可自动按渗滤速度与之同步。在树脂柱上,固定一个顶端有小孔的 Y 形玻璃管,其顶端略高于树脂床,然后一端与树脂柱出口相连接,这样就可以使树脂床上端常保持一定高度的液柱,并可防止密闭的弯管产生虹吸作用将柱内液体抽干。离子交换完毕后,用蒸馏水和稀乙醇洗涤树脂柱,除去水和乙醇可溶性杂质,用浓度为 4% 的 HCl 洗脱液蒸发浓缩,加生石灰、石英砂搅拌,于 50~60℃ 干燥,粉碎,过 60 目筛,加苯回流 2h,其萃取液蒸发回收苯,即得粗碱,另将残留物用氯仿或丙酮溶解,再蒸发去有机溶剂即得钩吻总碱。

②粉碎过筛:按规定量分别准确称取钩吻根饮片、制首乌、炒白术、陈皮、生甘草、蔷薇根置于粉碎机中粉碎,其粒度以通过 60~80 目筛,越细越好,粉碎后备用。

③混合:准确称取钩吻总碱,按等量递加法与松针粉混合,再与步骤 3 粉碎过的药粉共置于混合机中,搅拌 5~10min。

④制粒:取适量淀粉做成淀粉浆,冷却后倒入混合机中,搅拌成软材,干湿度以握能成团,松手能散开为度,并迅速取出置摇摆机中制粒。

⑤干燥:湿粒制成后,应迅速干燥,放置过久湿粒易结块或变形,颗粒干燥时的温度对于药品质量稳定性有十分密切的关系,一般应控制在 50～60℃之间,开动鼓风机调节烘箱上下之间的温度差,并尽可能将颗粒中的水分降到最低点,干度以用手握紧颗粒不应黏结成块,松手后手掌上不应有细粉黏附,或将干粒置于食指和拇指之间,捻搓时应粉碎无潮湿感。

【注意事项】 1g 钩吻总碱相当于钩吻生药 187g。

【产品应用】 本品适用于仔猪(含哺乳仔猪)和育肥猪。

【产品特性】 本品具有以下优点:

(1)选用的主药为中草药马钱科植物胡蔓藤,又称钩吻,俗名猪人参,资源丰富,具有较好的经济性和实用性。

(2)应用本品后增重快,仔猪全程饲养,在一定的营养条件下,如用本添加剂,平均日增重可达 0.75kg,最高达 1kg 以上,与不使用本品相比,可提前 1.5～2 个月出栏。

(3)本品可明显提高饲料转化率,同时具有健胃、驱虫、镇静作用,使用极为方便;适口性好,气味芳香,味酸甜,猪食用后贪吃喜睡,膘肥体壮。

实例 24 猪用中草药多功能饲料添加剂

【原料配比】

原　　料	配比(质量份)		
	1#	2#	3#
杜仲叶	30	40	40
女贞子	35	30	30
黄芪	5	5	10
山楂	15	15	10
薏仁	15	10	10

【制备方法】

(1)称重配料,按上述质量比例称取各原料。

(2)粉碎混合,将称取的中草药饮片粉碎成粗粉并混合均匀。

(3)醇浸提取,将混合均匀的中草药粗粉装入中草药多功能提取罐中,加入中草药粗粉质量 5 倍的 70%的乙醇浸泡 2h,再通过蒸汽加热回流提取 2h,温度控制在 50~80℃之间,然后,过滤得到的乙醇提取液,储存备用。

(4)水浸提取,将前工序过滤后的药渣装入中草药多功能提取罐中,加入中草药粗粉质量 5~8 倍的自来水,通入蒸汽加热,温度控制在 75~80℃之间,提取时间 1h,然后,过滤得到水提取液;过滤后的药渣,再按原方法重复提取一次后,弃药渣。

(5)浓缩乙醇提取液,将乙醇提取液静置沉淀后,取上清液装入中草药多功能提取罐中,通入蒸汽加热回收乙醇,温度控制在 80~85℃之间,然后,用滤布过滤得到浓缩的乙醇提取液;浓缩的乙醇提取液中含有黄酮、皂苷类的有效成分。

(6)浓缩水提取液,将各次得到的水提取液合并,装入中草药多功能提取罐中,通入蒸汽加热,温度控制在 70~80℃之间,使水提取液浓缩至原药质量的 1~2 倍,然后停止加热,当温度降至 50~60℃时,在浓缩液里按 10%~15%的比例加入含 1%的壳聚糖溶液,搅拌均匀后静置 24h,去除沉淀,得到浓缩的水提取液,储存备用;浓缩的水提取液中含有多糖类的有效成分。

(7)混合浓缩的乙醇提取液和水提取液,得到混合提取液。

(8)喷雾干燥,在混合提取液中加入浓缩液质量的 5%~15%的糊精,加热搅拌溶解,进行喷雾干燥,喷雾干燥器的进口温度控制在 180~185℃,出口温度控制在 70~80℃。喷雾干燥后,将回收的干燥药粉密封包装,即为本添加剂。

【产品应用】 本饲料添加剂用于猪的饲养。

【产品特性】 本猪用中草药多功能新型饲料添加剂,它是提取中草药有效成分制成的精品,质量稳定,能提高生产效率,增强生猪免疫力和抗应激能力,具有防疫保健和改善肉质的作用,且使用安全,有利于环境保护,适合现代工业化生产。

第七章 脱漆剂

实例1 低毒脱漆剂

【原料配比】

原　料	配比（体积份）
重铬酸钾	15（质量）
硫酸（浓度为98%）	500
N,N–二甲基甲酰胺	515
二氯甲烷	500

备注：重铬酸钾:浓硫酸 = 1:61；N,N–二甲基甲酰胺:二氯甲烷:（重铬酸钾 + 浓硫酸）= 34:33:33。

【制备方法】

（1）在常压、温度为 0～40℃ 的条件下，先将重铬酸钾或重铬酸钠溶于少量水中，然后加入浓度为 98% 的硫酸进行搅拌混合。

（2）在常压、温度为 0～40℃ 的条件下，将混合液（1）缓缓加入到 N,N–二甲基甲酰胺与二氯甲烷或三氯甲烷的混合液中，进行搅拌，使其混合均匀，即得脱漆剂原液。

【产品应用】 本品不仅适用于酚醛调合漆类涂料，也适用于电冰箱、冰柜、洗衣机、电风扇等外壳树脂类涂层。

使用时，将脱漆剂原液加水稀释 1～3 倍，可将被处理的器件浸泡在脱漆剂中，在 10～30min 内，可完全将旧漆脱掉。

【产品特性】 本品原料易得，所需设备少，工艺简单，成本较低，毒性小，使用安全；本品能使因某点机械损伤或喷涂不佳的零件完全彻底脱漆，作用面全部露出崭新的电镀层或金属层，可重新喷涂为合格品，减少了废品，提高了经济效益。

实例2　低挥发低毒脱漆剂

【原料配比】

原　　料	配比（质量份）		
	1#	2#	3#
N - 甲基吡咯烷酮	30	39	50
碳酸二乙酯	20	32	33
水	50	25	16
增稠剂	—	4	—
十二烷基苯磺酸钠	—	—	1

【制备方法】　在室温下,将 N - 甲基砒咯烷酮、碳酸二乙酯、水按比例放入容器中,混合均匀,再将其他添加剂加入到上述主要组分混合物中充分搅拌均匀。

【注意事项】　所述增稠剂可用羟甲基纤维素、甲基纤维素、聚乙烯醇、乙基纤维素等。

【产品应用】　本品主要应用于普通油漆、环氧类和聚氨酯类油漆或喷塑膜的脱除。

【产品特性】　本品是在常温下脱漆速度快、不含氯化烃溶剂、挥发性小、低毒性的脱漆剂。

实例3　低挥发性脱漆剂

【原料配比】

原　　料	配比（质量份）				
	1#	2#	3#	4#	5#
苯甲醇	30	—	35	—	35
甲醇	—	—	—	—	10
苯乙醇	—	70	—	40	—
羟乙基丙基纤维素	0.5	—	—	5	—
乙基纤维素	—	1	—	—	2

续表

原　　料	配比（质量份）				
	1#	2#	3#	4#	5#
甲基纤维素	—	—	1.5	—	—
聚氧乙烯烷基胺	—	—	—	5	—
聚氧乙烯烷基醇酰胺	—	—	—	—	2
醋酸	—	6	—	7	—
阴蚀剂	—	2	5	3	4
脂肪醇聚氧乙烯醚	4.5	—	—	—	—
脂肪酸聚氧乙烯酯	—	—	1.5	—	—
甲酸	5	—	15	—	9
水	60	20	42	40	38

【制备方法】 将各组分混合均匀即可。

【产品应用】 本品主要应用于脱除木材、石料或各种金属设备所涂的油漆或漆料。

【产品特性】 本脱漆剂是以挥发性和毒性较小的芳香醇为主要成分,通过添加成分对漆膜的协同作用,不仅可以有效脱除漆膜,而且可以改善施工场所的施工环境,由于本品中没有添加防挥发的石蜡成分,也有利于脱除漆膜工件的重新涂装。

实例4 高效脱漆剂(1)

【原料配比】

原　　料	配比（质量份）		
	1#	2#	3#
混合氯代烃	78	66	30
石蜡煤油溶液	3.5	6	6
酚类	3.5	5	—
增稠剂	—	2	—

原　料	配比(质量份)		
	1#	2#	3#
醚类	—	5	10
表面活性剂	—	2	2
去离子水	—	10	—
有机酸	5	4	6
醇类	7	—	10
无机酸	3	—	—

【制备方法】

(1)按 1# 质量比取各成分投入反应釜中,于 40℃保温 1h,冷却至 30℃以下即成为浸泡型高效脱漆剂。经试验,在 25~30℃浸泡 5min,可以脱除洗车部件底漆;浸泡 10min,可以脱除汽车部件面漆;而仅需浸泡 1min,即能脱除木材家具漆。

(2)按 1# 的制备方法,2# 即可制成刷涂高效脱漆剂,经试验,于室温下将本产品刷涂于钢板上,15min 即可脱除聚氨酯面漆,脱漆率达 95%。

(3)按 1# 的制备方法,3# 即可制成浸泡型高效脱漆剂,经试验,在室温浸泡木材或金属器件,可在 10~30min 脱除漆膜,脱漆率达 95%。

【注意事项】　所述混合氯代烃可以是二氯甲烷、三氯甲烷、二氯乙烷、四氯化碳、六氯乙烷以及氯乙烯,并且应选用其中两种或两种以上混合而成。为了提高脱漆效率,混合氯代烃质量分数以 60%~80%为佳。所述酸类可以是甲酸、醋酸或草酸的有机酸,也可以是硝酸或硫酸的强氧性无机酸。所述醇类可以是乙醇、丁醇、乙二醇或丙二醇。所述醚类可以是乙二醇醚(如乙醚或丁醚),也可以是丙二醇醚。所述酚类可以是苯酚、甲酚或苯二酚。所述增稠剂可以是乙基纤维素或废塑料(如聚氯乙烯、有机玻璃、聚苯乙烯)。所述的表面活性剂可以是平平加 O 或烷基磺酸钠。

【产品应用】　本品主要应用于脱除金属或木材表面的油漆。

【产品特性】 本品脱漆速度快,1～15min 即可将漆膜脱除;效率高,脱漆率达90%～100%;适用范围广,本品可以有效地脱除各种烘漆、自干漆以及喷塑材料;对底材无腐蚀,无论是家具木材或家电金属面层均不受腐蚀;阻燃性能好,遇明火也不燃烧。因此本品是一种安全可靠的高效脱漆剂。

实例5 高效脱漆剂(2)

【原料配比】

原 料	配比(质量份)
二氯甲烷	55～75
苯酚	12～16
甲酸	4～8
甲醇	4～8
羧甲基纤维素	1～1.5
石蜡	1～3
溶纤剂 NT－1	1～3
发泡剂 PN	1～3
润湿剂	1～3

【制备方法】

(1)A 组分:将羧甲基纤维素、溶纤剂 NT－1、二氯甲烷(加入15%)、润湿剂、甲酸、甲醇、发泡剂 PN(保温 30℃)、苯酚,恒温搅拌 20min。

(2)B 组分:石蜡(85～95℃),降温至 70～80℃,加入余量的二氯甲烷,然后立即将 B 组分倒入 A 组分中,搅拌 5min,即得本品。

【产品应用】 本品主要应用于飞机、轮船、汽车,各种电器的维修及工业残、次品的重新加工。

【产品特性】

(1)脱漆速度快:对漆膜厚度为 50μm 的热喷涂塑粉涂料,脱漆时间只需 1～2min,对于厚度为 120μm 的,也只需 3～5min,对于其他油漆的脱除时间通常在 $2 \sim 3\min$。

(2)脱漆效率高:每千克可脱除 $2.5 \sim 3m^2$ 涂膜且干净,不留残渣。

(3)适用范围广:适用于对市场上常见的各种油漆。

(4)不腐蚀基体:本品对基体不腐蚀,脱漆后用水冲洗,晾干后即可再进行喷涂或刷涂。

(5)挥发率低:挥发率低于 $0.2g/m^2 \cdot h$。

实例6　环保型水性脱漆剂

【原料配比】

原　料		配比(质量份)						
		1#	2#	3#	4#	5#	6#	7#
A组分	碳酸丙烯酯	30	30	35	30	35	35	35
	碳酸二甲酯	12	15	12	15	15	15	15
	N-甲基吡咯烷酮	15	15	12	12	12	10	12
	乙二醇单丁醚	5	5	5	6	6	—	6
	乙烯乙二醇丁基醚	—	—	—	—	—	8	—
	丙酮	5	5	5	6	6	6	6
B组分	辛烷基酚聚氧乙烯醚	0.35	0.35	0.35	—	0.35	—	0.2
	聚山梨酯-80	—	—	—	0.4	—	—	—
	聚乙二醇辛基苯基醚	—	—	—	—	—	0.5	0.2
	十二烷基苯磺酸钠	0.4	0.2	0.2	0.3	0.2	0.5	0.5
	咪唑	1	—	1	2	1	—	—
	咪唑啉	—	—	—	—	—	2	2
	油酸钾	—	0.2	0.2	0.3	0.2	—	—
	苯并三唑	—	0.2	—	—	—	—	—
水		25	25	25	25	20	20	20
甲基纤维素		3	1	2	1.5	2	1.5	1.5
羟甲基纤维素钠		—	1	1	1.5	1	1.5	1.5

【制备方法】 取水稍微加热至40℃,然后缓慢加入甲基纤维素和羟甲基纤维素钠,使其完全溶解,冷却至室温,将A组分所有组分按先加入可溶于水的组分,再加入不溶于水的组分的顺序,也就是按顺序加入碳酸丙烯酯、N-甲基吡咯烷酮、乙二醇单丁醚、乙烯乙二醇丁基醚、丙酮、碳酸二甲酯至溶有甲基纤维素和羟甲基纤维素纳的水中,然后将B组分加入之前的溶液中,搅拌均匀,得脱漆剂。

【产品应用】 本品主要应用于脱除聚硅氧烷漆。

【产品特性】

(1)本品的脱漆剂不含毒性强、挥发性强的溶剂,对人和环境更友好。

(2)本品的脱漆剂在室温下使用,免除了加热装置,使操作过程更简便易行。

(3)本品的脱漆剂不含强酸强碱,pH值在6.5~7.5,对基材和操作者无伤害。

(4)本品的脱漆剂为水基脱漆剂,且不含石蜡,所以脱除后不留下油膜,不会影响二次涂装。

实例7 碱性脱漆剂

【原料配比】

原 料	配比(质量份)		
	1#	2#	3#
氢氧化钾	3.56	3.62	3.62
苯甲醇	95.45	94.6	94.6
辛癸酸甘油酯	0.868	1.72	—
癸酸三甘油酯	—	—	1.72
8-巯基喹啉	0.027	—	—
2,2-二硫联-5-硝基苯甲酸	—	0.054	0.054

【制备方法】

(1)1#的制备:将氢氧化钾加入苯甲醇中,待氢氧化钾完全溶解后,加入辛癸酸甘油酯和8-巯基喹啉,搅拌均匀得脱漆剂溶液。在80℃条件下,将待脱漆器件完全浸于该溶液中进行脱漆处理10min,脱漆率可达100%。

(2)2#的制备:将氢氧化钾加入苯甲醇中,待氢氧化钾完全溶解后,加入辛癸酸甘油酯和2,2-二硫联-5-硝基苯甲酸,搅拌均匀得脱漆剂溶液。在82℃条件下,将待脱漆器件完全浸于该溶液中进行脱漆处理9min,脱漆率可达100%。

(3)3#的制备:将氢氧化钾加入苯甲醇中,待氢氧化钾完全溶解后,加入癸酸三甘油酯和2,2-二硫联-5-硝基苯甲酸,搅拌均匀得脱漆剂溶液。在75℃条件下,将待脱漆器件完全浸于该溶液中进行脱漆处理12min,脱漆率可达100%。

【注意事项】 所述的苯基取代的烷基醇可以是苯甲醇、对羟基苯乙醇、苯乙醇等,优选苯甲醇。

所述的阻蚀剂可以是硝基苯类二硫化物,如2,2-二硫联-5-硝基苯甲酸、5,5-二硫联-2-硝基苯甲酸、4,4-二硫联基苯、2,2-二硫联硝基苯等,或巯基喹啉类化合物,如8-巯基喹啉、2-巯基喹啉等。以上两类阻蚀剂之所以能抗腐,其作用机理是它们具有亲金属性能,可以在金属表面形成配合物保护膜。

所述的表面活性剂为5~12个碳的脂肪酸甘油酯,如辛癸酸甘油酯、癸酸三甘油酯、己酸甘油酯等。

【产品应用】 本品主要应用于脱除部件外壳表面的聚氨酯、环氧树脂、醇酸树脂的漆层,如家电、手机、电脑、仪器、仪表等产品外壳表面的漆层。

胶漆剂的使用方法:将待脱漆部件浸入脱漆剂溶液中,在温度为70~90℃的条件下,脱除8~30min即可。

【产品特性】 本品通过加入阻蚀剂硝基苯类二硫化物或巯基喹啉类化合物,脱漆过程中大大减弱了对基体的腐蚀;氢氧化钾使其脱漆活性得到了明显的提高,在70~90℃的温度范围内脱除8~30min,脱漆率可达100%。

实例8　金属脱漆剂

【原料配比】

原　　料	配比(质量份)					
	1#	2#	3#	4#	5#	6#
二氯甲烷(含量为90%)	40	—	—	—	—	—
二氯甲烷(含量为99.9%)	—	10	—	—	—	—
二氯甲烷(含量为99.4%)	—	—	15	—	—	—
二氯甲烷(含量为98%)	—	—	—	28	—	—
二氯甲烷(含量为92%)	—	—	—	—	32	—
二氯甲烷(含量为95%)	—	—	—	—	—	30
二氯乙烷(含量为99.9%)	8	—	—	—	—	—
二氯乙烷(含量为90%)	—	35	—	—	—	—
二氯乙烷(含量为99%)	—	—	12	—	—	—
二氯乙烷(含量为92%)	—	—	—	31	—	—
二氯乙烷(含量为96%)	—	—	—	—	28	—
二氯乙烷(含量为95%)	—	—	—	—	—	29
苯酚	10	15	25	20	22	24
甲酸	15	5	8	14	10	12
辛基酚聚氧乙烯醚	0.3	2	0.6	0.8	1.2	1

【制备方法】

(1)将含量为90%~99.9%的二氯甲烷与含量为90%~99.99%二氯乙烷混合,搅拌均匀得 A 液。

(2)将苯酚加入 A 液,搅拌均匀得 B 液。

(3)将甲酸加入 B 液,搅拌均匀得 C 液。

(4)将辛基酚聚氧乙烯醚加入 C 液,得成品脱漆剂。

【产品应用】　本品主要应用于脱除金属表面涂装的油漆。

【产品特性】　与现有技术相比,本品采用新的原料、配比和制备方法,制成的脱漆剂脱漆速度快,漆膜起褶脱落时间较同类产品缩短 2～3倍,漆层剥离完全,脱漆效果好。该脱漆剂适用于多种油漆的剥离,应用范围广,使用时不腐蚀工件,不伤手,解决了生产中的安全问题,而且可反复使用,毒性仅为同类产品的 1/4～1/6,减少环境污染。

实例9 快速水性脱漆剂

【原料配比】

原　　料	配比（质量份）
甲酸	3.5
氯醋酸	5
三氯甲烷	4
乙醇	2.5
十二烷基苯磺酸钠	4.5
斯盘 -85	1.5
缓蚀剂	2.5
水	7.5

【制备方法】 按上述原料配比取乙醇、甲酸放入容器中,搅拌均匀,再加入氯醋酸,边搅拌边加入水,然后在充分搅拌下依次加入十二烷基苯磺酸钠、斯盘 -85、三氯甲烷和缓蚀剂,搅拌均匀。

【产品应用】 本品主要应用于脱除金属表面漆层,尤其适用于脱除自行车零件上的漆层,本品能够反复使用。使用时,将脱漆剂与 1～3 倍水混合,再将自行车零件浸入其中,浸泡 2～2.5h 取出,用水冲洗即可脱去漆层。使用 2～4 次后,脱漆速度有所下降,再添加使用量 2.5%～5% 的脱漆剂,脱漆速度又恢复至原来。如此反复,长期使用,较之碱煮工艺可减少排污次数。

【产品特性】 本品具有脱漆速度快,成本低,应用方便并可反复使用等特点。

实例10 去油漆洗涤膏

【原料配比】

原 料	配比（质量份）		
	1#	2#	3#
C$_{12~18}$脂肪醇硫酸盐	3	3	3
六聚甘油单月桂酸酯	2	—	—
十聚甘油五硬脂酸酯	4	—	—
聚氧乙烯(20)失水山梨醇单月桂酸酯	—	2	3
失水山梨醇三硬脂酸酯	—	4	6
三乙醇胺	2	2	3
5-脲基己内酰脲	—	—	0.6
聚乙二醇	—	1	—
甘油	3	3	3
明胶	1.6	1.6	1.5
有机锌	0.1	0.1	0.1
碳酸钙	40	40	35
去离子水	44.3	43.3	45.3

【制备方法】 将抑菌剂、硫酸盐类表面活性剂、多元醇类表面活性剂加入去离子水中，在充满氮气和一定压力的反应釜中加热搅拌1~10h，从另一个反应釜口加入醇胺类表面活性剂继续搅拌0.5~7h，最后加入增稠剂和填料搅拌0.5~2.5h，出釜，包装，封口。

【注意事项】 上述锌类纳米抑菌剂采用氧化锌、有机锌、硫酸锌等。上述有机增稠剂采用明胶、琼脂、水玻璃、羧基纤维素钠等。上述无机填料采用滑石粉、碳酸钙、硫酸钡、二氧化硅。上述采用的醇胺类为一乙醇胺、二乙醇胺、三乙醇胺、N,N-二甲基乙醇胺等。上述采用的阴离子型C$_{12~18}$脂肪酸硫酸盐类表面活性剂为C$_{12~18}$脂肪醇硫酸盐、脂肪醇聚氧乙烯醚(EO=3)硫酸盐。上述采用的脂肪酸和山梨醇类多元醇类表面活性剂为六聚甘油单月桂酸酯、十聚甘油五硬脂酸酯、聚氧乙烯(20)失水山梨醇单月桂酸酯、失水山梨醇三硬脂酸酯。上述所采用的多元醇类或脲类护肤剂为甘油、丙二醇和聚乙二醇、5-脲基己内酰脲等。

上述组分可以单独使用也可以混合使用。

【产品应用】 本品主要应用于去除金属表面的油漆污物。

【产品特性】 本洗涤膏用在洗涤油漆污物时,利用聚乙烯醇和 C_{1-3} 醇胺类材料的渗透性以及表面活性剂的相容性,使不同表面活性剂对油漆不同组分的吸附、包覆,同时利用填料的摩擦性把被吸附的油漆分子进行物理分割成小分子,最后用清水冲洗掉,达到物理去污。这个配方虽然含有少量的 C_{1-3} 醇胺类分子,但其首先渗入油漆污物层,同时又由于有护肤剂等物质的保护,对皮肤几乎无损害,由于此洗涤膏只是涂抹,人为摩擦即可,不需要额外能耗。

实例11　水包油乳液脱漆剂

【原料配比】

原　料		配比(质量份)				
		1#	2#	3#	4#	5#
A 组 分	N-甲基吡咯烷酮	10	8	20	28	30
	丁内酯	5	4	4	7	4
	乙二醇丁醚	9	6	—	5	10
	异佛尔酮	10	—	—	—	—
	醋酸乙酯	—	5	—	4	—
	聚氧乙烯山梨糖醇酐单硬脂酸酯	—	1	—	—	—
	聚氧乙烯山梨醇酐单油酸酯	—	—	0.9	0.8	0.8
	丙酮	5	—	5	—	—
	辛基苯基聚氧乙烯醚	0.8	—	—	—	—
	十二烷基硫酸钠	1	1	—	1	1.2
	过氧化氢	—	5	—	4	4
	二甲基亚砜①	—	—	5	—	5

续表

原 料		配比（质量份）				
		1#	2#	3#	4#	5#
A 组 分	二乙二醇丁醚	—	—	10	—	—
	油酸钾	—	—	1	—	—
	水	25	25	20	20	10
B 组 分	苯甲醇	20	30	20	15	15
	苯甲醚	10	5	8	5	6
	二甲基亚砜②	—	5	—	—	—
	碳酸二甲酯	—	—	—	4	10
苯并三唑		—	3	3	—	—
咪唑		2	—	—	2.5	—
咪唑啉		—	—	—	—	2
甲基纤维素		2.2	—	2	2	1
羧甲基纤维素		—	2	—	—	—
聚乙烯醇		—	—	1.1	—	—
聚丙烯酸钠		—	—	—	1.7	1

【制备方法】 将 A 组分原料混合,搅拌,再将 B 组分混合均匀,将 B 组分缓慢加入 A 组分中,按配比再加入咪唑、咪唑啉、苯并三唑,搅拌均匀的同时缓慢加入甲基纤维素、羧甲基纤维素、聚乙烯醇、聚丙烯酸钠,得脱漆剂。

【产品特性】

(1)本品的 pH 值在 5.5 ~ 7.5,不含毒性大、挥发性强的物质,性质温和。

(2)本品可脱除聚氨酯漆、醇酸树脂漆、油漆以及各种清漆、磁漆、天然漆等,特别是聚氨酯漆和醇酸树脂漆,效果突出。

(3)为水包油乳液脱漆剂,可用水冲去除漆膜,对基材无损伤,达到环保脱漆目的,而且不会留下油膜,不影响二次涂装。

（4）本脱漆剂在室温下使用,免除了加热装置,使操作过程更简便易行。

（5）本脱漆剂中不使用酸或者碱,对金属基材腐蚀性很小,不会损伤涂装表面。

实例12　水基脱漆剂

【原料配比】

原　　料	配比（质量份）
氢氧化钾或氢氧化钠	5~30
烷基磷酸酯和/或咪唑啉型表面活性剂	1~15
非卤代烃溶剂	0.5~15
增溶剂	0.1~3
水	余量

【制备方法】　将氢氧化钾或氢氧化钠溶解于水,搅拌下依次加入非卤代烃溶剂、表面活性剂和增溶剂,搅拌溶解均匀。

【注意事项】　所述非卤代烃溶剂是乙二醇苯醚、二乙二醇苯醚、多乙二醇苯醚中的至少一种与乙二醇乙醚、乙二醇丁醚、二乙二醇乙醚、二乙二醇丁醚、多乙二醇乙醚、多乙二醇丁醚中的至少一种的混合物,两者的比例为1:（0.5~2）。所述增溶剂为对甲苯磺酸钠或二甲苯磺酸钠。

【产品应用】　本品主要应用于脱除水溶性树脂漆、环氧树脂漆、酚醛树脂漆、醇酸漆、硝基漆、丙烯酸漆、环氧漆、氨基漆、酚醛树脂漆及聚氨酯漆等各种油漆。

使用方法:将待脱漆器件完全浸于本品原液或兑水的稀释溶液中〔原液与水的比例是1:（0.5~1.5）〕,在70~90℃的温度范围内,蒸煮1~30min取出,用自来水冲洗即可。

【产品特性】

（1）对工具钢表面的水溶性树脂漆,在90℃下需要30min可以脱除,脱漆后工具钢不变色。

（2）对塑料、橡胶等汽车部件表面的环氧树脂漆和酚醛树脂漆，在70℃下仅需5~10min可以脱除，塑料、橡胶没有溶胀、溶解、变形的腐蚀现象发生。

（3）对钢铁件上的醇酸漆、硝基漆、丙烯酸漆、环氧漆、氨基漆、酚醛树脂漆及聚氨酯漆等各种油漆，在70~90℃下仅需5~10min可以脱除，钢铁件没有泛黄、变色和腐蚀现象发生。

（4）本品不含卤代烃溶剂、苯酚、氯醋酸等有毒有害物质，对操作人员的毒害小、对环境无污染，利于环保。

（5）成本低、脱漆速度快、对钢铁件基体无腐蚀。

实例13　通用新型高效脱漆剂

【原料配比】

原　　料		配比（质量份）		
		1#	2#	3#
二氯甲烷		75	70	72
石蜡		2.5	2	2
甲醇		8	10	10
甲酸		8	10	10
间甲酚		4	5	5
表面活性剂		2	2.5	2.5
缓蚀剂	胺	0.5	—	—
	脲	—	0.5	—
	氮唑化合物	—	—	0.5

【制备方法】　将二氯甲烷装入反应釜中，加入规定比例的石蜡，搅拌充分，静置5min，加入甲醇，混合均匀后，再加入甲酸、间甲酚，之后加入表面活性剂和缓蚀剂，加热至60~80℃，充分搅拌反应1h，冷却包装即可。

【产品应用】　本品主要应用于脱漆剂。

【产品特性】

(1)脱漆速度快,能够在1~10min内脱除漆膜。

(2)脱漆效率高,脱漆面积达95%以上。

(3)适用范围广,不仅可以脱除环氧、酚醛、丙烯酸等漆膜,还可以脱除有机硅、有机氟等漆膜。

(4)对基材腐蚀极其轻微。

(5)不燃烧,毒性低。

实例14　脱除塑胶表面油漆的溶液

【原料配比】

原　　料	配比(质量份)
正丁醇	5
NaOH	10
水	85
十二烷基苯磺酸钠	0.2

【制备方法】　将各组分混合均匀即可。

【产品应用】　本品主要应用于脱除塑胶表面的油漆。

脱除塑胶表面油漆的工艺为:

(1)前处理:取一塑胶件喷涂报废样品,除去塑胶件上无关的东西,如金属件和螺帽等,减小报废件尺寸使适应反应槽。

(2)将前处理好的塑胶件浸入脱漆溶液中。

(3)再将上述溶液和塑胶件一起加热到50~80℃后,进行超声波共振,共振的频率可为20~40kHz,时间为2~5min。

(4)再是将脱漆后的塑胶件从反应槽中取出后进行水洗以除去表面的化学药品,并烘干。

(5)最后,为方便下次使用,将清洗后的塑胶件粉碎,打包待用。

喷漆报废塑胶件样品,在60℃得脱漆溶液中辅以20kHz的超声波共振脱漆3min后,表面油漆脱除率大约为99%,表面光洁而且无色变。

【产品特性】　本品有机溶剂含量低,脱漆剂便于回收处理,污染小;对塑料素材没有溶解作用,不影响塑料的性能,可以直接利用或者改性使用;成本低,可以进行大规模的回收作业。

实例15　脱漆剂(1)

【原料配比】

原　　料		配比(质量份)	
		1#	2#
氯化烃	二氯甲烷	450	600
	三氯甲烷	150	150
	二氯丙烷	150	150 + 150
石蜡		15	5
苯酚		30	30
酸类	甲酸	30	40
	氢氟酸	10	—

【制备方法】

(1)1#的制备方法如下:

①先将二氯甲烷注入容器 A 内,接着再向容器 A 注入三氯甲烷组成混合氯代烃备用。

②将石蜡、苯酚放入容器 B 内加热至 30～40℃后,再加入二氯丙烷,经搅拌均匀后,将其注入原先盛有氯代烃的容器 A 中,接着再向容器 A 中加入甲酸、氢氟酸,用机械或空气搅拌器搅拌均匀,即可包装。

(2)2#的制备方法如下:

①先将二氯甲烷、三氯甲烷、部分二氯丙烷注入一个 1000L 的容器 A 内备用。

②将石蜡、苯酚一起加热至 30～40℃后,再倒入一个事先盛有剩余二氯丙烷的容器 B 内,经搅拌均匀后,再将其倒入待用的容器 A 内,与容器 A 内的氯代烃相混合,接着再向容器 A 中加入甲酸,用机械或

空气搅拌器搅拌均匀,直至肉眼看不见石蜡片为止,经测试合格后包装即可。

【产品应用】 本品可以清除各种不同类型的旧漆膜及静电喷涂的各种粉末涂层。

【产品特性】 本品原料配比科学,工艺简单,使用方便;脱漆速度快,脱漆范围广,脱漆效果好,而且毒性小、不燃烧、不腐蚀底材、不伤皮肤,安全实用,极具推广应用价值。

实例16 脱漆剂(2)

【原料配比】

原 料		配比(质量份)				
		1#	2#	3#	4#	5#
有机碱	一乙醇胺	330	330	330	—	—
	二乙醇胺	—	—	—	330	—
	三乙醇胺	—	—	—	—	330
有机溶剂	三乙醇苯醚	364	303	242	181	121
	N-甲基吡咯烷酮	276	235	195	155	114
	苯甲醇	50	50	50	50	50
缓蚀剂	蔗糖	18	20	14	20	9
	葡萄糖	20	—	21	—	17
	麦芽糖醇	—	25	5	15	—
	琼脂	5		5		5

【制备方法】 首先将有机溶剂和缓蚀剂,在50～100℃搅拌下形成均一的溶液,然后冷却至室温后加入有机碱,搅拌均匀后,过滤,装桶,再在其上覆盖一层矿物油(油类封闭剂),加盖密封,分别制得1～5#脱漆剂成品,脱漆剂的密度为1.07g/mL。

【注意事项】 所述有机碱是沸点至少160℃,相对分子质量小于200的醇胺,如一乙醇胺、二乙醇胺、三乙醇胺、乙基二乙醇胺、丁基二乙醇胺的一种。所述有机溶剂的沸点至少为200℃,如苯甲醇、甲基苯甲醇、异佛尔酮、N-甲基吡咯烷酮、N-乙基吡咯烷酮、乙二醇苯醚的一种或几种的混合物。所述缓蚀剂是糖类物质,如赤藓糖醇、木糖醇、山梨醇、麦芽糖醇、甘露醇、乳糖醇、葡萄糖、肌醇、蔗糖、麦芽糖、黄耆胶、阿拉伯胶、琼脂、胡精、明胶的一种或几种的混合物。所述油类封闭剂是植物油,如松油、樟脑油或矿物油的一种或几种的混合物,其密度低于脱漆剂而且在脱漆剂中几乎不溶或微溶。

【**产品应用**】 本品主要适用于脱除大型复杂结构工件以及敏感金属底材的表面涂层。

【**产品特性**】 本品制备简单、使用方便、符合环保要求。可脱除多种油漆漆膜、脱漆速度快、对多种底材无腐蚀,适合于大型复杂工件和敏感底材的脱漆。

实例17 脱漆剂(3)

【**原料配比**】

原　　料		配比(质量份)
甲酸		40
三氯甲烷		40
混合甲酚		15
添加剂	液体石蜡	2
	甲基纤维素	1
	十二烷基磷酸酯	1
	烷基苯磺酸钠	1

【**制备方法**】 将甲酸、混合甲酚以及添加剂等加入到三氯甲烷中,搅拌混合均匀即得液状产品。

【**产品应用**】 本品主要用于底漆为聚酯类或不可焊聚酯亚胺类热硬化自黏漆包线漆膜的脱除。

【**产品特性**】 本品具有以下优点:

(1)原料易得,成本低,工艺简单。

(2)常温下能在非常短的时间内(4min 内)去掉底漆漆膜,效果良好;一次可以脱去多根漆包铜圆线的漆膜,批量生产可节省大量时间,效率高。

(3)本脱漆剂可反复多次使用,挥发速度较慢,水冲洗方便,对基体(金属线)无腐蚀。

实例18 脱漆剂(4)

【原料配比】

原　　料	配比(质量份)		
	1#	2#	3#
正丁醇	40	—	—
异丙醇	—	30	—
乙基纤维素溶液	—	—	50
氢氧化钠	30	30	20
水	29	39.9	29.9
十二烷基苯磺酸钠	1	—	0.1
十二烷基硫酸钠	—	0.1	—

【制备方法】　将原料按照质量比例混合,搅拌均匀,即得本品。

【注意事项】　所述醇类为甲醇、乙醇、正丙醇、异丙醇、正丁醇、异丁醇、乙二醇的至少一种,且上述醇类可以被纤维素溶液取代,该纤维溶液为甲基纤维素溶液、乙基纤维素溶液、丙基纤维素溶液中的至少一种。并且,上述甲基纤维素溶液、乙基纤维素溶液、丙基纤维素溶液分别为甲基纤维素、乙基纤维素、丙基纤维素溶于质量比为 20～40 的醇类中而得,水在该组合中为溶剂。

【产品应用】　本品主要应用于除去塑料件表面的油漆。

将本品升温到 20～70℃,将待脱漆的塑料件在本品中搅拌 5～20min,使上述待脱漆的塑料件与本品完全相接触。

【产品特性】　本品具有较高的脱漆效率,成本也较低,且对环境污染小。

实例19　脱漆脱塑剂

【原料配比】

原　　料	配比（质量份）
二氯甲烷	50
二氯甲烯	3
苯酚	8
甲醇	5
石蜡	3
渗透剂	1

【制备方法】　将上述所有原料溶解搅拌而成。

【产品应用】　本品可广泛应用于国防军械、飞机、轮船、车辆、机电仪表、家电及其他需脱漆塑行业。

【产品特性】　本品较之传统的脱漆剂,不仅可在短短20s内百分之百地脱除油漆,而且在3min内脱除高强度塑料粉末涂料。该剂使用方便,喷涂、浸渍均可,脱除后的物件无腐蚀、不燃烧、无毒害。

实例20　中性多功能脱漆剂

【原料配比】

原　　料	配比（质量份）		
	1#	2#	3#
二氯甲烷	70	75	72
液体石蜡	4	2	3
无水甲醇	2	1.5	1
乙二醇乙醚	10	8	9
正丙醇	3	2	4
甲基纤维素	1	1.8	1.5
脂肪醇聚氧乙烯醚	0.2	0.2	0.1
水	9.8	9.5	9.4

【制备方法】 将二氯甲烷装入钢制容器,加入液体石蜡,充分搅拌,静止 8~12min,再加入无水甲醇,静等溶解均匀后,加入乙二醇乙醚,再加入正丙醇,之后加入甲基纤维素和脂肪醇聚氧乙烯醚、水,然后将整个混合液倒入胶体磨,磨成胶状,所得溶剂 pH 值为 6.5~7.5,用容器包装即可。

【产品指标】 本品可以达到以下技术指标:pH 值为 6.5~7.5,开口闪点为 40℃。

【产品应用】 本品适用于清除醇酸,酚醛,环氧树脂,阴、阳极电泳等多种漆膜。

使用本品后 4~5min 内能将附着力为 1 级的双层环氧树脂漆膜除去;使用本品后 3~4min 内能将附着力为 1 级的双层丙烯醇耐晒漆膜除去;使用本品后 2~3min 内能将附着力为 1 级的双层酚醛聚氨酯漆膜,阴、阳极电泳漆除去。

【产品特性】 本品利用相似相溶原理,将多种有机溶剂复配制成胶状液体,其中的各种有机溶剂协同作用,涂刷在各类漆膜表面,在 5~10min 内能将旧漆漆膜溶解、溶胀、起皱,而减少漆膜在原物表面上的附着力,用水即可冲洗干净,而且对各种基底材质物面无任何损伤,达到快速脱漆、彻底除去的理想效果,重新涂饰省工省时。

实例 21 中性环保脱漆剂

【原料配比】

原 料		配比(质量份)		
		1#	2#	3#
A 组分	戊醇	—	3	—
	己醇	—	—	3.5
	乙二醇	3.5	3	0.5
	庚二醇	3	—	3
	甘油	0.5	—	—
	2,4-二硝基苯酚	0.5	—	—

原　料		配比（质量份）		
		1#	2#	3#
A组分	一缩聚乙二醇	—	0.5	—
	邻二甲基对硝基苯酚	—	0.5	—
	1-辛磺酸钠	—	0.3	—
	羟甲基纤维素	0.3	0.3	0.3
	聚乙二醇（PEG）800	—	0.5	—
	渗透剂（JFC-2）	0.2	0.2	0.2
	叔丁基苯酚	—	—	0.5
B组分	十二烷基聚氧乙烯醚硫酸钠	1.5	1	—
	石蜡	0.5	0.4	0.5
	斯盘-80	—	0.3	—
	平平加	—	—	1

【制备方法】　将A组分各物质混合均匀后加热到200℃,将B组分依次加入并充分搅拌,混合均匀,即得脱漆剂。

【产品应用】　本品可以去除或剥离种类繁多的漆膜涂层,例如油漆类、清漆类、磁漆类、天然漆类、树脂类和诸如此类的涂层,特别是醇酸漆、聚氨酯漆、丙烯酸漆、酚醛树脂漆、环氧树脂漆,效果突出,其他种类,如氯丁橡胶、聚酯、聚碳酸酯、硅高弹体、乙烯基氯化物聚合物和共聚物等也具有良好的脱除效果。

【产品特性】　本脱漆剂主要成分中不含挥发性氯代或其他卤素的有机溶剂,并且不含各种酸、碱,主要含醇、酚、表面活性剂、增稠剂和石蜡。在中性条件下能够溶解漆膜,使漆膜易于清除,不损伤工件,不污染环境,而且可以重复使用。本脱漆剂可用于脱除醇酸漆、硝基漆、丙烯酸漆、环氧漆、氨基漆、酚醛树脂漆及聚氨酯漆等,而且对于需脱漆膜的精密机械元器件、电子元器件等金属表面没有损伤。

实例22 脱漆液

【原料配比】

原　料	配比（质量份）
二氯甲烷	25
甲酸	7.5
二甲苯	5.45
辛酸乙酯	0.05
自来水	12

【制备方法】 在常温下，首先将二氯甲烷、甲酸、二甲苯、辛酸乙酯、水依次注入设有搅拌器的釜中，开动搅拌器，速度控制在60r/min，搅拌15min后，由出口管阀，装入桶内，即为成品，在阴凉通风处密封保存，长期不失效。

【产品应用】 本品可广泛应用于家电（如电冰箱、洗衣机等）、汽车、自行车等行业的脱漆工序中。

【产品特性】 本品成本低，效率高；脱漆作业简单，将被处理物件置入浸泡槽内，经过一定时间后，取出即完成脱漆作业；对基体的金属表面无腐蚀性，更无损伤痕迹；整个物件被溶液浸没，物件的边角、缝隙处的油漆可全部彻底脱除。

实例23 环氧树脂涂层脱漆剂

【原料配比】

原　料		配比（质量份）
A组分	二氯甲烷	36
	甲基纤维素	1
	乙醇	5
	1,4-二氧六环（二噁烷）	5

续表

原　料		配比（质量份）
B组分	二氯甲烷	40
	苯酚	5
	表面活性剂脂肪醇聚氧乙烯醚	2
	石蜡	1
有机酸甲酸		5

【制备方法】

(1)将甲基纤维素加入到二氯甲烷中,搅拌均匀,然后加入乙醇和1,4-二氧六环,搅拌溶解均匀,得A组分。

(2)将苯酚、脂肪醇聚氧乙烯醚及石蜡加入到二氯甲烷中,搅拌溶解均匀(如果溶解较慢,可以稍许加热),得B组分。

(3)将A组分和B组分混合均匀,然后加入甲酸并充分搅拌均匀。

【注意事项】 醇可以是甲醇、乙醇和丙醇等低级醇。二噁烷可以是1,4-二氧六环或1,3-二氧杂五环。酚可以是苯酚、甲酚或叔丁基苯酚等。有机酸可以是甲酸或乙酸。表面活性剂可以是烷基聚氧乙烯醚硫酸钠、脂肪醇聚氧乙烯醚。石蜡是指54~56$^\#$工业石蜡。纤维素可以是甲基纤维素、乙基纤维素、羟丙基甲基纤维素或羧甲基纤维素。

【产品应用】 本品广泛适用于醇酸漆、硝基漆、丙烯酸漆、环氧漆、氨基漆、酚醛树脂漆及聚氨酯漆等旧漆层的脱除,可在汽车、轮船、火车客车厢、飞机和一些机器设备等进行大修时将外表面的油漆涂层脱除。

【产品特性】 本品脱漆效率高,漆层脱除速度快,对金属表面无腐蚀。

实例 24　建筑模板脱膜漆

【原料配比】

原　　料	配比(质量份)									
	1#	2#	3#	4#	5#	6#	7#	8#	9#	10#
氟树脂	73~81	73	75	77	79	80	70	71	82	84
溶剂	8~12	9	9.5	10	11	6	7	13	15	14
填料	9~13	10	11	11.5	12.5	7	8	14	15	14
颜料	9~13	10.5	10	11	12	7	8	15	14	16
助剂	0.3~0.7	0.3	0.4	0.5	0.6	0.1	0.2	0.7	0.9	—

【制备方法】　在室温下,先将填料、颜料与氟树脂混合均匀,然后加入助剂和溶剂,并进行充分搅拌均匀,直到填料和颜料完全分散、润湿为止,再经胶体磨研磨至粒度小于 $35\mu m$ 即为成品,最后分拣包装。

【注意事项】　氟树脂为呈微黄色可流动的黏稠状透明胶状液体,可以是 ZY-1 或 ZY-2 型、JF-1 或 JF-23 或 JF-4 型。溶剂可以是二甲苯、甲苯、醋酸乙酯或醋酸丁酯,一般选用二甲苯。颜料可以是氧化锌、铁红、铁黄、铁蓝、铬绿、炭黑或钛白粉等,根据需要可以选用其中的一种或两种。填料可以是轻质碳酸钙、硫酸钡沉淀、滑石粉或硅灰石等,一般将滑石粉作为必要组分,另加轻质碳酸钙或其他,利用滑石粉的滑腻感更加有利于脱膜。助剂选用德国产 BYK 系列中两类产品组合,即消泡剂 BYK-051、BYK-052、BYK-053 等类中的一种和高分子量润湿和分散助剂 BYK-161、BYK-162、BYK-166 等类中的一种,或者任选两类中的一种。

【产品应用】　本品为建筑模板尤其是钢质建筑模板专用的脱膜漆,也可以作为普通漆使用。

使用方法:于所需的脱膜漆中加入适量的固化剂(多异氰酸酯或多异氰酸酯三聚体或德国产品 N-75),充分搅拌数分钟至其均匀为止,再加入足以满足施工要求的适量的稀释剂(二甲苯、醋酸乙酯、醋酸丁酯、溶剂汽油等),再搅拌均匀后,及时施工;用涂刷或喷刷的方法涂布在已清理干净的建筑模板的工作表面上,并需保证涂层应有的厚度,待干后形成涂膜,此涂膜是建筑模板的保护层,同时又能起到优良的脱膜作用。

　　将脱膜漆调配好后,必须及时涂刷,以免固化而不能使用;根据需要,可先用调配好的脱膜漆在建筑模板的工作面上刷一层底漆,待底漆干燥后,再刷面漆,涂刷成膜厚度为 40~50μm,这种两层施工法能更充分发挥脱膜漆的双重功能。

　　【产品特性】　本品防锈能力强,附着力好,硬度高,兼具保护建筑模板及脱膜双重功能,即不污染混凝土表面、不腐蚀模板,而且容易脱膜,脱膜后的混凝土表面光滑无伤痕,一次涂刷成膜后,可在各种气候条件下多次反复使用,同时能降低施工成本,有利于环境保护。

实例25　特效通用脱漆剂

【原料配比】

原　　料		配　　比
高效蒸汽抑制剂	γ-丁内酯	10mL
	甲醇	60mL
	石蜡	10
二氯甲烷		880mL
甲基纤维素		10
表面活性剂斯盘-40		5
乙醇胺		10
磺化蓖麻油		2

【制备方法】

　　(1)在常压、温度 0~40℃ 的条件下将 γ-丁内酯或一种杂环化合物、甲醇与石蜡混合而成高效蒸汽抑制剂。

　　(2)在常压、温度 40℃ 的条件下将蒸汽抑制剂加入到二氯甲烷或三氯甲烷中回流,待混合均匀后,加入甲基纤维素、表面活性剂、乙醇胺及磺化蓖麻油,混合搅拌均匀,即得产品。

　　【产品应用】　本品对于通常所用的油性漆、酯胶漆、酚醛漆、沥青漆、醇酸漆、氨基漆、硝基漆、过氯乙烯漆、乙烯漆、丙烯漆、环氧漆、有机硅漆、聚醋酸乙烯酯漆、聚氨基甲酸酯漆、聚酰胺漆、氯丁橡胶漆、乙基纤维漆、氯化橡胶漆、聚酯漆等皆有效。单层塑膜在 2min 内脱除，单层漆膜在很短时间内即可脱除。适用于军械、船舶、汽车、飞机、机床、家用电器及家具等的翻新及因喷涂不佳而需清除漆（塑）膜的场合。

【产品特性】 本品适用范围广，对不同漆（塑）膜均有效，脱漆速度快，使用方便，可刷、可喷涂，并且毒性、腐蚀性极小，减轻了对操作人员的危害。

第八章　除臭剂

实例1　多用除臭剂(1)

【原料配比】

原　　料	配比(质量份)
汉生胶	0.14
脂肪醇聚氧乙烯醚硫酸酯(AES)	1.7
柠檬酸	30
乙二胺四乙酸(EDTA)或三聚磷酸钠	0.3
去离子水	67.86

【制备方法】　将汉生胶、脂肪醇聚氧乙烯醚硫酸酯、柠檬酸、ED-TA或三聚磷酸钠、去离子水进行稀释后即可使用。

【注意事项】　本除臭剂中的汉生胶将异味分子吸附、吸收,由脂肪醇聚氧乙烯醚硫酸酯有效化合、分解,再由柠檬酸还原,其中EDTA、三聚磷酸钠起到缓冲、分散、悬浮、乳化的作用。

【产品应用】　本品用于口腔、腋下、手、脚、宠物及居室、卫生间、皮革厂、肉联厂、养殖场、医院手术室、污物容器等身体部位、动物及场所的除臭。本品还能用于粪便处理站、垃圾处理场、污水处理厂、公厕、化粪池等场所除臭。

将本品1:100稀释后可用于人体口腔、腋下、手、脚除臭。

将本品1:600稀释后可用于居室、卫生间及宠物的除臭。

将本品1:10稀释后可用于皮革厂、肉联厂、养殖场、医院手术室、污物容器的除臭。

【产品特性】　本品对人体无毒、无害。

实例2　多用除臭剂(2)

【原料配比】

原　　料	配比（质量份）
活性炭	20～80
二氧化硅	20～30
氧化钙	15～25
三氧化二铝	8～15
氧化镁	15～25
氧化铁	1～5
杀菌剂	适量
芳香烃	适量

【制备方法】　将活性炭、二氧化硅、氧化钙、三氧化二铝、氧化镁、氧化铁等物质用机械的方法破碎成粉状和小颗粒状后，按比例加入容器内，经初步混合后，再加入杀菌剂、芳香烃有机物，再次搅拌混合后用较透气的布袋、塑料盒包装即成。

【产品应用】　净化住宅、厕所、仓库的环境、空气，还可以用于冰箱除味剂。

【产品特性】　本品对各种臭气都有强烈的吸附作用，对厕所、化工厂氨气有特效，还配有杀菌剂、芳香烃，能杀菌灭菌，还能散发芬芳的清香。原料广、制作简单、投资少、效益高。

实例3　多用除臭剂(3)

【制备实例】

原　　料	配比（质量份）		
	1#	2#	3#
柑橘皮	60	——	——
山楂	——	100	——
茶叶	——	——	60
硫酸亚铁	5～20	5～20	5～20
水	100	5～10	200
钠盐	0～20	0～30	0～20

【制备方法】 将柑皮或橘皮或柚皮或山楂或茶叶研碎,按比例加水及硫酸亚铁,作用 4~48h 后,添加适量的钠盐,粉碎、干燥而得本产品。

【产品应用】 本品对氨、硫化物、有机酸、醇类等的脱臭均有良好效果,不仅可用于冰箱除臭,还能用于厕所、公共场所、汽车、火车、飞机等室内除臭,此外,还可用于农业、畜牧业等散发臭气的环境。

【产品特性】 除臭能力强,无毒无害,适用面广,生产工艺简单,造价低。而且还具有防腐、保鲜等作用。

实例4 多用特效除臭剂

【原料配比】

原　　料	配比(质量份)
硫酸亚铁	65
氯化亚铁	65
柠檬酸	30
抗坏血酸	30
马来酸	3
去离子水	575
松针油	0.1
肉豆蔻油	0.1
香茅草油	0.1
山苍子油	0.1
蓝樟油	0.1
乙醇	250

【制备方法】

(1)香料油的溶解:将松针油、肉豆蔻油、香茅草油、山苍子油、蓝樟油这五种香料油,各用 50 份乙醇作为溶剂分别进行溶解,然后混溶、静置。

（2）有机酸的溶解：将柠檬酸、马来酸、抗坏血酸加 315 份去离子水溶解，过滤，弃去不溶物。

（3）亚铁盐的溶解：将硫酸亚铁、氯化亚铁用 260 份去离子水溶解，过滤，弃去不溶物。

将（1）、（2）、（3）得到的溶液进行混合搅拌，再过滤，弃去不溶物，即为产品。

【产品应用】 本品分水剂和粉剂。其浓缩液经喷雾干燥成 300 目粉末后，可加到棉、麻、丝、毛、塑料、橡胶、纸的制品中，在 200℃ 下加工制成二次杀菌除臭产品，效果不变，它对产生异味的酸、氨、硫醇、硫化氢、吲哚等均可经氧化、中和、络合等反应使其分解而除去。故本品可在不同场所使用，能分解除去一切异味，即刻见效。

【产品特性】 本品具有杀菌作用，尤其对大肠杆菌的杀灭率最高，且接触时间越长，杀菌效果越好，也可用于畜禽的杀菌防病。若将本品加到灭蚊剂或农药中，还有消除其中对人体有害的刺激性成分的作用，而不改变原有产品的性能。

实例5 多用消毒除臭剂

【原料配比】

原　料	配比（质量份）	
	1#	2#
硅藻土	1	1
氯化钙	0.05	0.05
高岭土	0.075	—
面粉	0.05	0.05
稳定化二氧化氯	0.5	0.5

【制备方法】 在混合器中加入硅藻土、氯化钙、高岭土、面粉、稳定化二氧化氯，充分混合后，密封包装或压制成片（或丸），即制成固体稳定化二氧化氯除臭粉剂或片（或丸）剂。

【注意事项】 本产品由二氧化氯溶液、多孔分子筛、潮解剂、缓释剂及胶黏剂组成。多空分子筛为高吸水性材料,如聚丙烯酸树脂、合成树脂、活性炭、硅酸钠、硅酸钙及硅藻土等,最好为硅藻土和高吸水性聚丙烯酸树脂,潮解剂为氯化钙或氯化钠,缓释剂为高土或酸性白土,胶黏剂为面粉。

【产品应用】　本品适用于食品、水果和蔬菜的防腐保鲜及工业和民用的消毒除臭。

【产品特性】　本品生产工艺简单,设备少,适于小规模及大规模的工业生产。所用原材料易得且价格便宜。能自如控制二氧化氯的释放,满足不同的使用要求。

实例6　冰箱除臭剂(1)

【原料配比】

原　料	配比(质量份)
海泡石精矿干粉(含量大于50%)	5.2
丝光沸石粉	4
人工合成的钠X型泡沸石	0.8
碳酸氢钠	1
水	3.2
抗菌剂多菌灵	0.4

【制备方法】

(1)称取含量大于50%的海泡石精矿干粉,再称取活化的丝光沸石和人工合成钠X型泡沸石,送入搅拌机内干式搅拌15min,使三种配料均匀混合(称为干物料)。

(2)将碳酸氢钠溶于干净的清水中待用。

(3)把含有碳酸氢钠的溶液不断向搅拌机内均匀混合的干物料上喷洒,一边喷洒一边搅拌。待把配料所需溶液洒完之后,再搅拌5min。使物料对溶液吸附均匀。物料湿度一致,在湿物料间形成很强的黏结能力,便于下一步压坯成型。

（4）将已经搅拌好的湿物料从搅拌机中取出，送入螺旋式挤压机中，从挤压机中被挤压成条带状输出来，条带呈圆形，直径为1.5mm。

（5）成型后的物料送入干燥箱烘干，温度为105℃。时间为1.5h。

（6）烘干后的物料送入马沸炉活化、结团。马沸炉温度为（280±5）℃，活化结团时间为2.5h。该作业有两个目的：一是活化海泡石，二是结团物料，使物料多孔，并有一定的硬度。不易碎散且具有一定的抗湿强度。

（7）从马沸炉里取出来的热物料放入金属密封罐自然冷却，然后将物料送入破碎机中将条带物料破碎。

（8）破碎后的条带物料用双层振动筛筛分，上层筛孔孔径为4mm×4mm，下层筛孔孔径为1mm×1mm，经筛分后得三个产品：大于4mm的长条物料继续返回锤式破碎；小于1mm的物料经对辊机粉碎，作为原始配料用。大于1mm的物料即是所要求的成品。

（9）将小于4mm、大于1mm的物料送入电磁振动器，然后向在电磁振动器上不断滚动的物料喷洒多菌灵，药剂用量与干物料的最佳比例是1:0.04，要求尽可能均匀地呈雾状喷洒在物料上。

（10）将喷洒了多菌灵的成品物料送入烘干箱，烘干温度125℃，烘干时间45min。

（11）将烘干后的热物料放入金属罐密封冷却，该物料即为冰箱用的海泡石除臭剂成品，然后分袋包装。

【注意事项】 本产品以海泡石为基质材料，选配与海泡石同为物理化学吸附型的经活化的丝光沸石为辅助材料，再调入适量的酸式碳酸盐为化学添加剂。以增加物理化学吸附的吸附活性中心，并添加少量的抗菌剂作抑菌处理和商品分子筛作选择性吸附剂，组成冰箱海石除臭剂。海泡石原矿主要由海泡石、滑石、石英、方解石组成。商品分子筛，用分子筛作吸附剂，选择性吸附分子直径较大的臭气分子，分子筛可用钠X型。酸式碳酸盐可选用碳酸氢钠，加入碳酸氢钠的目的是增加除臭剂的透气性，即增加比表面积，使除臭剂产品呈碱性，使真菌在碱性环境中丧失活动能力。抗菌剂多菌灵抗菌作用非常稳定，对大部分毒菌显示出良好的抗菌效果,是较佳的防毒剂之一,与碳酸氢钠配合使用,完全起到了防毒作用,它的毒性很低,安全性高,分解温度为306℃,故稳定性好。

【产品应用】　本产品主要用于冰箱除臭,也可用于家庭、宾馆、餐厅、实验室、种子库、博物馆、医院、车辆以及各种产生有害气体的场所。

【产品特性】　本品具有超强的脱臭能力,对冰箱内特有的氨、硫化氢等臭味、异味的气体分子有强烈的吸附能力,吸附容量比活性炭和化学类型的除臭剂大许多,且吸附速度快、使用寿命长,且本品可再生使用。无毒,对人体有益,不会污染冰箱内储存的食品。

实例7　冰箱除臭剂(2)

【原料配比】

原　　　料	配比(质量份)	
	1$^\#$	2$^\#$
五氧化二钒	20	21
氧化铜	21	23
磷酸	11	14
三氧化二铝	18	12
高岭土	30	30
水	200	200

【制备方法】　将各组分按比例进行配制,加水混合磨细至150～200目,涂在电子管上,在300℃下灼烧,保温0.5h即可。

【注意事项】　本产品由五氧化二钒(V_2O_5)、氧化铜、磷酸、三氧化二铝、高岭土组成。选用五氧化二钒和氧化铜作为催化剂,因为异味主要是由氨气和有机物构成,分解冰箱内的异味过程实际上就是氧化反应过程。五氧化二钒和氧化铜有助于氧气把氨气和有机物氧化成氮气、水和二氧化碳,从而达到消除冰箱内异味的目的。五氧化二钒用量为0.5%~50%、氧化铜为2%~60%。黏结剂是由磷酸、三氧化二铝和高岭土构成,配比为磷酸10%~30%,三氧化二铝10%~30%,高岭土30%。以上成分作为黏结剂与电子管结合牢固可靠,同时又不会与五氧化二钒和氧化铜参与反应,进一步延长了寿命。

【产品应用】 用于电冰箱电子管除臭。

【产品特性】 本品除臭率高,造价低,与电子管结合牢固,制造工艺简单,使用寿命长。

实例8 冰箱除臭剂(3)

【原料配比】

原 料	配比(质量份)
麦饭石	40
硅铝酸盐	30
钾长石	14
石英石	8
陈皮粉	5
木瓜粉	3

【制备方法】 将麦饭石、硅铝酸盐、钾长石和石英石粉碎成5~10目粒状,然后清水漂洗、烘干后再粉碎成100~120目粉状,并添加陈皮粉和木瓜粉,且经红外线杀菌即可完成。

【产品应用】 应用于家庭冰箱除臭。

【产品特性】 利用人体所需的微量元素麦饭石作为主要吸附原料,对其冰箱内产生有机化合物的臭味进行自然吸附,从而达到除臭保鲜的最好效果,生产工艺方法简单、配方组成合理、成本较低,是现有家庭冰箱除臭吸附的理想产品。

实例9　厕所除臭剂(1)

【原料配比】

原　　料	配比(质量份)	
	1#	2#
消毒剂硼酸	25~35	10~15
防腐剂硼砂	25~35	10~15
表面活性剂十二烷基苯磺酸钠	20~30	—
洗剂助剂三聚磷酸钠	15~25	—
普通洗衣粉	—	70~80
香料	0.2~0.5	0.2~0.5
颜料	适量	适量

【制备方法】　将各组分混合均匀即可。

【产品应用】　本产品适用于各种类型厕所,尤其适用于无水冲洗的公共厕所及农家厕所。也用于畜圈、浴池等处异味的去除。使用时每次投放10~15g,在24h内臭味消失。可将产品直接投入便池等需要除臭的场所。

【产品特性】　原材料易取、制作简便、无毒、成本低廉、运输保管方便,同时除臭效果好,除臭时间长,产品稳定性好。

实例10　厕所除臭剂(2)

【原料配比】

原　　料	配比(质量份)
氯化亚铁	11
硫酸亚铁	3
顺丁烯二酸	2
香料	5
水	100

【制备方法】 常温常压下,先将称量好的氯化亚铁、硫酸亚铁溶解在容器的水中,待完全溶解后,再加上顺丁烯二酸和香料,搅拌均匀以清水稀释后再喷洒使用。

【产品应用】 本品特别适合在厕所内使用。使用时将产品加10倍清水稀释后使用。

【产品特性】 价格低、有香味、除臭效果明显。

实例11 厕所除臭剂(3)

【原料配比】

原　　料	配比(质量份)
硫酸亚铁	27.5
抗坏血酸	0.5
氨基磺酸	15
十二烷基苯磺酸钠	12
三聚磷酸钠	8
水	500

【制备方法】 将硫酸亚铁溶解于100份水中,待溶解完毕,然后加入抗坏血酸。使之完全溶解后,再用水稀释5倍,然后再将氨基磺酸、十二烷基苯磺酸钠、三聚磷酸钠加入溶解,搅拌至完全溶解为止,然后包装即可。

【产品应用】 本品可用于家庭厕所、医院厕所、宾馆厕所的清洗。

【产品特性】 生产工艺简单、原料来源方便,价格便宜,无毒,无味,腐蚀性小,除尿垢、茶迹、臭气速度快,除臭效果好,能彻底根除臭气的根源,除臭率高,适用性宽,应用范围广。本高效除臭剂不仅解决了空气污染问题,而且还节约了大量的能源。

实例12　厕所除臭剂(4)

【原料配比】

原　　料	配比（质量份）		
	1#	2#	3#
海泡石	20	25	40
膨润土	20	20	40
白云石	9	9	10
方解石	4	4	8
石英	6	6	13
伊利石	8	10	19
滑石	8	8	17
蒙脱石	10	10	20
丝光沸石	20	20	40
催化酶	5	10	35
野草粉	20	25	35

【制备方法】　将海泡石、膨润土、白云石、方解石、石英、伊利石、滑石、蒙脱石、丝光沸石在常温下搅拌30min,混匀,加入催化酶,混匀静置24h,再加入野草粉搅拌30min,用纱布袋按100～120g装好扎住口即可使用。

【产品应用】　本防臭剂可广泛应用在家庭、办公室的厕所、宠物起居室、动物养殖室内除臭。

【产品特性】　本品由于不含任何化学合成物,对使用者身体健康不构成任何威胁和危害。原料来源丰富,价格低廉,制备工艺简单,不要求大量的资金投入和设备投入,易于工业实施。本品吸附容量大,使用寿命长。除臭效果显著。将本除臭剂挂在家庭厕所内,能在2～6h内消除臭味,并能保持除臭效果4～6个月。

实例13　便池清洗除臭剂

【原料配比】

原　　料	配比（质量份）
活性成分	25
乙二酸	10
对氯苯	8
石蜡	22
十八酸	20
香料、涂料	3
质量调节剂	12

【制备方法】　将各组分混合、熔融,然后将混合料按一般铸模成型。

【产品应用】　本品应用于家庭、旅馆或公共场所的陶瓷用品,特别是厕所便池的防垢、除臭。将制得的普通香皂块大小的产品放入水箱中,可连续使用3个月以上。

【产品特性】　本品生产工艺简单,解决了长期以来使用酸对于管道腐蚀严重的问题,延长了管道的使用寿命。

实例14　便池用固体防垢除臭剂

【原料配比】

原　　料	配比（质量份）
高聚合度聚乙烯醇	10
低聚合度聚乙烯醇	30
水	100
糖	2
苯甲酸	2
十二烷基硫酸钠	1
脂肪酸盐	1
香料	0.5
颜料	0.5

【制备方法】 将高聚合度聚乙烯醇与低聚合度聚乙烯醇加于40～90℃的水中,调成稠浆状,然后在保温情况下加入糖、苯甲酸、十二烷基硫酸钠、脂肪酸盐、香料、颜料,调匀后,铸入 40mm×40mm×20mm 的模具中。冷却成型后,脱模,得到块状固体防垢除臭剂,最后将此块状固体防垢除臭剂封装于 60mm×60mm 的尼龙纱或涤纶布袋中。

【产品应用】 主要用于宾馆、饭店、家庭等厕所便池中,起防垢、除臭作用。使用时将布袋悬挂浸泡于便池水箱中即可。

【产品特性】 本品既能除臭,又能防垢。而且使用方法简便,可连续使用,15g 可连续使用三个月以上,对便池无腐蚀作用。生产方法简单,原料成本低廉,无毒,无害,无污染。

实例15 鞋用除臭剂(1)

【制备方法】

原 料	配比(质量份)		
	1#	2#	3#
苯扎溴铵	1	2.5	5
冰片	2	3.5	5
薄荷(浓度为85%)	5	0.02	0.04
酒精(浓度为95%)	50	80	100
香精	5	20	50
蒸馏水	940	900	850

【制备方法】 将以上物质按比例计量,在常温常压下充分混合、调和、过滤,装入气压瓶中即可。

【产品应用】 本品应用于鞋类杀菌除臭。

【产品特性】 本品具有杀菌、除臭的功能,而且制备简单、成本低。

实例16　鞋用除臭剂（2）

【原料配比】

原　　料	配比（质量份）
纳米载银氧化硅	10
纳米氧化钛	5
多微孔硅基氧化物	45
γ－相氧化铝	14
氧化锌	10
硅基载香材料	16

【制备方法】　将备好的纳米材料按照配制比例混合用搅拌机充分搅拌5min即可。

其中纳米香粒子的制备方法为：采用粒径为60～100nm多微孔硅基氧化物为载体材料；香型材料采用森林香或玫瑰香精，按0.05%～0.2%的比例滴入乙醇溶剂中，然后将纳米材料与含有香料的乙醇溶液按质量比1∶5的比例进行过量浸泡2～4h，然后用乳化机进行搅拌均匀，在常温下自然挥发干燥后，在60℃的烘箱中进行通风干燥，使液体残留量为0.5%左右，将其用球磨机进行球磨2～4min后取出即得到纳米香粒子材料。

【产品应用】　本品用于驱除脚臭、脚汗、脚气等。

【产品特性】　本品不含有易挥发的药物成分，利用有机纳米粒子比表面积效应、体积效应等，达到对鞋内细菌进行抑制和对臭味分子进行吸附、分解的目的，效果明显、无毒、副作用，无污染、使用方便。

实例17 除体臭剂

【原料配比】

原 料	配比（质量份）	
	1#	2#
檀香	10	10
胡荽	40	35
防风	15	25
地肤子	20	15
蝉蜕	10	13
土茯苓	40	35
茉莉型水溶性香精	1~2	—
茉莉型脂溶性香精	—	1~2
无菌蒸馏水	适量	—
乙醇	—	适量

【制备方法】 （原料混合后的提取方法可以是水煎提、水提取醇沉淀、醇提水沉淀或醇提取）

（1）1#制备方法：

①将檀香、胡荽、防风、地肤子、蝉蜕、土茯苓混合后，水煎提三次，每次加水量为原料总量的2~6倍，每次煎煮时间为1~2h，水提液过滤后浓缩，静置24h。

②以活性炭脱色，再以纤维性滤纸或滤布过滤，然后经热压灭菌（在100~150℃、5~15个大气压下保持30min），最后加入水溶性香精和无菌蒸馏水，分装、封口即可。

（2）2#制备方法：

①将檀香、胡荽、防风、地肤子、蝉蜕、土茯苓混合后，以浓度为95%乙醇回馏提取三次，每次加乙醇量为原料总量的2~6倍，每次回

馏提取时间为 1～4h,滤纸过滤。

②合并滤液回收乙醇,静置 24h,加入脂溶性香精,再加入适量浓度为 95% 乙醇,分装、封口即可。

【产品应用】 本品主要用于祛除人体腋臭、汗臭;也可用于祛除手足汗臭。

【产品特性】 本品成本低,稳定性好,不变质、不变味,没有沉淀析出,可长期保存;成品可制成喷雾剂或搽剂,使用方便,效果显著,对人体无任何毒副作用,安全可靠。

实例18 狐臭膏(1)

【原料配比】

原　料	配比(质量份)	
	1#	2#
菊花	3	6
月季花	5	8
芦荟	12	15
珍珠粉	10	15
荷花	7	10
美人蕉	6	9
麝香	0.02	0.02

【制备方法】

(1)将菊花、月季花、荷花、美人蕉、芦荟分别高温蒸煮,提炼干粉及原液备用。

(2)取高倍蒸馏水,加入干粉、珍珠粉、原液、麝香,混合搅拌制成膏剂即可。

【产品应用】 本品适用于治疗狐臭。

使用方法:用棉球蘸本品,于患处轻轻涂抹 2min 即可。

【产品特性】 本品原料易得,工艺简单,配方合理,疗效显著,使用方便;无毒副作用,对皮肤无刺激,安全可靠。

实例19 狐臭膏(2)

【原料配比】

原　料	配比(质量份)
硬脂酸	10
甘油	7
十八醇	3
水	70
氢氧化钾	0.5
水杨酸	6
非那西丁	3
咖啡因	0.5

【制备方法】

(1)将硬脂酸、甘油、十八醇加入水中,置于烧杯中加热至90℃,轻微搅动使其溶解,然后加入氢氧化钾,搅拌,使其与部分硬脂酸产生中和反应,生成硬脂酸钾,并起到乳化作用,保温30min,制成膏状基质。

(2)在上述膏状基质中加入粉状的水杨酸、非那西丁、咖啡因,搅拌均匀,即得成品。

【产品应用】 本品能够促使局部毛细血管收缩、减轻汗腺分泌、杀灭患部细菌,适用于治疗狐臭、汗脚。

使用方法:外用,取本品直接涂抹在脚掌和腋下患部,每日早晚各使用一次。

【产品特性】 本品原料易得,工艺简单,易于推广;配方科学,疗效显著;原料中不含刺激性药物,对人体无毒副作用,不损伤皮肤,使用安全方便。

实例20 狐臭灵

【原料配比】

原　料	配比(质量份)
黄连	3
肉豆蔻	3
草果	2.3
连心草	2.2
七里香	9
干姜	9
五倍子	9
胡椒	3
香草	2
草茴香	2.5
麝香	0.1
无水乙醇	250

【制备方法】 将除无水乙醇以外的其他原料粉碎成细末,配无水乙醇,勾兑后装入缸内封口,经汽化高温蒸制24h,凉3~7天去火毒,将药液取出即可。

【产品应用】 本品不仅对狐臭(腋臭)病有独特疗效,而且对乳晕臭、脐眼臭、腹股沟臭、阴部臭、脚臭也有一定的治疗作用。

【产品特性】 本品原料易得,成本低,工艺简单;使用方便,疗效显著,治愈率高;无毒副作用及过敏反应,不损伤皮肤,安全可靠。

实例21 狐臭露(1)

【原料配比】

原　料	配比(质量份)
乙醇(浓度为75%的消毒酒精)	1000
冰片	100
洗必泰	40
香精	1.8

【制备方法】

(1)在浓度为75%的医用酒精中加入洗必泰,振荡使其溶解。

(2)将冰片研成细粉,加入物料(1)中,振摇使其溶解。

(3)将香精加入物料(2)中,振荡使其溶解,然后分装即得成品。

【产品应用】 本品具有杀菌止痒、敛汗除臭功效,主治腋臭,兼治脚臭等症。

使用时,取少许药液喷涂腋部一遍即可。用后立即除臭,一般用药一次可维持除臭10天,连续使用数次即可根除。

【产品特性】 本品原料易得,工艺简单,设备投资少;配制方法参数少,难度系数小;使用方便,疗效显著持久,愈后不复发;对人体无任何毒副作用,不损伤皮肤,安全可靠。

实例22 狐臭露(2)

【原料配比】

原　料	配比(质量份)
侧柏叶油	2
侧柏叶提取液	150
乙醇(浓度为95%)	适量
医用甘油	5
氮酮	2.5
香精	适量

【制备方法】

(1)侧柏叶油的提取方法如下:取新鲜侧柏叶(带枝梢及绿色种子),阴干并切成碎段,装于三口圆底烧瓶中,按1∶7的比例加入蒸馏水浸泡,于常压下加热至沸腾8～10h,通过油水分离器即可收集侧柏叶油。

(2)侧柏叶提取液的制备方法如下:将切碎的侧柏叶先经浓度为60%乙醇浸渍3～7天,然后过滤,将过滤液减压回收乙醇后即可得侧柏叶提取液。也可将切碎的侧柏叶加水煮沸后倾出药液,再进行二次煮沸,然后将两次药液合并过滤,经浓缩后即可得侧柏叶提取液。

(3)将部分侧柏叶提取液放入盐水瓶内,进行高压消毒处理。

(4)将侧柏叶油溶于乙醇(浓度为95%)中并混合均匀,另将氮酮和甘油溶于乙醇(浓度为95%)中并混合均匀,然后将上述两种溶液混合均匀。

(5)向物料(2)中加入剩余侧柏叶提取液,充分混合,再加入乙醇,最后滴入香精,即可得成品。

【产品应用】 本品主要用于消除狐臭、汗臭等。

【产品特性】 本品原料广泛易得,工艺流程简单,价格低廉,无环境污染,适于大批量生产;原料为天然植物,使用效果好,无毒副作用,对皮肤刺激小,安全可靠。

实例23 狐臭散

【原料配比】

原　　料	配比(质量份)
麻黄根	25
炉甘石	25
密陀僧	25
岗松	10
轻粉	10
冰片	5

【制备方法】

(1)将麻黄根除去杂质,洗净、润透、切成片,自然干燥后碾成粉末,备用。

(2)将炉甘石除去杂质,打碎、水飞、晒干后研制成粉末,备用。

(3)将密陀僧、轻粉、冰片、岗松分别进行粉碎,研磨成粉,备用。

(4)将上述经过处理的六味药分别过120目筛(即七号筛),然后进行混合,混合充分后分装(10g/瓶)即得成品。

【产品应用】 本品能够治疗狐臭(腋臭),适用于男女老少各类人群。

使用方法:每日临睡前将本品散剂均匀摊在白布上,然后敷包在腋部患处,每日一次,每次10g(1瓶),连续用药7日为一个疗程。如需两个疗程,应隔3日再用药。用药期间忌辛辣、腥膻食物,孕妇禁用。

【产品特性】 本品原料易得,成本低,工艺简单,设备投资少;配方新颖独特,使用方便,除臭效果显著持久,愈后不复发;无毒副作用,不损伤皮肤,治疗过程无痛苦,安全可靠。

实例24 狐臭液

【原料配比】

原　料	配比(质量份)
白芷	15
丁香	10
冰片	3
五倍子	15
蛤蜊壳	15
明矾	10
酒精(浓度为50%)	300

【制备方法】 将上述药物混合后用酒精密封浸泡10天即可。

【产品应用】 本品适用于治疗狐臭。本药剂既可作治疗用药,也可作保健药品。

使用方法:将本品外用涂擦于患处,每日2~3次。

【产品特性】 本品药源广泛,工艺简单,配方科学,效果显著,愈后不复发;使用不受季节限制,治疗期间无痛苦、不影响工作;原料为纯天然中药,对人体无毒副作用,不损伤皮肤,安全可靠。

实例25　腋臭粉

【原料配比】

原　　料	配比（质量份）
硬脂酸锌	10
硼酸	15
水杨酸	2
磺胺粉	5
滑石粉	68
阿拉伯胶	适量

【制备方法】　将以上各原料分别用研磨机磨成细粉,并用200～300目筛网过筛,然后投入混合机中充分混合,再加入阿拉伯胶混合后,把混合粉料放入冲压机中压成每块质量为20g的扁形鹅蛋状或圆扁形的粉蛋。

【产品应用】　本品能够根治腋臭,对脚臭、脚癣、脚汗也有良好效果,同时具有护肤作用,特别适合于患有腋臭的女士使用。

使用时,将本品刷于腋窝或患处即可。涂刷一次,药效可维持1000h,涂刷3～5次后,腋臭逐步消除,最后达到根治的目的。

【产品特性】　本品原料易得,工艺简单;配方科学,杀菌力强,除臭效果显著持久;对人体无毒副作用,对皮肤无刺激性,使用安全方便。

实例26　腋臭膏(1)

【原料配比】

原　　料	配比（质量份）					
	1#	2#	3#	4#	5#	6#
桉叶油	6	10	7	8	6	10
水杨酸	10	6	9	6	6	10
阿司匹林	25	20	30	23	21	29
薄荷醇	3	5	1	4	2	5

原　料	配比（质量份）					
	1#	2#	3#	4#	5#	6#
香精	1	0.1	2	0.5	0.2	2
咖啡因	5	7	3	4	3	6
非那西丁	15	10	20	18	11	19
滑石粉	35	41.9	28	36.5	50.8	19

【制备方法】　先将阿司匹林、咖啡因、非那西丁、滑石粉充分研磨成微粉并用100目筛子过筛,筛上无遗留物,再将前述筛下固体混合物与所有液体成分置于同一容器中混合,充分搅拌成膏状,装瓶即可。

【产品应用】　本品广泛适用于治疗腋臭、脚跟癣、香港脚及肛门外痔等疾病。

【产品特性】　本品原料易得,工艺简单;配方合理,使用方便,标本兼治,疗效显著;不含刺激性成分,无毒副作用,不损伤皮肤,安全可靠。

实例27　腋臭膏(2)

【原料配比】

原　料	配比（质量份）
十一烯酸锌	200
十一烯酸	50
羧甲基纤维素钠	40
甘油	300
水	360

【制备方法】　将十一烯酸锌、十一烯酸、甘油、部分水加热至全部溶解后,停止加热,分次撒入羧甲基纤维素钠粉,加热,保温一定时间待全溶,停止加热,不断搅拌,待冷至80℃加入同温度的剩余部分的

水,充分搅拌成膏状,研磨均匀成细腻均匀的软膏,灌装,制成 10g/支。

【产品应用】 本品用于治疗腋臭。

使用方法:将患者腋下用温水洗净、擦干,取本品 1~2g,均匀涂于腋下,轻轻涂抹约 1min。

【产品特性】 本品工艺简单,配方科学,使用方便,效果显著持久;对人体无毒副作用及不良影响,不损伤皮肤,安全可靠。

实例28　腋臭凝露

【原料配比】

原　　料	配比（质量份）		
	1#	2#	3#
羟丙基纤维素	1	1.5	2
二氯苯氧氯酚	0.3	0.25	0.2
乌洛托品	2	2.5	3
乙二胺四乙酸二钠	0.1	0.15	0.2
吐温 – 80	1	1.5	1
薄荷脑	0.2	0.3	0.4
冰片	0.2	0.3	0.4
无水乙醇	5	7.5	10
1,2 – 丙二醇	5	7.5	5
香精	适量	适量	适量
水	84.2	78.5	77.8

【制备方法】

(1)取羟丙基纤维素加入适量水,搅匀、放置数小时,使其成为无色透明凝胶。

(2)另取二氯苯氧氯酚、乌洛托品、乙二胺四乙酸二钠、吐温 – 80,加水溶解,在搅拌下加入到羟丙基纤维素凝胶中。

(3)取薄荷脑、冰片,加无水乙醇溶解后继续加入到上述凝胶中,随后加入 1,2 - 丙二醇及香精,搅拌片刻,检验合格后分装即得成品。

【产品应用】 本品适用于腋臭、体臭、多汗症的治疗。

使用方法:每天早晨先用普通香皂洗涤两侧腋窝,然后擦涂本品即可。

【产品特性】 本品药源广泛,工艺简单,剂型合理,易于涂抹均匀;起效快,效果理想,持效时间长;无毒副作用及过敏反应,对皮肤无刺激,用后无干燥及其他不适感,不污染衣物,使用安全方便。

实例29 腋臭液(1)

【原料配比】

原　　料	配比(质量份)
碘片	4
碘化钾	2
酒精(浓度为 75%)	100
冰片	5
氨水(浓度为 25%～28%)	17
轻粉(Hg_2Cl_2 含量大于 99%)	2
香精	3

【制备方法】

(1)将碘化钾和碘片加入浓度为 75% 的酒精溶液中,振荡,药物溶解后,即得所需浓度量的碘酒。

(2)将 Hg_2Cl_2 含量大于 99% 的轻粉和 NH_3 含量为 25%～28% 的氨水加入所制得的碘酒中,容器加盖,强力振荡 1～3min,然后在室温下放置 3～5 天,待轻粉完全溶解,碘本色消失变化成无色状溶液即可。

(3)在步骤(2)制得的溶液中加入冰片和工业香精,轻轻振荡 1～2min,即可制得产品,分装入瓶内,密封,存放于室温环境中。

【产品应用】 本品适用于腋臭病的治疗,具有杀菌抑菌、敛汗止汗和防止并发症的功效,能够使局部干燥无菌而达到治疗和预防作用。

使用方法:外用,腋下涂擦,每侧腋下用药 0.2mL。治疗前可先局部清洗或先洗澡并更换内衣。涂用药液后,1min 内腋臭即可消除,待腋臭再次出现时再涂擦药液,在有效期间(即腋臭消失时间)不得用药。

【产品特性】 本品原料易得,成本低,制备过程均在室温下进行,工艺简单,适于大批量生产;配方科学,作用迅速,疗效显著持久;无毒副作用,不易出现皮肤过敏现象,药液无色,不污染衣物,使用安全方便。

实例30 腋臭液(2)

【原料配比】

原料		配比(质量份)		
		1#	2#	3#
主药	白芷	25	25	25
	薰衣草	10	10	10
	公丁香	30	30	30
	黄连	35	35	35
酒精(浓度为75%)		800	900	1000
乌洛托品		75	75	100

【制备方法】

(1)将主药白芷、薰衣草、公丁香、黄连加入浓度为75%的酒精中浸泡 10~20d,过滤得中间体滤液。

(2)将乌洛托品加入上述中间体滤液中,彻底溶解,消毒杀菌后包装,即得成品。

【产品应用】 本品为治疗腋臭的外用中药。

【产品特性】 本品药源广泛,成本低廉,工艺简单;配方科学,使用方便,疗效显著持久,对人体无任何毒副作用。

第九章　抛光剂

实例1　化学抛光剂

【原料配比】

原 料	配比（质量份）				
	1#	2#	3#	4#	5#
盐酸	8.4	8.9	9.4	10	11.5
硝酸	13	10.6	10.8	12	14
氢氟酸	8.2	8.7	8.8	9.7	11.2
溴代十六烷基吡啶	0.1	0.2	0.2	0.2	0.1
硫脲	0.35	0.3	0.3	0.4	0.65
水	69.95	71.3	70.5	67.7	62.55

【制备方法】

（1）取溴代十六烷基吡啶和硫脲,将它们充分溶解于反应釜内少量蒸馏水中。

（2）向反应釜内加入定量盐酸、硝酸、氢氟酸,然后按定量补足蒸馏水。

【产品应用】　本品特别适用于含铬量大的不锈钢零件,其中镍的含量不宜过多,例如:16Cr14Ni 型,1Cr18Ni 型,1Cr18Ni9Ti 型,尤其适用于 16Cr14Ni 型不锈钢。

使用方法:

（1）预热:将不锈钢零件放入 65～100℃ 热水中预热。

（2）抛光:将不锈钢零件放入已配制好的、温度为 90～100℃ 的化学抛光剂中,抛光时间视零件表面情况,一般为 10～30s,也可适当调整。所述抛光剂温度为 98～100℃ 时,抛光效果最好。

（3）钝化:用热水清洗不锈钢零件;再在 60～80℃ 的钝化液中钝化,钝化液是一种强氧化剂或两种以上强氧化剂的混合液;然后用冷水清洗后,再用弱碱中和;用冷水清洗,待零件干燥后,包装。

上述化学抛光剂的使用方法,还包括所述零件用弱碱中和后的后处理步骤:先用冷水清洗零件,再用超声波清洗,然后用乙醇脱水后,包装。该步骤适用于处理精密度要求较高的不锈钢零件,例如彩色显像管内的电子枪零件。

所述钝化液包括以下组分质量份:硫酸 9 ~ 9.5、硝酸 60 ~ 70、水 20.5 ~ 31。所述中和液为浓度 2% 的氨水。

【产品特性】

(1)抛光效果好,同时还可提高不锈钢机械强度。本化学抛光剂可去掉不锈钢表面机械冲压造成的虚毛刺和大的活动毛刷,还可去掉不锈钢表面的机械损伤层和应力层,不仅提高零件表面光洁度,还可提高零件机械强度,延长零件的使用寿命。测定光洁度时一项重要指标是粗糙度,粗糙度以材料横向条纹和垂直条纹测定出,对不锈钢表面一般要求横向条纹指标 RZ 值为 0.63 ~ 0.3,而垂直条纹指标 RZ 值为 0.8 ~ 0.4 即为合格,经测定,采用本品处理过的不锈钢表面横向条纹指标 RZ 值一般为 0.4 ~ 0.3,垂直条纹指标 RZ 值为 0.5 ~ 0.4。

(2)抛光速度快,提高生产效率。本品中溴代十六烷基吡啶为表面活性剂,可使抛光剂溶液迅速润湿不锈钢表面,加快反应进程,每次抛光时间仅为 10 ~ 30s。

(3)化学抛光剂配方简单,原料易得,配制工艺简单,易操作。

实例2 黄色抛光膏

【原料配比】

原　　料	配比(质量份)
菜油	100
松香	23 ~ 24
石灰	7 ~ 8
石蜡	45 ~ 50
硬脂酸	11 ~ 12
长石粉	600
着色颜料	适量

【制备方法】

(1)把菜油、石蜡、松香投入熔化锅中,加热至130℃左右,以除去水分和杂质。

(2)把硬脂酸,加热使其全部熔融,搅拌,保持120℃左右的温度时加入石灰,让其充分皂化。

(3)皂化反应完成后,加入长石粉、着色颜料,加热,充分搅拌,混合均匀。

(4)浇注至模具中,让其冷却成型,出模后包装,得成品。

【产品应用】 本品主要应用于机械抛光。

【产品特性】

(1)原材料简单易得,制备工艺简单。

(2)该产品无毒、安全、用途广泛。

(3)使用效果好。

(4)可防潮,防止长时间存放产生的变质问题。

实例3 碱性硅晶片抛光液

【原料配比】

原　　料		配比（质量份）		
		1#	2#	3#
磨料硅溶胶（粒径为50nm）		20	—	—
二氧化铈（CeO$_2$）磨料（粒径为110nm）		—	30	—
磨料硅溶胶（粒径为70nm）		—	—	30
螯合剂	六羟丙基丙二胺	0.1	—	—
	EDTA	—	0.5	—
13个螯合环的螯合剂		—	—	1
pH调节剂	氢氧化钾	2	4	—
	四羟乙基乙二胺	—	—	3
表面活性剂	FA/O系列活性剂	0.1	—	—
	脂肪醇聚氧乙烯醚	—	0.5	—
	烷基醇酰胺	—	—	0.5
去离子水		77.8	65	65.5

【制备方法】 取磨料,在搅拌条件下加入螯合剂,再加入 pH 调节剂,加入活性剂,再加入去离子水,搅拌充分后即制得本品抛光液。

【产品应用】 本品主要用作抛光液。

【产品特性】

(1)本品的抛光液呈碱性,不腐蚀污染设备,容易清洗。

(2)抛光速率快,平整性好,表面质量好。

(3)使用不含金属离子的螯合剂,对有害金属离子的螯合作用增强。

(4)采用非离子型表面活性剂,对磨料和反应产物从衬底表面有效的吸脱作用,使抛光后的清洗更加容易。

(5)对环境无污染。

(6)抛光液具有良好的流动性,提高质量传输的一致性,降低表面的粗糙度。

(7)工艺简单,成本低,降低了销售价格,具有良好的商业开发前景。

实例4 降低铜化学机械抛光粗糙度的抛光液

【原料配比】

原 料		配比(质量份)			
		1#	2#	3#	4#
研磨颗粒	SiO₂水溶胶颗粒(粒径为 60nm)	2	—	—	4
	Al₂O₃水溶胶颗粒(粒径为 30nm)	—	5	—	—
	CeO₂水溶胶颗粒(粒径为 30nm)	—	—	2	—
含氮聚合物	聚乙烯亚胺(相对分子质量为 800~1000000)	2	2	—	—
	聚丙烯酰胺(相对分子质量为 10000~3000000)	—	—	2	—

原　料		配比（质量份）			
		1#	2#	3#	4#
含氮聚合物	聚乙烯吡咯烷酮（相对分子质量为 1000～500000）	—	—	—	1
螯合剂	乙二胺四乙酸	0.5	—	—	—
	二亚乙基三胺五乙酸	—	0.5	—	—
	三亚乙基四胺六乙酸铵	—	—	1	—
	乙二胺四亚甲基膦酸	—	—	—	1
表面活性剂	十二烷基硫酸铵	3	—	—	—
	十二烷基苯磺酸铵	—	—	—	0.03
	聚氧乙烯聚氧丙烯醚嵌段聚醚	—	2	3	—
腐蚀抑制剂	苯并三氮唑	0.01	0.01	—	0.02
	甲基苯并三氮唑	—	—	0.02	—
氧化剂	过氧化氢	2.49	—	—	5
	过硫酸铵	—	5	5	—
去离子水		加至 100	加至 100	加至 100	加至 100

【制备方法】　将磨料加入搅拌器中，在搅拌下加入去离子水及其他组分并搅拌均匀，用 KOH 或 HNO_3 调节 pH 值为 1.0～7.0，继续搅拌至均匀，静置 30min 即可。

【产品应用】　本品主要应用于降低铜化学机械抛光粗糙度。

【产品特性】

（1）对铜化学机械抛光损伤小，明显降低抛光后铜表面粗糙度（8～18nm），提高表面平整度。

（2）抛光后清洗方便。

实例5 金属表面抛光膏

【原料配比】

原 料	配比(质量份)	
	1#	2#
碳化硅	55	60
聚乙二醇	35	32
三乙醇胺	0.1	0.2
油酸	0.5	1
脂肪醇聚氧乙烯醚	3	1
水	6.4	5.8

【制备方法】 将各组分混合搅拌均匀即可。

【产品应用】 本品主要应用于金属表面抛光。

【产品特性】 本品配方合理,工作效果好,生产成本低。

实例6 金属抛光剂(1)

【原料配比】

原 料	配比(质量份)
石脑油	62
油酸	0.4
磨蚀料	7
三乙醇胺油酸盐	0.4
氨水	1
水	适量

【制备方法】

(1)将石脑油与油酸在容器中混合,搅拌至均匀。

(2)另一容器内将三乙醇胺油酸盐与水混合,在搅拌的同时加入磨蚀料。

274

(3)将上述两种溶液混合,搅拌为悬浊液。

(4)在缓慢搅拌的同时加入氨水即成。

【产品应用】　本品主要应用于金属抛光。

【产品特性】

(1)与抛光膏相比,劳动强度低,生产效率高。

(2)与抛光浆相比,生产工艺简单,易储存。

(3)生产工艺简单,投资少。

实例7　金属抛光剂(2)

【原料配比】

原　　料	配比(质量份)
矿物油	21.2
油酸	13
氢氧化钠	0.1
氨水	3.1
仲辛基苯基聚氧乙烯醚 OP – 10	0.6
净洗剂	0.2
二氧化硅与氧化铝任意比例混合物	20
去离子水	40

【制备方法】

(1)取去离子水 30 份,加入油酸,搅拌成清液,得到组分 A。

(2)取去离子水 2 份,加入氢氧化钠,仲辛基苯基聚氧乙烯醚 OP – 10,搅拌均匀,得到组分 B。

(3)取去离子水 8 份,加入氨水,净洗剂脂肪酰胺与环氧乙烷的缩合物,搅拌均匀,得到组分 C。

(4)把组分 B 缓缓加入到组分 A 中,同时搅拌均匀,得到组分 D。

(5)把组分 C 缓缓加入到组分 D 中,同时搅拌均匀,得到组分 E。

(6)取矿物油加入到组分 E 中,搅拌均匀,最后再加入二氧化硅与氧化铝任意比例混合物搅拌均匀,即可灌装。

【注意事项】 所述净洗剂为脂肪酰胺与环氧乙烷的缩合物或其他非离子表面活性剂。

【产品应用】 本品主要适用于不锈钢、锡、铅合金和铜制品的清洗保养。

【产品特性】 本品抛光剂可以令金属表面保持有光泽并且洁亮，并有清洁护理及除锈渍和家用金属用品及金属家具的保养去污作用，且具有工业模具抛光及工业用金属制品保养磨亮的效果。一次使用，即可去除污渍和锈蚀，永保光亮，其所含的活性成分对金属表面的保护极为突出，更可确保金属在清理后不再风化。具有清洗、擦亮、防锈等功能，是不锈钢、锡、铅合金和铜制品的清洗保养的理想选择。

实例8 金属抛光液

【原料配比】

原　　料		配比（质量份）	
		1#	2#
水溶硅溶胶（粒径为 20~30nm）		20	—
二氧化铈（CeO_2水溶胶，粒径为 30~40nm）		—	30
表面活性剂	烷基醇酰胺	0.3	—
	脂肪醇聚氧乙烯醚	—	0.4
pH 调节剂	醇胺	2	—
	四甲基氢氧化铵	—	1
螯合剂	四羟基乙基乙二胺	—	0.9
	六羟基丙基丙二胺	0.6	—
去离子水		加至100	加至100

【制备方法】 首先将制备抛光液的各种组分分别进行过滤净化处理，然后在千级净化室的环境内，将各种组分在真空负压的动力下，通过质量流量计输入容器罐中并充分搅拌，混合均匀即可。

【注意事项】　所述磨料是指粒径范围为 $15\sim100nm$ 的水溶硅溶胶或金属氧化物 Al_2O_3、CeO_2 或 TiO_2 的水溶胶。所述 pH 值调节剂是醇胺、胺碱、四甲基氢氧化铵或季铵碱中的一种或其组合。所述螯合剂具有水溶性和不含金属离子,可为 EDTA、EDTA 二钠、羟胺、铵盐和胺中的一种或其组合。

【产品应用】　本品主要用作抛光液。

【产品特性】　本品浓缩度高、抛光速率快,平坦度好;粒径小,金属表面损伤小;采用有机碱,无钠离子沾污;采用不含金属离子的螯合剂,对金属离子有极强的螯合作用;采用非离子型表面活性剂,使磨料和反应产物容易从金属表面去除;金属表面抛光后杂质颗粒沾污少,容易清洗;耐温性强,在中、低温条件下使用效果良好;且本品无毒、无臭味、无结晶、无沉淀,对人体皮肤无腐蚀作用;抛光液制备简单,容易操作。

实例9　金属铜的抛光液(1)

【原料配比】

原　　料		配比(质量份)								
		1#	2#	3#	4#	5#	6#	7#	8#	9#
磨料	SiO_2	0.1	1	5	10	—	5	10	10	—
	Al_2O_3	—	—	—	—	15	—	—	—	20
氧化剂	H_2O_2	0.1	1	2	—	—	2	5	5	10
	过氧化苯甲酰	—	—	—	—	5	—	—	—	—
	过硫酸钾	—	—	—	—	8	—	—	—	—
络合剂	5－羧基－3－氨基－1,2,4 三氮唑	0.1	—	—	—	—	—	—	—	—
	羟基亚乙基二膦酸	—	0.2	—	—	—	—	—	—	—
	2－吡啶甲酸	—	—	1	—	—	—	—	—	5

续表

原　　料		配比(质量份)								
		1#	2#	3#	4#	5#	6#	7#	8#	9#
络合剂	2,3 - 二氮基吡啶	—	—	—	2	—	—	—	—	—
	3 - 氨基 - 1,2,4 - 三氮唑	—	—	—	—	3	—	—	—	—
	1,2,4 - 1H - 三氮唑	—	—	—	—	—	1	—	—	—
	氨基三亚甲基膦酸	—	—	—	—	—	—	2	—	—
	1,2 - 二羧基 - 2 - 膦基 - 磺酸庚烷(PSHPD)	—	—	—	—	—	—	—	3	—
水		加至100	加至100	加至100	加至100	加至100	加至100	加至100	加至100	加至100

【制备方法】　将各组分简单混合均匀,用硝酸调节至合适的 pH 值即可。

【注意事项】　本品抛光液的 pH 值较佳的为 1~7,更佳的为 2~5。

【产品应用】　本品主要应用于金属铜的抛光。

【产品特性】　本品的抛光液铜的去除速率对下压力变化的敏感度较低。采用本品的抛光液抛光后,铜表面比较光滑,表面形貌较好。其中,选用三氮唑,碳原子上带氨基和/或羧基的三唑类化合物,和/或带羟基、氨基或磺酸基的有机膦酸的本品抛光液,在较低的下压力下具有较高的铜去除速率,尤其适合机械强度低的低介电常数材料绝缘层的抛光。选用带氨基或羧基的吡啶环的本品抛光液具有的铜去除速率不仅对下压力的变化不敏感,而且也较低,适合第二步软着陆阶段的抛光。

实例 10 金属铜的抛光液(2)

【原料配比】

原料		配比(质量份)											
		1#	2#	3#	4#	5#	6#	7#	8#	9#	10#	11#	12#
磨料	SiO_2	0.1	1	5	10	—	0.1	1	5	—	—	—	—
	Al_2O_3	—	—	—	—	15	—	—	—	—	15	—	20
	TiO_2	—	—	—	—	—	—	—	—	10	—	—	—
	CeO_2	—	—	—	—	—	—	—	—	—	—	10	—
氧化剂	H_2O_2	0.1	1	—	—	8	0.1	1	2	5	8	4	10
	过氧化苯甲酰	—	—	2	—	—	—	—	—	—	—	—	—
	过硫酸钾	—	—	—	5	—	—	—	—	—	—	—	—
	乙胺嘧啶	0.1	—	—	—	—	—	—	—	—	—	—	2
络合剂	2-哌啶甲酸	—	0.2	—	—	—	—	—	—	—	—	—	—
	4-氨基-1,2,4-三氮唑	—	—	1	—	—	—	—	—	—	—	—	—
	哌嗪六水	—	—	—	2	—	—	—	—	—	—	—	—
	5-巯基-3-氨基-1,2,4-三唑	—	—	—	—	3	—	—	—	—	—	—	—

续表

原料		配比(质量份)											
		1#	2#	3#	4#	5#	6#	7#	8#	9#	10#	11#	12#
嘧啶		—	—	—	—	—	0.1	—	—	—	—	—	—
络合剂	4-巯基-1,2,4-三氮唑	—	—	—	—	—	—	0.2	—	—	—	—	—
	哌嗪	—	—	—	—	—	—	—	1	—	—	—	—
	哌啶	—	—	—	—	—	—	—	—	2	—	—	—
	2-丁基哌啶	—	—	—	—	—	—	—	—	—	3	—	—
	2-甲基哌啶	—	—	—	—	—	—	—	—	—	—	2	—
	2-哌啶丁酸	—	—	—	—	—	—	—	—	—	—	—	3
水		加至100	加至100	加至100	加至100	加至100	加至100	加至100	加至100	加至100	加至100	加至100	加至100

【制备方法】 将各组分简单混合均匀,之后采用氢氧化钾、氨水和硝酸等 pH 调节剂调节至合适的 pH 值即可。

【注意事项】 本品的抛光液的 pH 值较佳的为 1~7,更佳的为 2~5。

【产品应用】 本品主要应用于金属铜的抛光。

【产品特性】 本品的抛光液铜的去除速率对下压力变化的敏感度较高。采用本品的抛光液抛光后,铜表面比较光滑,表面外观较好。其中,选用哌嗪六水时的本品的抛光液在较高的下压力下具有较高的铜去除速率,适合大量快速去除阶段的抛光,保证快速去除大部分铜,缩短时间;而在较低的下压力下,该抛光液具有较低的铜去除速率,适合缓慢去除阶段的抛光,可保证较好的表面外观的同时使抛光停止在阻挡层上。选用 5 - 巯基 - 3 - 氨基 - 1,2,4 三唑的本品的抛光液具有的铜去除速率对下压力的变化最为敏感,但铜去除速率相对较低。

实例 11　金属振动抛光液

【原料配比】

<table>
<tr><td colspan="2" rowspan="2">原　料</td><td colspan="5">配比(质量份)</td></tr>
<tr><td>1#</td><td>2#</td><td>3#</td><td>4#</td><td>5#</td></tr>
<tr><td rowspan="6">表面活性剂</td><td>脂肪醇聚氧乙烯醚</td><td>8</td><td>—</td><td>—</td><td>—</td><td>—</td></tr>
<tr><td>油酸三乙醇胺皂</td><td>—</td><td>10</td><td>—</td><td>4</td><td>5</td></tr>
<tr><td>脂肪醇聚氧乙烯醚、油酸三乙醇胺皂混合物</td><td>—</td><td>—</td><td>13</td><td>—</td><td>—</td></tr>
<tr><td>脂肪醇聚氧乙烯(3)醚</td><td>—</td><td>—</td><td>—</td><td>3</td><td>—</td></tr>
<tr><td>脂肪醇聚氧乙烯醚 MOA - 3</td><td>—</td><td>—</td><td>—</td><td>—</td><td>7</td></tr>
<tr><td>AEO - 9</td><td>—</td><td>—</td><td>—</td><td>3</td><td>—</td></tr>
<tr><td rowspan="3">整合剂</td><td>EDTA</td><td>0.1</td><td>—</td><td>—</td><td>—</td><td>1</td></tr>
<tr><td>EDTA 二钠</td><td>—</td><td>0.5</td><td>—</td><td>1</td><td>—</td></tr>
<tr><td>EDTA、EDTA 二钠混合物</td><td>—</td><td>—</td><td>1</td><td>—</td><td>—</td></tr>
</table>

续表

原　料		配比（质量份）				
		1#	2#	3#	4#	5#
有机盐	柠檬酸钠	5	—	—	10	10
	柠檬酸铵	—	8	—	—	—
	柠檬酸钠、柠檬酸铵、草酸钠混合物	—	—	10	—	—
有机酸	柠檬酸	3	—	—	5	—
	草酸	—	4	—	—	4
	柠檬酸、草酸混合物	—	—	5	—	—
水		加至100	加至100	加至100	加至100	加至100

【制备方法】　将表面活性剂、螯合剂、有机盐、有机酸和水分别加入反应罐中搅拌混合均匀,边加水边搅拌直至固体物质全部溶解。

【注意事项】　金属振动抛光液的 pH 值为 5.5~6.5。

【产品应用】　本品主要应用于金属抛光。

【产品特性】

(1)本金属振动抛光液不含强酸以及磷酸盐,因此使用后不会污染环境,并且本抛光液无毒、无臭味,对人体皮肤无腐蚀作用,是符合市场需要的绿色环保产品。

(2)本金属振动抛光液易于清洗,因此,可以极大地缩短清洗时间、提高抛光效率。

(3)本金属振动抛光液能使金属制品抛光均匀,尤其是其光泽为冷光,可以使低档的产品提高一个档次,并且本抛光液具有防锈作用,可起到保护产品,延长其使用寿命的作用。

(4)本金属振动抛光液清洗性能好、抛光效率高且不会造成环境污染,是一种绿色环保产品。本金属振动抛光液的制备方法简单容易、操作方便,适宜广泛地推广应用。

实例12 铝合金电解抛光液

【原料配比】

原　　料	配比（质量份）			
	1#	2#	3#	4#
磷酸	535	650	500	740
浓硫酸	175	130	250	150
硝酸钠	8	—	5	—
柠檬酸钾	—	10	—	2
丙三醇	200	120	140	45
乙二醇	50	40	70	—
乙醇	—	—	—	45
表面活性剂	13	20	15	8
铝片	19	30	—	—
单质铝			20	10

【制备方法】 将硫酸、磷酸混合均匀后,再加入醇、无机盐和表面活性剂,完全混溶后再加入单质铝即可。

【产品应用】 本品主要应用于各种电子产品的外壳。

本品还提供了一种铝合金电解抛光方法,其中,用本品所述的铝合金电解抛光液对基材进行电解抛光。所述电解抛光的温度为60~90℃,优选为70~80℃,电压为15~25V,优选为18~22V,电解抛光的时间为1~5min,优选为2~3min。

【产品特性】 应用本品的铝合金电解抛光液及电解抛光方法,可以使铝合金表面光亮度提高一个等级,同时能够有效防止工件表面产生大量麻点、除去由于机械抛光产生的划痕。

实例13　铝及铝合金材料抛光液

【原料配比】

原　　料		配比(质量份)		
		1#	2#	3#
磨料	水溶性二氧化硅溶胶液(粒径为30nm)	30	—	—
	水溶性二氧化硅溶胶液(粒径为40nm)	—	25	—
	水溶性氧化铝粉末(粒径为50nm)	—	—	16
表面活性剂	聚合度为20的脂肪醇聚氧乙烯醚和聚合度为80的失水山梨醇聚氧乙烯醚酯(T-80)的混合物(比例为1:1)	0.2	—	—
	聚合度为40的脂肪醇聚氧乙烯醚和聚合度为60的失水山梨醇聚氧乙烯醚酯(T-60)的混合物(比例为1:1)	—	0.4	—
	聚合度为25的脂肪醇聚氧乙烯醚和聚合度为80的失水山梨醇聚氧乙烯醚酯(T-80)的混合物(比例为1:1)	—	—	0.6
氧化剂	过氧化氢	2	6	4
pH调节剂	氢氧化钠	3	—	—
	氢氧化钾	—	—	2
	四甲基氢氧化铵	—	1	—
光亮剂	炔二醇	—	6	—
	乙基水杨酸	—	—	8
	磺基水杨酸	4	—	—
去离子水		60.8	61.6	69.2

【制备方法】　首先将所需质量的磨料放置在千级净化室的环境内,于0.1MPa的真空压力下,通过质量流量计输入容器罐中,然后将其余组分加入到另一盛有所需质量的去离子水的容器罐中,进行充分

搅拌至均匀后加入到放置磨料的容器罐中,继续搅拌至混合均匀状态,即制备成成品抛光液。

【注意事项】 本品铝及铝合金抛光用抛光液,选用的磨料为粒径较小的水溶性二氧化硅溶胶液,其具有较好的分散性,粒度分布均匀,能够有效减少铝及铝合金材料抛光后的表面划伤,同时降低其表面粗糙度,提高光亮度;选用磨料与氧化剂结合的磨料组分,可以使抛光速率有明显提高;选用的表面活性剂为非离子型表面活性剂,如 OP - 40 和 T - 60,该非离子型表面活性剂的加入能够有效控制加工过程中抛光的均匀性,减少抛光材料表面的缺陷和划伤;该抛光液中加入光亮剂,可进一步增加铝及铝合金材料表面光亮度;该抛光液中加入 pH 值调节剂能够保证抛光液的稳定性,减少对设备的腐蚀,避免抛光加工过程中产生碱雾及氨气的问题,优化工作环境,同时还能起到提高抛光速率的作用。

【产品应用】 本品主要用作抛光液。

【产品特性】 本品抛光液使用粒径较小的水溶性二氧化硅溶胶为磨料,既提高了磨料的分散性能,又可减少抛光后铝合金材料表面的划伤,而且使抛光后的铝合金材料表面粗糙度降低,光亮度提高,避免表面出现"点状小泡"或"橘皮状"的缺陷;另外,可以大大提高抛光速率;再者,本品的抛光液为碱性,抛光过程中有机碱稳定,不产生碱雾和氨气,化学稳定性好,不腐蚀设备,使用的安全性能理想。

实例14 铝制品化学抛光液

【原料配比】

原 料	配比(质量份)					
	1#	2#	3#	4#	5#	6#
硫酸	77	52	69	77	77	77
磷酸	23	48	31	23	23	23
硝酸铝	—	—	—	0.9	3.5	1
硫酸铝	1.8	0.2	1.8	—	—	—

原　　料	配比(质量份)					
	1#	2#	3#	4#	5#	6#
高锰酸钾	0.11	0.03	0.17	0.03	0.06	0.17
硝酸钠	0.22	0.06	0.33	0.06	0.11	0.33
二苯胺磺酸钠	0.11	0.03	0.17	0.03	0.06	0.17
酒石酸	0.11	0.03	0.17	0.03	0.06	0.17
硫酸锌	0.22	0.06	0.33	0.06	0.11	0.33

【制备方法】　将各组分混合均匀即可。

【产品应用】　本品主要应用于铝制品化学抛光。使用步骤为:

(1)按组分配比混合制成抛光液。

(2)抛光液加热至110~150℃。

(3)将干燥洁净的待抛光铝制品浸入抛光液中,抛光10~120s取出。

(4)将取出后的铝制品立即用水清洗,干燥。

【产品特性】　与现有技术相比,本品由于在液体中没有使用硝酸,所以在抛光过程中不会由于硝酸分解而产生有害的氮氧化物气体,同时由于酒石酸和二苯胺磺酸钠的使用,可以有效减少过腐蚀点,抑制"转移腐蚀",增加表面亮度,抛光后的制品易于清洗。

实例15　镁合金用抛光液

【原料配比】

原　　料	配比(质量份)
金刚砂(粒径为300nm)	36
三氧化铬	2
硝酸	2
草酸	5
去离子水	55

【**制备方法**】 先将金刚砂均匀溶解于去离子水中,混合均匀后加入三氧化铬、硝酸、草酸继续充分搅拌,混合均匀即成为本品抛光液成品。

【**产品应用**】 本品可用于镁合金的表面抛光加工。

【**产品特性**】

(1)粒径适中的金刚砂磨料,提供了足够的机械磨削作用,大大提高了抛光速率。

(2)加入有机酸,减少无机酸的加入量,以达到减少抛光过程中酸腐蚀过度造成的蚀坑,提高镁合金的平整度、波纹度。

(3)强氧化剂可以和镁合金发生氧化还原反应,氧化后的产物由磨料的机械作用去除,去除的磨屑再由酸溶解,配方更加合理、有效,大大提升了抛光速率。

实例16 镁铝合金材料表面化学机械抛光液

【**原料配比**】

原　　料		配比(质量份)	
		1#	2#
硅溶胶(粒径为 30~50nm)		2000	2400
18MΩ 超纯水		1880	1490
表面活性剂 FA/OI		40	40
螯合剂 FA/O		40	40
pH 调节剂	乙醇胺	40	—
	四羟乙基乙二胺	—	30

【**制备方法**】

(1)将 SiO_2 的质量分数为 40%~50%、粒径为 30~50nm 的硅溶胶加入到透明密闭反应器中,对透明密闭反应器抽真空使反应器内成负压完全涡流状态,形成完全涡流搅拌,并在完全涡流搅拌的作用下边搅拌边在负压的作用下抽入电阻为 18MΩ 以上的超纯水,得到稀释的硅溶胶溶液。

(2)边进行完全涡流搅拌边将表面活性剂、FA/O 螯合剂在负压的作用下抽入到透明密闭反应器中。

(3)边进行完全涡流搅拌边将碱性 pH 值调节剂在负压的作用下抽入到透明密闭反应器中,调节 pH 值为 10~11,完全涡流搅拌均匀得到抛光液。

【注意事项】 所述 FA/O 螯合剂为天津晶岭微电子材料有限公司市售产品,为乙二胺四乙酸四(四羟乙基乙二胺),可简写为 NH_2RNH_2。

所述透明密闭反应器的材料为聚丙烯、聚乙烯、聚甲基丙烯酸甲酯中的任一种。

【产品应用】 本品主要应用于镁铝合金材料表面化学机械抛光。

【产品特性】

(1)本品的制备方法通过在负压状态下使反应器中的液体形成完全涡流状态,对反应器中的液体实现搅拌,而且,反应器使用透明的非金属材料,能够避免有机物、金属离子、大颗粒等有害物质进入到抛光液中,从而降低金属离子的浓度,避免硅溶胶凝聚现象的出现,同时,提高了抛光液的纯度,有利于提高镁铝合金材料的抛光质量。能够降低后续加工的成本,提高器件成品率。

(2)本品的抛光液制备过程中通过物料加入顺序的控制,使表面活性剂充分包裹硅溶胶磨料颗粒表层,有效强化了对硅溶胶磨料颗粒的保护作用。在碱性 pH 调节剂作用下,负压完全涡流搅拌形式能使硅溶胶磨料快速通过凝胶化区域达到硅溶胶磨料自身胶粒稳定化,避免了传统机械搅拌下硅溶胶水溶液层流区局部碱性 pH 调节剂浓度过高而导致抛光液制备过程中硅溶胶的不可逆的快速凝聚与溶解。该制备方法工艺简单可控,大大提高了抛光液制备的生产效率与生产质量,大幅降低生产成本。

(3)本品的抛光液为碱性,对设备无腐蚀,硅溶胶稳定性好,解决了酸性抛光液污染重、易凝胶等诸多弊端。而且,镁铝合金材料在 pH 值为 10~11 时,易生成可溶性的化合物,从而易脱离表面。

(4)本品的抛光液选用纳米 SiO_2 溶胶作为抛光液磨料,其粒径小、硬度小、分散度好,对基片损伤度小,能够达到高速率、高平整、低损伤抛光,污染小。

实例17　抛光剂

【原料配比】

原　　料		配比(质量份)						
		1#	2#	3#	4#	5#	6#	7#
酸剂	浓磷酸(浓度为85%)	70	60	80	65	75	62	70
	浓硫酸(浓度为98%)	30	40	20	35	25	38	30
缓蚀剂五水硫酸铜		0.2	0.3	0.1	0.2	0.3	0.15	0.2
光亮剂	巯基苯并咪唑	—	8	10	5	9	7.5	5
	聚二硫二丙烷磺酸钠	—	15	10	20	13	15	10
	亚乙基硫脲			1	3	2	1.5	1

【制备方法】　抛光剂的制备方法可以采取如下两种方法:

(1)缓蚀剂五水硫酸铜与酸剂混合均匀后再将光亮剂加入混合。

(2)缓蚀剂五水硫酸铜与光亮剂混合后再加入混合好的酸剂,混合均匀。在此过程中,五水硫酸铜与光亮剂混合后会出现混浊,属于正常现象。

上述过程中,光亮剂可先在水中溶解配置,巯基苯并咪唑不易溶于水,可加入氨水促进溶解。

【产品应用】　本品主要用作抛光剂。

【产品特性】　本品由于缓蚀剂为五水硫酸铜,代替了现有技术三酸抛光剂中的硝酸,在抛光时不会因为硝酸的存在而产生大量 NO_2 黄烟及其他挥发性污染气体,可以减少环境污染,减少对人体的危害,有利于保护操作人员的身体健康,也可避免对厂房及设备的腐蚀;本品抛光剂可在 75~85℃ 条件下进行抛光处理,从而降低了抛光的操作温度,使抛光作业相对容易。

实例18 抛光液

【原料配比】

原料	配比(质量份)									
	1#	2#	3#	4#	5#	6#	7#	8#	9#	10#
磷酸	60	60	60	60	60	90	80	70	75	60
硫酸	30	30	30	30	30	5	10	25	15	25
甲酸	6	—	—	—	6	3	—	—	—	7
乙酸	—	6	—	—	—	—	7	—	—	—
丙酸	—	—	6	—	—	—	—	3	—	—
草酸	—	—	1	—	—	—	2	—	—	—
乳酸	—	—	—	6	—	—	—	—	5	—
戊二酸	—	—	—	—	1	—	—	—	2	—
己二酸	—	—	—	—	—	—	—	1	—	—
乙二醇	—	—	3	—	3	—	1	—	—	—
丙三醇	—	—	—	3	—	—	—	1	—	2
丁二酸	—	1	—	—	—	1	—	—	—	—
十八酸	1	—	—	1	—	—	—	—	—	6
硫脲	3	3	—	—	—	1	—	—	3	—

【制备方法】 将各种原料混合均匀即得。

【产品应用】 本品主要用作抛光液。

【产品特性】 本品用于电脑铝硬盘支撑架及其他配件、精密纯铝或铝合金,含铝量≥85%的铝合金均适用,不含硝酸,属环保型化学抛光液,本抛光液主要能除去铝件经机械加工后表面披封、氧化层,并使表面光亮度比原来表面光亮度提高一个级别以上,电脑铝合金硬盘支撑架用本抛光液抛光后比原来的电解抛光有明显的质量优势,各部位抛光亮度均匀,抛光去除的厚度接近一致,微粒(粉尘)吸附量比电解工艺下降90%。

实例19　浅沟槽隔离抛光液

【原料配比】

原　　料		配比（质量份）	
		1#	2#
表面活性剂脂肪醇聚氧乙烯醚		3	3.2
氧化铈磨料		40	40
pH 调节剂	三乙胺	2	—
	乙二胺四乙酸	2	—
	二异丁基胺	—	2
	柠檬酸	—	2
特殊添加剂	聚羧酸	1.5	—
	聚酰胺	—	1.5
水		50	50

【制备方法】

（1）通过沉淀法制备氧化铈磨料：以硫酸铈、硝酸铵铈中至少一种为起始原料，加入沉淀剂（六亚甲基四胺、氨水、尿素、联胺中至少一种），利用高温沉淀法先制取氧化铈晶种，然后控制反应物浓度、沉淀剂滴入速率、晶种量、溶液的温度、pH 值、反应时间、搅拌速度等参数，按照沉淀法合成步骤获得粒径可控的氧化铈粉体。

（2）本品制备方法：向水中加入表面活性剂、混合搅拌，把氧化铈磨料缓慢加入含表面活性剂的水溶液中，并搅拌均匀后静置 4h 以上，再在搅拌情况下缓慢加入 pH 调节剂，加入特殊添加剂混合搅拌，用 pH 调节剂调节 pH 在 4~5 范围，过滤净化后包装。

【产品应用】　本品主要应用于浅沟槽隔离抛光。在使用该抛光液时，配制的抛光液和去离子水的配比为 1∶10。采用美国 3800 抛光机，抛光垫为 Rodel 1400，工艺参数：盘速为 60rad/min，抛光头速度为 50rad/min，下压力为 20.7kPa（3psi），流量为 150mL/min，温度为 35~40℃，通过对产品（沉积约 500nm 的二氧化硅及 150nm 氮化硅的晶圆)进行抛光。

【**产品特性**】 氧化物的抛光速率平均约 120nm/min,氮化物平均约 8nm/min,此结果满足了其对氧化物的反应性极强,具有高抛光速率,而且容易取得氧化物与氮化物的高选择比的要求。

实例20 水基金刚石抛光液

【**原料配比**】

原　　料		配比(质量份)		
		1#	2#	3#
特制的金刚石微粉		2	3	2
分散剂	六偏磷酸钠	0.2	—	—
	脂肪醇聚氧乙烯醚	—	—	0.5
	十二烷基磺酸钠	—	0.5	—
悬浮剂	V－15 气相白炭黑	—	0.5	—
	M－5 气相白炭黑	—	—	0.4
	羟乙基纤维素	—	—	0.2
锂基膨润土		0.5	—	—
悬浮助剂	乙二醇	—	0.01	0.01
	甲醇	0.2	—	—
防腐剂 Skane M－8		0.1	0.1	0.1
pH 值调节剂		适量	适量	适量
去离子水		97	96	97

【**制备方法**】

(1)特制的金刚石微粉的制备:

①将平均粒径为 20～2000nm 的金刚石微粉缓慢加入到浓度大于 96% 的浓硫酸中超声或剪切分散均匀。

②将金刚石微粉与浓硫酸的混合物加热到200℃以上并保持至少 1h,然后停止加热,自然冷却至室温,离心分离出混合物中的金刚石微粉。

③用电阻率大于5MΩ·cm的去离子水将上述金刚石微粉洗涤至中性。

④将经过洗涤的金刚石微粉放入温度小于或等于105℃的烘箱烘干,即制得特制的金刚石微粉。

(2)将分散剂、悬浮剂、悬浮助剂、防腐剂、去离子水混合均匀,向混合物中添加特制的金刚石微粉,超声或剪切分散均匀,最后向混合物中添加pH调节剂,调整溶液的pH值至3~11,即可制得抛光液。

【产品应用】 本品主要用作水基金刚石抛光液。

【产品特性】 本品通过浓硫酸对金刚石微粉进行处理,大大提高金刚石微粉表面极性基团的含量,抛光液配方中使用能与这些极性基团形成网络结构的悬浮剂,使所得抛光液中金刚石微粉能长期稳定悬浮。本品制备的水基金刚石抛光液产品质量一致,稳定性好。参照ASTM D13以及涂料沉降值的测定方法,本品制备的水基金刚石抛光液的沉降值可以为0。

实例21 水基纳米金刚石抛光液

【原料配比】

原　　料	配比(质量份)
纳米金刚石	0.2~10
改性剂	0.1~3
分散剂或/和超分散剂	0.02~5
润湿剂	0.02~1
化学添加剂	0.1~1
去离子水	88.2~98.5

【制备方法】

(1)先对去离子水进行处理:取适量的去离子水与分散剂或/和超分散剂经超声或搅拌成均匀的去离子水混合溶液备用。

(2)将质量比为1:(0.001~0.5)的纳米金刚石和改性剂通过改

性设备实现纳米金刚石的破碎与表面改性。

(3)采用过滤膜或离心的方法除去(2)中的杂质和粗颗粒(如必要,可将其干燥),余料为母液或母料。

(4)将母液或母料加入到备用的去离子水混合溶液中,根据抛光工件对抛光液的要求,加入 pH 值调节剂,调节 pH 值,搅拌或超声,初步使体系 pH 值达到抛光液所需的范围(pH = 2 ~ 12);pH 值调节剂的种类根据抛光工件对抛光液的要求确定。

(5)加入润湿剂和化学添加剂,超声或剪切分散均匀。

(6)再加入 pH 值调节剂,精确调节 pH 值,搅拌或超声,使体系达到抛光液所需的 pH 值范围(pH = 2 ~ 12),即可制得所需的纳米金刚石抛光液。

【注意事项】 所述纳米金刚石的平均直径为 20 ~ 100nm,粒度分布范围为 10 ~ 200nm。

所述改性剂是:EDTA、柠檬酸、十二烷基硫酸钠、单宁酸、十八烷基硫酸钠、六偏磷酸钠、多聚磷酸钠、磷酸钠、聚乙二醇、钛酸酯偶联剂、硅烷偶联剂、锆铝酸盐偶联剂、油酸、油酸钠、甘油及路博润(Solsperse)系列超分散剂中的一种或几种,纳米金刚石与改性剂的质量比为1:(0.001 ~ 0.5)。

所述分散剂可以是聚乙烯醇、羧甲基纤维素、羧甲基纤维素钠、聚乙二醇、聚乙烯吡咯烷酮及脱糖缩合木质素磺酸钠中的一种或多种的组合;超分散剂是指一类水溶性的超分散剂,如聚羧基硅氧烷聚乙二醇两段共聚物;润湿剂可以是表面活性剂:没食子酸、二羟乙基乙二胺、聚氧乙烯烷基酚醚、环氧丙烷和环氧乙烷的嵌段聚醚中的一种或多种。

所述化学添加剂可以是二氧化硅溶胶、二羟乙基乙二胺、BTA、氨水、过氧化氢、氢氧化钾中的一种或几种。

所述去离子水电阻率大于 5MΩ·cm,最好大于 10MΩ·cm,甚至大于 15MΩ·cm。

上述制备工艺中,纳米金刚石表面的机械化学改性过程是必需的。改性过程中,纳米金刚石团聚体得到了破碎,露出崭新的表面,由于崭新的表面上含有大量的悬挂键,加上改性过程中产生的局部高温,对纳米金刚石与改性剂之间的作用提供了可能。为了减少因改性过程的增杂现象对抛光过程产生的负面影响,改性设备宜采用具有增杂较少的气流粉碎、高压液流粉碎、球磨、搅拌磨中的一种或几种。

pH 值调节剂根据抛光工件对抛光液的要求确定,可以是氨水、氢氧化钠、氢氧化钾、乙醇胺、三乙醇胺、二羟乙基乙二胺、盐酸、硫酸、磷酸及硝酸中的一种或多种。如果抛光工件对抛光液的要求需往碱性方向调节,则加入上述碱性物质中的一种或多种,如抛光液需往酸性方向调节,需加入上述酸中的一种或多种。

调节抛光液的 pH 值有两个目的,一是有利于纳米金刚石的分散稳定,二是满足抛光液对工件化学机械抛光的目的。pH 值调节剂的选择须在不影响抛光工件的性能的前提下进行。

【产品应用】 本品主要用作水基纳米金刚石抛光液。

【产品特性】 本工艺制备的纳米金刚石抛光液具备良好的悬浮稳定性,可在常温下,保质 18～24 个月,其中的纳米金刚石粒子不发生沉降,所加化学物质不发生失效现象。经原子力显微镜观察,未发现粒度超过 200nm 的颗粒。ZETASIZER3000HS 分析表明,其粒度基本呈正态分布。用原子力显微镜对抛光后工件的表面粗糙度分析表明,平均粗糙度(Ra)小于 0.4nm。

实例22 钛及钛合金抛光液
【原料配比】

原　料	配比 g/L					
	1#	2#	3#	4#	5#	6#
乳酸	250(体积)	220(体积)	200(体积)	300(体积)	450(体积)	400(体积)
甲醇	450(体积)	400(体积)	400(体积)	300(体积)	500(体积)	400(体积)

原　料	配比 g/L					
	1#	2#	3#	4#	5#	6#
丙三醇	50（体积）	40（体积）	40（体积）	30（体积）	45（体积）	40（体积）
氟化钡	5	4	4.5	3	6	4.5
明胶	—	—	—	—	—	4
硬脂酸钠	4	2	5	—	—	5
糖精	—	—	—	5	—	—
苯并三氮唑	3	1	4	—	5	3
水	加至 1L	加至 1L	加至 1L	加至 1L	加至 1L	加至 1L

【制备方法】　将各组分混合均匀即为抛光液。

【产品应用】　本品主要应用于钛及各种型号的钛合金,如 TC4、TA15、TA10、TB6 的抛光。

【产品特性】　本品的抛光液中不含有氢氟酸,不会产生对人体不利的挥发物质及强烈刺激性气味,是一种环保安全的抛光液,使用本品的抛光液对钛及钛合金进行抛光,可以使钛及钛合金表面不产生纹路,可以得到镜面光的效果。本品中机械抛光部分选用了特定的抛光轮进行初步处理,去除素材表面的毛刺、氧化膜等。传统的机械抛光很容易使素材表面产生抛光纹,严重影响素材表面的外观效果。本品所选用机械抛光虽然可以一定程度上减少抛光纹的产生,但是仍不能完全消除抛光纹。故本品选择在机械抛光后增加一步电解抛光,补充了机械抛光的缺陷,使素材表面更加均匀,光亮度更高,甚至产生镜面光的效果。采用本品抛光方法处理后的钛及钛合金基体表面平整光亮,进行后续的电镀工艺,得到的电镀层覆盖均匀,结合力好,金属光泽度高,表面呈镜面光效果。

实例23　钛镍合金电化学抛光液

【原料配比】

原　　料		配比（质量份）		
		1#	2#	3#
高氯酸		15	5	8
醇类	正丁醇	45	95	60
	甲醇	40	—	—
	乙醇	—	—	60
添加剂	乙二胺	2.2	—	1.6
	氢氟酸	—	5	—
	草酸	—	—	1.5

【制备方法】　将各组分混合均匀即可。

【注意事项】　本品电化学抛光液由于含有高氯酸，在使用时抛光液温度应控制在0~30℃之间。

【产品应用】　本品广泛用于航空航天、机械制造、医疗等多个领域。本品的应用范围包括：

（1）作为钛镍合金电镀前的表面预处理。以钛镍合金为阳极，电化学抛光液为介质，对其进行电化学表面预处理，可以方便快捷地除去合金表面的油污和杂质。

（2）替代常规的钛镍合金表面酸洗工序。除表面质量较常规的酸洗处理有所提高外，材料氢脆危险减小也是一大优点。

（3）作为钛镍合金元件的表面最终处理。由于电化学抛光后，钛镍合金表面生成了一层均匀、致密的氧化层，提高了合金表面的光洁度、耐腐蚀性能和生物相容性能，可以作为工业零件、医疗器械等钛镍合金元件的最终表面处理。

（4）用于钛镍合金的金相分析试样及透射电镜试样制备。

（5）本电化学抛光液除应用于钛镍合金外，还可应用于部分钛合金及镍合金。

（6）本电化学抛光液除应用于正常的电化学抛光工艺过程外，还可用于电解研磨、电化学擦削、电解加工等工艺过程。

【产品特性】

(1)本电化学抛光液因不含有水的组分而降低了对钛镍合金基体的侵蚀,不但有助于得到良好的抛光表面,而且具有加工效率高、实用性强、使用寿命长等特点。

(2)采用本电化学抛光液得到的钛镍合金表面无夹杂、无氢脆。

(3)通过调整电化学抛光液成分及比例、抛光电压、抛光温度和阴阳极间距等电化学抛光工艺参数,可得到不同表面质量和加工效率的钛镍合金元件,满足不同形状、不同成分钛镍合金元件的加工。

实例24　钽化学机械抛光液

【原料配比】

原　　料		配比（质量份）	
		1#	2#
碱性 pH 调节剂	三乙醇胺	0.5	—
	乙二醇	—	0.6
18MΩ 以上超纯去离子水		6.2	5
FA/OI 活性剂		0.3	0.4
纳米 SiO$_2$ 水溶胶（粒径为 15～100nm）		3	4

【制备方法】

(1)清洗容器和管道:采用 18MΩ 以上的超纯去离子水清洗反应器、管道和器具三遍;操作工人身体及手套、口罩和服装进行超净（净化级别:1000 级）处理。

(2)将碱性 pH 调节剂用 18MΩ 以上超纯去离子水稀释后逐渐加入反应器内的抛光液中,采用负压涡流法进行气体搅拌,其加入量为直至抛光液达到 pH 值为 9～12,即可。

(3)将 FA/OI 型表面活性剂逐渐加入处于负压涡流状态下的反应器内的抛光液中。

(4)在反应器内的抛光液中逐渐加入粒径为 15～100nm 的纳米

级硅溶胶(浓度为 40%～50%),使其在负压下保持涡流状态进行气体搅拌直至硅溶胶制成 SiO_2 水溶液的钽抛光液。

【注意事项】 所述反应器的材料为聚丙烯、聚乙烯或聚甲基丙烯酸甲酯制成。所述 FA/OI 型表面活性剂为市售商品,由天津晶岭微电子材料有限公司生产销售商品。

【产品应用】 本品主要应用于钽化学机械抛光。

【产品特性】 选用碱性抛光液对设备无腐蚀,硅溶胶稳定性好,解决了酸性抛光液污染重、易凝胶等诸多弊端;利用基片材料的两重性,pH 值在 9 以上时,易生成可溶性的化合物,从而易脱离表面;采用负压涡流法进行气体搅拌可避免有机物、金属离子、大颗粒等有害污染物的引入,使溶液金属离子含量降低两个数量级;纳米硅溶胶在负压下呈涡流状态,可防止层流区硅溶胶的凝聚或溶解而无法使用;可避免碱性 pH 调节剂由于局部 pH 过高而导致凝聚,无法使用。

实例25 铜抛光中用的纳米二氧化硅磨料抛光液

【原料配比】

原　料		配比(质量份)	
		1#	2#
水溶性二氧化硅溶胶(粒径为 10nm)		30	—
水溶性二氧化硅溶胶(粒径为 30nm)		—	25
二氧化硅粉末(粒径为 30～60nm)		5	15
表面活性剂	月桂酰单乙醇胺	—	0.3
	聚合度为 20 的脂肪醇聚氧乙烯醚	0.2	—
pH 调节剂	四甲基氢氧化铵	—	1
	氢氧化钾	3	—
去离子水		61.8	58.7

【制备方法】 先将二氧化硅粉末均匀溶解于去离子水中,然后在千级净化室的环境内,常温条件下,在 0.1MPa 真空负压动力下,通过质

量流量计将气相二氧化硅粉末水溶液输入容器罐中,与预先放置在容器罐中的水溶性二氧化硅溶胶混合并充分搅拌,待混合均匀后将其余组分加入容器罐中并继续充分搅拌,混合均匀即成为本品抛光液成品。

【产品应用】 本品主要应用于铜的表面抛光加工中,抛光速率快,抛光液不腐蚀设备,使用的安全性能高。

【产品特性】 本品以粒径较大的水溶性二氧化硅溶胶作为磨料,既提高了磨料的分散性能,减少抛光后铜表面平坦度,而且可以大大提高抛光速率;选用的表面活性剂为非离子型表面活性剂,如脂肪醇聚氧乙烯醚或烷基醇酰胺,该非离子型表面活性剂的加入能够有效控制加工过程中抛光的均匀性,减少表面缺陷,并提高抛光效率;该抛光液中加入 pH 值调节剂能够保证抛光液的稳定性,减少对设备的腐蚀,也能起到提高抛光速率的作用。再者,本品的抛光液为碱性,化学稳定性好,不腐蚀设备,使用的安全性能理想。

实例26 钨抛光液(1)

【原料配比】

原　　料	配比(质量份)
二氧化硅磨料	1~40
pH 调节剂	0.2~10
螯合剂	0.1~10
表面活性剂	0.01~5
特殊添加剂	0.1~8
去离子水	加至100

【制备方法】 将各组分混合,搅拌均匀即可。

【注意事项】 所述的 pH 调节剂为碱性有机胺(如三乙胺和二异丁基胺中至少一种)或有机酸(乙二胺四乙酸和柠檬酸中至少一种)。用来调节抛光液的 pH 值为 2~4,使二氧化硅处于良好的悬浮状态,提供稳定的抛光速率。采用的胺或酸不含金属类成分,避免对硅片的沾污而影响器件的性能。

所述的螯合剂为乙二胺四乙酸和柠檬酸及其盐中的至少一种。可以和大量金属离子结合而除去,从而改善抛光片的质量。

所述的表面活性剂为醇醚类非离子类表面活性剂,如脂肪醇聚氧乙烯醚,可以优先吸附,形成长期易清洗的物理吸附表面,以改善表面状态,同时提高质量传递速率,以降低晶圆的表面粗糙度。

所述特殊添加剂为聚羧酸和聚酰胺中的至少一种。

【产品应用】 本品主要应用于超大规模集成电路钨插塞化学机械抛光后平坦化。

【产品特性】

(1)通过对二氧化硅磨粒制备时进行改性,二氧化硅颗粒的外面包裹上一层氧化铝,这样因氧化铝可以获得较高的抛光速率和选择性,并在酸性溶液中不易凝胶。而且氧化铝只是占一小部分,内层大量的二氧化硅能起到缓冲作用,防止刮伤,并解决悬浮问题。

(2)采用在抛光前添加过氧化氢,防止过氧化氢因过早混合而引起分解。

(3)采用了添加特殊添加剂聚羧酸和聚酰胺中至少一种,提高阻挡层抛光速率对于防止氧化物腐蚀和阻塞回缩,也具有下层氧化物选择性,取得插塞表面局部平坦度和防止附近区域氧化物过量损失。同时为了进一步减少回缩,最后通过氧化物精抛来提高平坦度。

(4)在使用该抛光液时,先把所配制的抛光液和去离子水按1:10稀释,再加入适量过氧化氢(浓度一般为0.5%~2%)。

实例27 钨抛光液(2)

【原料配比】

原 料		配比(质量份)	
		1#	2#
CeO$_2$磨料(粒径为100~120nm)		20	—
水溶硅溶胶磨料(粒径为60~80nm)		—	37.5
氧化剂	过氧化氢溶液	0.5	—
	硝酸铝	—	0.75

续表

原　　料		配比（质量份）	
		1#	2#
螯合剂 EDTA		2	—
pH 调节剂	四羟基乙基乙二胺	—	1.5
	氢氧化钾	2	3
去离子水		75.5	57.25

【制备方法】　首先将制备抛光液的磨料、氧化剂、pH 值调节剂、螯合剂和去离子水,分别进行过滤净化处理,然后在千级净化室的环境内,将各种组分在真空负压的动力下,通过质量流量计输入容器罐中并充分搅拌,混合均匀即可。

【产品应用】　本品主要用作抛光液。

【产品特性】

(1)抛光液呈碱性,不腐蚀污染设备,容易清洗。

(2)金属层钨抛光速率快,可控性好,抛光后平整性好。

(3)使用不含金属离子的螯合剂,比有害金属离子的螯合作用强,工艺简单,成本低。

实例28　锌和铬加工用的纳米二氧化硅磨料抛光液

【原料配比】

原　　料		配比（质量份）	
		1#	2#
水溶性二氧化硅溶胶（粒径为 10nm）		30	—
水溶性二氧化硅溶胶（粒径为 30nm）		—	25
气相二氧化硅粉末（粒径为 120nm）		5	—
气相二氧化硅粉末（粒径为 80nm）		—	15
表面活性剂	聚合度为 20 的脂肪醇聚氧乙烯醚	0.2	—
	失水山梨醇聚氧乙烯醚酯(T-80)	—	0.3

原　　料		配比（质量份）	
		1#	2#
pH 调节剂	四甲基氢氧化铵	—	1
	氢氧化钾	3	—
缓蚀剂	苯并三氮唑（BTA）	0.5	2.7
去离子水		61	56

【制备方法】 先将气相二氧化硅粉末均匀溶解于去离子水中,然后在千级净化室的环境内,常温条件下,在 0.1MPa 真空负压动力下,通过质量流量计将气相二氧化硅粉末水溶液输入容器罐中,与预先放置在容器罐中的水溶性二氧化硅溶胶混合并充分搅拌,待混合均匀后将其余组分加入容器罐中并继续充分搅拌,混合均匀即成为本品抛光液成品。

【产品应用】 本品主要用作锌和铬加工用的纳米二氧化硅磨料抛光液。

【产品特性】 本品以粒径较小的水溶性二氧化硅溶胶和粒径较大的气相二氧化硅粉末混合作为磨料,既提高了磨料的分散性能,减少抛光后锌和铬表面划伤,而且使抛光后的锌和铬表面的粗糙度降低。另外,可以大大提高抛光速率;选用的表面活性剂为非离子型表面活性剂,如脂肪醇聚氧乙烯醚或多元醇聚氧乙烯醚羧酸酯,该非离子型表面活性剂的加入能够有效控制加工过程中抛光的均匀性,减少表面缺陷,并提高抛光效率;该抛光液中加入 pH 值调节剂能够保证抛光液的稳定性,减少对设备的腐蚀,也能起到提高抛光速率的作用;缓蚀剂的加入能有效地控制抛光过程中的速率,根据要求调整工艺条件得到不同的抛光速率。再者,本品的抛光液呈碱性,抛光过程中不产生酸雾,有利于现场生产工人的身体健康,并且化学稳定性好,不腐蚀设备,使用的安全性能理想。

第十章 皮革助剂

实例1 鲜皮处理剂

【原料配比】

原 料		配比(质量份)			
		1#	2#	3#	4#
硫酸钠		10	25	20	15
碳酸钠		5	0.5	2.5	1.5
N-(2,2-二氯乙烯基)水杨酰胺		4	0.5	2.5	2
防菌剂	次氯酸钠	2	—	—	—
	2-硫氰酸基甲基硫代苯并噻唑	—	0.1	—	—
	氯化苄烷胺	—	—	1	—
	异噻唑啉	—	—	—	1.5
杀虫剂	敌百虫	0.5	—	—	—
	氟硅酸钠	—	0.1	—	—
	氨基甲酸萘酚酯	—	—	0.3	—
	硫代磷酸酯	—	—	—	0.2
氯化钠(工业用)		余量	余量	余量	余量

【制备方法】

(1)将氯化钠粉碎成粒径为1~6mm的颗粒,干燥待用。

(2)将硫酸钠粉碎成粒径为1~3mm的颗粒,干燥待用。

(3)将碳酸钠、N-(2,2-二氯乙烯基)水杨酰胺、防菌剂、杀虫剂粉碎成粒径为1~2mm的颗粒或粉末待用。

(4)将物料(1)、(2)、(3)混合后充分搅拌均匀,装袋即可。

【产品应用】 本品具有防腐、防霉、防菌、防盐斑及防虫的作用,用于皮革行业中对鲜皮(生皮)的处理。

使用时,将本品撒在鲜皮上腌透,使皮内溶液饱和度达到85%以上,其中羊皮、猪皮为10天左右,牛皮为30天左右。若要长期保存温度不能超过20℃,如果超过20℃要定期翻动检查,如发现变质要及时清理复腌。

【产品特性】　本品原料易得,工艺简单,产品性能优良,使用方便,用后能使鲜皮快速脱水保鲜,在长途运输中无须干燥,在堆放时可达6~8个月不会变质。

实例2　复合皮革加脂剂

【原料配比】

原　　料	配比(质量份)			
	1#	2#	3#	4#
聚氧乙烯烷基磷酸酯	80	60	40	—
酰胺化棉籽油	120	180	140	200
52#氯化石蜡	150	90	40	140
十六烷基磺酸钠	40	—	—	40
十二烷基磺酸钠	—	100	40	—
脂肪醇聚氧乙烯醚	60	50	80	60
橄榄油聚乙二醇酯	550	70	—	500
30#机油	—	400	—	—

注　1#为绵羊皮服装革用加脂剂;2#为猪皮服装革用加脂剂;3#为牛皮沙发革用加脂剂;4#为复合皮革加脂剂。

【制备方法】　将聚氧乙烯烷基磷酸酯和/或棉籽油酰胺在(40±5)℃条件下混合均匀,然后加入混合好的氯化石蜡和橄榄油聚乙二醇酯油剂和/或30#机油,升温至(50±5)℃,混合均匀,再加入脂肪醇聚氧乙烯醚和烷基磺酸钠,降温至(40±5)℃混合搅拌均匀。

【注意事项】 烷基磺酸钠的烷基是十二烷基、十六烷基或 C_{12-18} 的混合烷基。其他组分可以使用市售的成品料,也可按下述方法自选制备而得:

(1)聚氧乙烯烷基磷酸酯的制备:在合成釜中,加入脂肪醇聚氧乙烯醚,然后加热至40℃,至熔化均匀;慢慢加入磷酸化试剂,磷酸化试剂与脂肪醇聚氧乙烯醚的物质的量比是1:(3~50),随加随搅拌,温度控制在70~90℃条件下反应6~7h,反应液呈棕色透明状,降温至40℃后定量加碱中和至 pH=7~8。

所述的磷酸化试剂是五氧化二磷或磷酰氯,碱可以是 NaOH、KOH、一乙醇胺、二乙醇胺或三乙醇胺其中之一或其组合。上述聚氧乙烯烷基磷酸酯的制备是用12~18碳的脂肪醇或12~18碳的混合脂肪醇作为引发剂,在碱催化下在120~130℃,0.5MPa条件下加成共聚为环氧乙烷。

(2)酰胺化棉籽油的制备:在合成釜中加入240~480份(质量份,下同)棉籽油,随加随搅拌,加热至40℃后加入160~180份二乙醇胺,升温至(150±5)℃后,加2~3.3份 KOH,保持(150±5)℃下反应3h,至透明状棕色液体。

所述棉籽油为工业一级脱酚棉籽油;二乙醇胺为工业一级,含量应在98%以上;KOH 为含量80%以上的工业品。

(3)橄榄油聚乙二醇酯的制备:在合成釜中加入100~200份(质量份,下同)橄榄油,随加随搅拌,加热至100℃后加入80~150份聚乙二醇,通氮气保护,加入1~5份 KOH,升温至280℃,反应4h。

所述橄榄油为工业一级;聚乙二醇的相对分子质量是400~1200;KOH 为80%以上的工业品。

【产品应用】 本品适用于牛皮、羊皮和猪皮加脂。

【产品特性】 本品原料配比及工艺科学合理,成本低廉,质量稳定;能够使皮革加脂后柔软中具有韧性、丰满中具有弹性、防水,表面呈现丝光感,填充性能良好。

实例3 复合型皮革加脂剂

【原料配比】

原　　料	配比(质量份)
$C_{12} \sim C_{24}$直链烷基磺酸铵	68
油酸双酯(酸值≥170)	22
氯化石蜡(含氯18%~24%)	9.2
斯盘-80(酸值10~5,羟值160~250)	0.8

【制备方法】 将直链烷基磺酸铵投入反应釜中,依次加入油酸双酯、氯化石蜡和斯盘-80,并在30~50℃温度下反应2h,即可制得成品。

【产品应用】 本品适用于制革生产的加脂工序。

【产品特性】 本品原料易得,配比科学,工艺简单;产品稳定性好,具有良好的渗透性和与皮革的结合力,由于所选原料均为耐光性较好的直链化合物,故产品的耐光性良好;皮革加脂后手感柔软、丰满、有弹性,具有光滑的丝绸感。

产品的性能指标如下:有效成分≤95%;pH 值≥8;色度≤0.7;相对密度(20℃)≤0.95;储存12 个月不分层;在50℃水中($V_{加} : V_{水} = 1:9$)搅拌,24h 不分层。

实例4 高分子皮革涂饰材料

【原料配比】

原　　料		配比(质量份)
去离子水		3400
乳化剂十二烷基硫酸盐(浓度为10%)		400
分散剂聚氧化乙烯缩合物(浓度为40%)		100
丙烯酸酯	丙烯酸甲酯	600
	丙烯酸丁酯	1000

续表

原　　料		配比(质量份)
引发剂	过硫酸铵(浓度为10%)	100
	亚硫酸氢钠(浓度为10%)	50
丙烯腈		150
苯乙烯		150
氯丁二烯		800
甲基丙烯酸(丙烯酸)		50

【制备方法】

(1)将去离子水、乳化剂、分散剂以及丙烯酸酯、丙烯腈、苯乙烯进行搅拌乳化40min。

(2)将物料(1)升温至(58±2)℃时加入引发剂,继续升温至(75±3)℃反应3h。

(3)将物料(2)降温至20℃,加入氯丁二烯、丙烯酸,在25℃反应2h后,升温至(40±3)℃反应2h。

(4)停止反应,用氨水调节pH值为6左右,冷却至室温出料。

【产品应用】　本品适用于猪、牛的正面革及修面革,各种服装革及剖层革的涂饰;特别是用于服装革和剖层革效果更佳;还可用作皮革的填充材料。

【产品特性】　本品原料配比科学,工艺简单易控,成本较低。产品为半透明的乳白液体,乳胶粒子直径为0.1~0.2μm,在-5~70℃范围内稳定性好,储存时间可达一年左右。综合性能优异,具有极好的耐寒、耐曲挠性,与皮革纤维黏合强度高,皮革涂饰层耐寒可达-50~-40℃,耐曲挠可达200万次,剖层革涂饰层曲挠也可达20多万次不产生龟裂,且皮革的外观、手感均较满意;在成型加工压花压平温度达80~90℃时不发黏,在室温至-25℃时不脆裂。

实例5 含醛皮革复鞣剂

【原料配比】

原 料		配比（质量份）			
		1#	2#	3#	4#
丙烯酸		28	—	10.5	—
甲基丙烯酸		—	24	—	27
丁烯醛（不饱和醛）		3	2	14	—
丙烯醛（不饱和醛）		—	—	—	4
含不饱和端基的聚氧乙烯醚		4	2	10.5	4
丙烯腈		—	7	—	—
十二烷基硫酸钠		0.05	—	0.07	—
过硫酸铵①		0.4	0.4	0.3	0.06
过硫酸铵②		0.4	0.4	0.4	0.02
蒸馏水①		5	20	5	10
蒸馏水②		10	10	10	10
蒸馏水③		30	30	10	30
氢氧化钠溶液	氢氧化钠	4	4	4	—
	蒸馏水④	16	36	10	—
氢氧化钾溶液	氢氧化钾	—	—	—	4
	蒸馏水⑤	—	—	—	12

【制备方法】 水溶液聚合工艺为常规工艺，或选择下述工艺：先将丙烯酸或甲基丙烯酸在 30 ~ 50℃下与 10% ~ 30% 的碱液中和，至 pH 值为 4 ~ 7；再加入其余单体，并加入单体重 0 ~ 0.2% 的十二烷基硫酸钠，在 30 ~ 50℃下混合 10 ~ 30min；再加入单体重 0.2% ~ 2.5% 的水溶性引发剂，在 40 ~ 80℃下反应 3 ~ 8h。

具体制备方法如下：

在带搅拌、冷凝器的 250mL 四颈瓶中加入丙烯酸和蒸馏水①，搅拌混合均匀后，缓慢滴加氢氧化钠溶液进行中和，通冷却水，保持瓶内温度不超过 35℃，待混合液的 pH 值变为 4 ~ 7 时，停止加氢氧化钠溶液。然后将丁烯醛、含不饱和端基的聚氧乙烯醚、丙烯腈、十二烷基硫酸钠加入四颈瓶中,通氮气,于35℃搅拌30min。

将过硫酸铵①溶于蒸馏水②中,置于加料管中备用。升温至65℃,待温度平稳后于1h内将过硫酸铵滴加完,65℃保温3h,再将过硫酸铵②溶于蒸馏水③中,于15min内滴入四颈瓶中,保温1h后通冷却水,降温至30℃出料,即得固含量为34%~36%,黏度为100~6000mPa·s(35℃)的带非离子基团的含醛高分子树脂复鞣剂。

【注意事项】 不饱和醛为丙烯醛或丁烯醛。

含不饱和端基的聚氧乙烯醚的相对分子质量为200~1500。

所述碱液为氢氧化钠或氢氧化钾的水溶液;水溶性引发剂为过硫酸铵。

【产品应用】 本品适用于沙发革、服装革、鞋面革等的复鞣加工。

【产品特性】 本品原料易得,工艺简单,成本低廉;产品性能优良,能够赋予皮革柔软、丰满的手感及细腻的粒纹,在低 pH 值环境中可保持很好的水溶性,可在铬复鞣前加入,降低制革污水中铬的含量,有利于环境保护。

实例6 聚氨酯/无机纳米复合皮革鞣剂

【原料配比】

原料		配比(质量份)			
		1#	2#	3#	4#
异氰酸酯	2,4-甲苯二异氰酸酯	68	—	—	60
	1,6-己二异氰酸酯	—	57	—	—
	异氟尔酮二异氰酸酯	—	—	96	—
聚醚(酯)多元醇	聚丙二醇(N-210)	75	—	—	—
	聚丙二醇(N-220)	—	105	—	—
	聚四氢呋喃醚二醇(相对分子质量为1500)	—	—	100	—

续表

原　料		配比（质量份）			
		1#	2#	3#	4#
聚醚（酯）多元醇	聚乙二醇（相对分子质量为 1000）	—	—	10	—
	聚乙二醇（相对分子质量为 600）	—	—	—	15
	聚丙二醇醚（N-210）	—	—	—	135
交联剂	蓖麻油	12	—	4	—
	三羟甲基丙烷	—	1.5	—	—
	三乙醇胺	—	—	—	6
催化剂	辛酸亚锡	0.45	0.5	—	0.4
	月桂酸二丁基锡	—	—	0.4	—
稀释剂	丙酮	40+45	40+40	45	35+45
	二甲基甲酰胺	—	—	20	—
扩链剂	N-甲基二乙醇胺	9	8.5	—	10
	二羟甲基丙酸	—	—	13	—
含纳米 SiO$_2$ 或 TiO$_2$ 的前驱体	正硅酸乙酯	22	—	—	—
	正钛酸乙酯	—	14	—	—
	正钛酸丁酯	—	—	20	—
	正硅酸丁酯	—	—	—	23
成盐剂	无水乙酸	6	5.5	—	9.8
	三乙胺	—	—	9.5	—
去离子水		250	280	320	250
无水乙酸		4.2	3.6	4	4.8

注　3# 中二羟甲基丙酸用二甲基甲酰胺溶解，配比为 13∶20。

【制备方法】

(1)将异氰酸酯、聚醚(酯)多元醇、交联剂和催化剂加入带有搅拌器、温度计和回流冷凝器的反应釜中,升温至 70~85℃,反应 2~5h,降温至 35~60℃,加入扩链剂,继续反应 2~3h,降温至 30~45℃,加入稀释剂、成盐剂,加入含纳米 SiO_2 或 TiO_2 的前驱体,反应 0.5~1.5h,获得聚氨酯预聚体。

(2)取聚氨酯预聚体 50~250 份,在搅拌作用下,将聚氨酯预聚体在 0.5~1h 内加入含有去离子水 65~350 份的乳化釜中,继续乳化 0.5~1.5h,获得产品。

【产品应用】 本品适用于皮革加工中的鞣制工艺。

【产品特性】 本品具有以下优点:

(1)本品通过溶胶—凝胶法制得,硅酸酯或钛酸酯类前驱体水解产生的无机纳米粒子 SiO_2 或 TiO_2 均匀地分散在聚合物中,SiO_2 或 TiO_2 纳米粒子的平均粒径为 30~90nm,聚合物具有控制纳米颗粒直径和稳定纳米颗粒防止其发生团聚的作用,因此,产品储存稳定性优良,储存稳定期≥12 个月。

(2)在制备和使用过程中均无"三废"排放,本品的应用消除了铬所带来的环境污染,用新技术改造了传统产业,属于可持续发展化新方向。

(3)提高了革制品的防水、防油、防污、防紫外线和电磁波辐射性能,使革制品具有自洁功能;提高了革制品的防火、防尘和耐磨性能以及耐老化性能;提高革制品的透气和卫生性能;提高革制品的强度、韧性和湿、热稳定性能。

实例7 纳米材料皮革助剂

【原料配比】

原　　料		配比(质量份)					
		1#	2#	3#	4#	5#	6#
纳米材料	纳米级二氧化钛	5	—	—	—	—	—
	纳米级二氧化锆	—	60	—	—	—	—
	纳米级三氧化二铝	—	—	30	—	—	1

原　　料		配比(质量份)					
		1#	2#	3#	4#	5#	6#
纳米材料	纳米级铜	—	—	—	10	—	—
	纳米级铝	—	—	—	—	59	—
润湿剂	去离子水	30	—	—	—	20	—
	非离子表面活性剂	—	1	15	5	—	15
胶黏剂改性干酪素		30	1	15	5	20	15
分散剂		35	38	40	80	1	69

【制备方法】　取纳米材料加入润湿剂,混合并搅拌均匀,再加入分散剂和胶黏剂,经高速机械搅拌后依次进行预分散、超声波分散、过滤,即得纳米材料皮革助剂。

【产品应用】　本品可以用于皮革的复鞣、加脂、填充等工序及表面的涂饰和整理。

【产品特性】　本品原料配比科学,工艺简单,产品质量稳定。使用后可以通过纳米材料的光催化作用,来分解皮革上的真菌、细菌以及其他易引起腐败发臭的物质,使皮革具有防霉、防菌功能,达到自洁的目的,而且防水、防油、防尘、耐洗涤,改善皮革性能,延长皮革制品的使用寿命;还可以使制革废水中的有害物质发生分解,有利于保护环境。当用这种皮革做成服装,由于其自身可以发出红外线,因此可以调节人体生理机能,改善人体微循环等。

实例8　喷雾式皮革护理上光剂

【原料配比】

原　　料	配比(质量份)	
	1#	2#
硝基纤维素	5	15
丙烯酸树脂	10	25
乙酸乙酯	18	30

原　料	配比(质量份)	
	1#	2#
乙酸苄酯	8	14
正丁醇	1	3
邻苯二甲酸二辛酯	1	4.5
硅油	1	3
乙醇	20	35
蓖麻油	1	3
香精	适量	适量

【制备方法】 取乙酸乙酯和乙酸苄酯注入反应釜内,然后加入硝基纤维素,开动搅拌机使之全部溶解,时间为20~50min,接着加入丙烯酸树脂,并继续搅拌30min,之后在搅拌下加入正丁醇、邻苯二甲酸二辛酯、硅油、乙醇、蓖麻油、香精即配成基料,最后用气雾剂灌装机将基料灌入瓶中,同时充进抛射剂二甲醚即为成品。

上述配制过程中,在硝基纤维素和丙烯酸树脂溶解后,也可以先加乙醇对基料进行稀释,然后再加入其他组分。

【产品应用】 本品适用于皮鞋、皮包、皮衣、皮沙发等皮制品的表面护理上光。

使用时,只需用手按动喷雾瓶的按钮即可将瓶内液体喷出,形成雾状均匀附着于皮革表面,稍停片刻,不需擦拭,即可形成光亮的薄膜,并迅速固化。

【产品特性】 本品具有以下优点:

(1)具有良好的上光防护效果。硝基纤维素本身作为光亮剂与其他成膜物质结合丙烯酸树脂在皮革表面形成一层牢固且致密的高分子材料薄膜,有极好的防水作用及保光保色作用,这种作用是永久性的,因此皮革表面形成的光泽度可以保持很长时间,如有污物可用湿布拭去,而光泽不受影响,水分也绝不会渗透进去,皮革使用寿命因此而得到延长。

(2)具有良好的抗静电性能。本品在使用时是喷饰的,不会产生传统擦拭方法所出现的静电,加上硅油这种滑爽剂,使皮革表面不会吸附灰尘。

（3）对皮革有柔软作用。配方中添加的邻苯二甲酸二辛酯及蓖麻油对皮革有软化作用,因此产品对皮革制品有更好的养护作用,可大大延缓皮革的硬化、开裂,延长皮革制品的使用期限。

（4）适用范围广泛,携带及使用方便。

实例9　皮革保养涂饰剂

【原料配比】

原　料		配比（质量份）	
		1#	2#
成膜剂	聚丙烯酸酯溶液	40	—
	聚丙烯酸乳液	—	30
	硝化棉溶液（浓度为5%）	20	—
加脂剂	花生油	2	—
	羊毛脂	0.5	—
	硫酸化蓖麻油	—	2
助剂	聚氧化乙烯脂肪醇醚	0.1	—
	丁醇醚化的三聚氰胺甲醛树脂	—	0.5
辅助材料醇溶染料		1	—
稀释剂	水	—	67.5
	石油醚	4	—
	乙醇	10＋20＋10＋10	—

【制备方法】

（1）在反应釜中A加入成膜剂聚丙烯酸酯溶液或聚丙烯酸乳液,其中丙烯酸甲酯、丙烯酸丁酯、甲基丙烯酸羟乙酯的比例为55∶35∶10,用乙醇稀释,加入硝化棉溶液,加温至40~60℃搅拌混合。

（2）在反应釜B中加入加脂剂花生油、羊毛脂、硫酸化蓖麻油,加入聚氧化乙烯脂肪醇醚、石油醚丁醇醚化的三聚氰胺甲醛树脂,在40~60℃搅拌混溶后再加入乙醇搅拌混合,然后将物料倒入反应釜A中。

(3)在反应釜C中加入助剂醇溶染料,用乙醇溶解后倒入反应釜A中。

(4)最后在反应釜A中加入稀释剂乙醇,调至足量,在40~60℃温度下搅拌混合,冷却至室温,过滤、包装即可。

【产品应用】 本品对皮革和革制品具有滑爽、柔软、光亮、真皮感强、防水防干裂作用。

【产品特性】 本品原料易得,工艺简单,投资少,成本低;产品性能优良,使用方便,效果显著。

实例10 皮革防护保养高级涂饰品

【原料配比】

原　　料	配比(质量份)
酒精	300
丙烯酸酯	600
丙烯酸	16
醋酸乙烯酯	22
蒸馏水	1560
十二烷基磺酸钠	2
改性聚乙烯醇	54
矿物油	4
香料	适量

【制备方法】 先将蒸馏水、酒精、丙烯酸酯、丙烯酸、醋酸乙烯酯常温搅拌均匀,乳化40min,然后升温至60~80℃加入其他原料,搅拌均匀,晾至常温,加入香料即为成品。

【产品应用】 本品适用于皮衣、皮鞋等皮革制品。

【产品特性】 本品原料易得,工艺简单,成本低廉;产品具有防水、防尘、防腐、亮丽等功能,使用方便,效果显著。

实例11　皮革封底涂饰剂

[原料配比]

原料		配比（质量份）							
		1#	2#	3#	4#	5#	6#	7#	8#
丝胶蛋白		8	15	25	18	12	10	4	24
小分子酸	盐酸（浓度为36%）	0.3	—	—	—	2	—	—	—
	磷酸（浓度为85%）	—	1	—	—	—	5	—	8
	丙烯酸（浓度为85%）	—	3	—	—	—	—	—	—
	甲酸（浓度为85%）	—	—	8	20	—	—	8	—
	甲基丙烯酸	—	—	—	—	—	—	—	5
阳离子表面活性剂	十二烷基二甲基苄基卤化铵（浓度为30%）	6.5	—	—	—	—	—	—	—
	十六烷基三甲基（浓度为70%）	—	18	—	—	—	—	—	—
	十二烷基三甲基卤化铵（1231）（浓度为50%）	—	—	—	10	—	—	16	45
	十八烷基三甲基四基卤化铵（1831）（浓度为70%）	—	—	—	—	40	—	—	—

续表

原料		配比(质量份)							
		1#	2#	3#	4#	5#	6#	7#	8#
含氮单体	丙烯酰胺	6	—	10	14	—	—	—	12
	甲基丙烯酸二四基胺基乙酯	—	10	—	—	—	6	—	—
	(甲基)丙烯酰氧基乙基-三甲基)卤化铵	—	—	37	—	—	14	—	25
	(甲基)丙烯酰氧基乙基-丁基-二甲基)卤化铵	—	—	—	20	—	—	—	—
	(甲基)丙烯酰氧基乙基-二甲基-乙基)卤化铵	—	—	—	—	12	—	4	—
丙烯酸酯单体	丙烯酸乙酯	30	—	—	—	40	—	—	50
	丙烯酸十八烷基酯	5	40	—	80	110	—	60	—
	丙烯酸丁酯	—	6	—	22	—	—	—	—
	丙烯酸十二烷基酯	—	—	60	—	—	—	—	—
	丙烯酸异辛酯	—	—	—	—	—	25	—	—
	丙烯酸十六烷基酯	—	—	—	—	—	—	—	10

续表

原料		配比(质量份)							
		1#	2#	3#	4#	5#	6#	7#	8#
含羟基单体	甲基丙烯酸羟丙酯	2	—	—	—	—	—	—	—
	N-羟甲基丙烯酰胺	—	5	—	—	—	8	8	—
	丙烯酸羟乙酯	—	—	10	—	—	—	—	21
	甲基丙烯酸羟乙酯	—	—	—	—	—	18	—	—
醇类化合物	丙三醇	—	5	—	—	—	—	—	—
	聚乙二醇(M=1000)	—	—	—	—	—	—	—	20
	聚乙二醇(M=800)	—	—	18	—	—	—	—	—
	聚乙二醇(M=400)	—	—	—	10	—	—	—	—
	乙二醇	—	—	—	—	—	8	—	—
	丙二醇	—	—	—	—	—	—	14	—
水		180+275	150+280	180+17	200+24	180+285	150+205	160+345	180+310
过硫酸盐		0.5	0.8	1	1.2	1.5	0.9	0.9	1.2
亚硫酸盐		0.2	0.4	0.5	0.6	0.7	0.4	0.4	0.6

【制备方法】 将丝胶蛋白和水投入反应器中,开动搅拌缓慢升温至 50~70℃,再依次加入小分子酸、阳离子表面活性剂和含氮单体,搅拌 0.5~2h 后加入丙烯酸酯和含羟基单体,补足水量,乳化 1~2h,加入过硫酸盐和亚硫酸盐引发剂,在 50~70℃下反应 2~4h,然后升温至 70~95℃,再反应 2~4h,加入醇类化合物,搅拌 0.5h,降温出料得成品。

【产品应用】 本品为制革用的封底涂饰剂。

【产品特性】 本品乳液稳定性好,储存期超过半年;使用方便,效果明显,用后可有效阻止后续阴离子材料进一步向皮革内的渗透,不仅可减少后续材料的用量,且皮革柔软舒适,光泽自然明亮;涂层附着力强,耐干、湿擦,遮盖力强,具有一定的补伤性,有利于提高伤残皮的等级。

实例12 皮革干洗涂饰霜

【原料配比】

原　　料		配比(质量份)
油溶性成分	精制蜡	1
	巴西蜡	3
	石蜡油	11
水溶性成分	硅油(SF-909)	2
	苯基硅油(SF-956)	3
	聚乙烯醇(PVA)	6
	精制水	64
阴离子表面活性剂月桂醇硫酸钠		3
非离子表面活性剂吐温65(Tween 65)		7
防腐剂		适量
香精		适量

【制备方法】

（1）将油性成分与非离子型表面活性剂混合，加热至 75～87℃。

（2）同时将水溶性成分与阴离子型表面活性剂、精制水混合加热至 75～87℃。

（3）将物料（1）和（2）降温至 75℃均匀混合，加入防腐剂继续搅拌冷却，温度降至 40℃时加入香精，搅拌降温至 30℃制成膏霜状态即成。

【注意事项】　硅油 SF-909 具有良好的水溶性和优异的表面活性，是本品重要的辅助剂和乳化剂之一，还有抗静电性、柔软平滑性和透气性。SF-956 苯基硅油作为色泽助剂、疏水剂、润滑剂，能够赋予本品优异的护革性、疏水透气性、柔软滑爽性和防黏性，并比其他油类更易于混合。高分子聚合物 PVA 可增强产品稳定性，使其在干洗、涂饰中起介质作用，使用中通过手（或干软布）的搓揉形成滚动的小颗粒（似磨砂状），既可将乳液均匀涂覆于皮面增效，又能将污垢随时带下。

【产品应用】　本品广泛适用于各色（光面）真皮制品的清洁、保养，如皮衣、皮裤、皮裙、皮包、皮沙发等。

【产品特性】　本品科学地通过控制温度、油—水体系、辅助剂和多种表面活性剂的组合所形成的胶束溶液浓度，使得产品既有普通清洁霜的清洁功能，又有磨砂膏粒状滚动的使用特点，能使皮革制品去污、上油、柔软、光亮一次完成，不仅可以清洁真皮制品上的污垢，还可以清除皮革毛孔内积聚的污垢、油垢，用它涂饰后的真皮制品自然、滑爽，其光亮度也超过普通皮革光亮剂。

本品呈现出乳状液和胶束溶液的中间过渡状态，具有两者很多优异的特性，稳定性好，长时间放置不会分层，而且还能自动乳化，配方重现性好。

实例13 皮革加脂复鞣剂

【原料配比】

原料		配比（质量份）				
		1#	2#	3#	4#	5#
天然植物油	工业菜油	2	—	—	—	—
	蓖麻油	—	3	—	—	—
	猪油	—	—	3	—	3
	工业豆油	—	—	—	2	—
乙醇胺		0.6	0.6	0.6	0.6	0.6
马来酸酐		1	1	1	1	1
引发剂	过硫酸铵溶液（浓度为1%）	1	1.2	0.9	1.1	1
丙烯酸及其衍生物	丙烯酸	0.7	0.8	1	—	0.6
	甲基丙烯酸	—	0.4	—	—	0.4
	丙烯腈	—	—	0.3	0.8	0.3

【制备方法】

（1）取天然植物油与乙醇胺在125℃温度下酯交换反应2h，再加入马来酸酐，继续酯化反应2h，获得末端含双键的油脂预聚体。

（2）用NaOH溶液将上述油脂预聚体的pH值调至7.5，静置0.5h，升温，在搅拌下一次性加入浓度为1%的过硫酸铵溶液，在2h内滴加丙烯酸及其衍生物，其中在80℃聚合反应3h，升温至85℃聚合反应1h，冷却反应产物至室温，得到固含量为30%的皮革加脂复鞣剂。

【产品应用】 本品适用于制革生产。

【产品特性】 本品原料易得，配比科学，工艺简单，成本低廉；使用效果好，成品不易分层，制得的皮革粒面平细、手感柔软。

实例14　皮革两性复鞣剂

【原料配比】

原　料		配比（质量份）				
		1#	2#	3#	4#	5#
天然蛋白质物质	工业明胶	2	2.5	—	—	—
	皮胶	—	—	2	—	—
	骨胶	—	—	—	1.5	—
	酪素	—	—	—	—	2
引发剂	过硫酸铵溶液（浓度为10%）	1.5		1.8		1.7
	过硫酸钾溶液（浓度为10%）		1	—	2	
去离子水		3.5	4	3.8	3	4.5
丙烯酸及其衍生物	丙烯酸	1.2	1	1.8	—	—
	丙烯腈	0.4		0.6	0.8	—
	甲基丙烯酸				2.2	2

【制备方法】　取天然蛋白质物质,经去离子水浸泡0.5h后,加热至75℃,用NaOH溶液将pH值调到7~8,0.5h后,一次加入浓度为10%的过硫酸铵溶液,在1.5h内滴加丙烯酸及其衍生物和浓度为10%的过硫酸钾溶液,在75~80℃聚合2h,冷却反应产物至室温,得到固含量约为25%的皮革两性复鞣剂。

【产品应用】　本品适用于皮革加工的复鞣工序。

【产品特性】　本品具有以下优点:

(1)以丙烯酸树脂复鞣剂的原料(甲基)丙烯酸及其衍生物为天然蛋白质物质的改性剂,目的是把丙烯酸树脂复鞣剂的优良性能嫁接到蛋白质物质上,制成具有两性的复鞣剂。本品引入了羧基、腈基等极性基团,增强了蛋白质物质与皮胶原的相互作用,并增加蛋白质物质与铬的络合作用。它能最大限度地保持皮革的真皮感和透水气性能,提高皮革的档次。

(2)所采用的天然蛋白质物质来源非常广泛,原料易得,成本低,性能优良,工艺简单,制得的皮革粒面平细、手感柔软、颜色丰满。

实例15 皮革磨花上光油

【原料配比】

原　料	配比(质量份)
聚氨酯	20
液体石蜡	10
上光蜡	30
松节油	10
抗静电剂	2
防腐剂	适量
颜料	适量
碳酸钙	10
200#溶剂油	15
香精	1

【制备方法】 在带有搅拌的反应罐中,先加入聚氨酯、液体石蜡、上光蜡、松节油、抗静电剂,升温至80℃,待全部溶解后,搅拌降温至50℃加入防腐剂和颜料,再加入碳酸钙、200#溶剂油、香精搅拌降温至膏状形成为止,包装即为成品。

【产品应用】 本品适用于皮革改性,用于一种具有底色面料皮革的处理,可以使普通皮革经过加工后制成高档皮革面料,用于皮鞋及皮制品的制造。

使用时将油剂涂布于皮革上,用布特别是尼龙布在皮革表面进行摩擦至底色半漏出为止,最后用干净光滑布把皮革表面的杂质擦除即可。大规模应用时可用机械实施操作。

【产品特性】 本品原料易得,配比科学,工艺简单;产品性能优良,除具有光亮剂的功效外,还能使皮革产生花纹样外观,增加皮革制品的吸引力,显著提高皮革的经济价值。

实例16 皮革去污防霉膏

【原料配比】

原料		配比(质量份)
成膜剂	蜂蜡	17
	石蜡	24
	巴西棕榈蜡	14
乳化剂	硬脂酸	4
	棕榈酸异丙酯	8
渗透剂	白油	22
洗涤剂及乳化剂	斯盘-60	3
	吐温-60	3
防霉剂 Bo		0.2
水		余量

【制备方法】 将上述各原料经加热、冷却并搅拌均匀,即可制得产品。

【产品应用】 本品不仅能够去除皮革上的油污,更可以在皮革保存过程中防霉、防蛀。使用时,用刷子刷洗皮革油污部分,刷后用水擦净即可。

【产品特性】 本品原料易得,配比科学,工艺简单,产品质量稳定,使用方便,效果理想。

实例17　水乳液型皮革顶层涂饰材料

【原料配比】

原　　料		配比(质量份)		
		1#	2#	3#
硝化纤维(黏度为0.5s)		1	9	9.5
硝化纤维(黏度为30~40s)		2.5	—	—
中油度非干性改性醇酸树脂	中油度丙烯酸酯类改性醇酸树脂	18.5	—	—
	中油度顺丁稀二酸酐—苯甲酸改性醇酸树脂	—	10.5	5.5
长油度非干性普通醇酸树脂		—	1.5	4
酯类溶剂Ⅰ	醋酸苄酯	24.6	—	—
	醋酸—2-乙基己酯	—	18.5	11
酯类溶剂Ⅱ醋酸丁酯		4.2	11.5	16
烃类稀释剂	二甲苯	6.5	—	18
	FT-5溶剂油	—	12.5	—
表面活性剂	脂肪醇聚氧乙烯醚	—	1.4	1.4
	斯盘-80	1	—	—
	吐温-80	3.5	—	0.6
	平平加O	—	2.3	2.2
	聚乙烯醇	0.5	—	—
	聚乙二醇	—	0.5	—
添加成分	甲基硅油	0.8	0.8	0.8
	胶囊化长效香料	0.5	0.8	—
水		余量	余量	余量

【制备方法】

(1)将硝化纤维、树脂、酯类溶剂、烃类稀释剂、甲基硅油等脂溶成分及表面活性剂中脂肪醇聚氧乙烯醚、斯盘-80混合、溶解并搅拌均匀,制成油相。

(2)将表面活性剂中吐温－80、平平加 O、聚乙烯醇、聚乙二醇与水混合均匀成为水相,在不断搅拌下将水相逐渐加入油相中,使之乳化,由初始的油包水型最后转化为水包油型乳化液。如成品为加香型,则此时将已胶囊化的长效香料成分加入乳化液。最后将乳化液用胶体磨或静态乳化器等高分散乳化设备进一步乳化后即成为可供使用的皮革顶层涂饰材料。

【注意事项】 硝化纤维黏度为 0.5 ~ 40s。

中油度非干性改性醇酸树脂可以选用经丙烯酸或甲基丙烯酸及其酯类改性剂,或己二酸—苯甲酸系列改性剂,或顺丁烯二酸酐—苯甲酸系列改性剂,或顺丁烯二酸酐—己二酸—苯甲酸系列改性剂等改性的醇酸树脂。

长油度非干性普通醇酸树脂的油脂含量 >55% ,在本品中起到辅助的增塑作用,根据对皮革制品性能的不同要求,可以使用也可以不用。

酯类溶剂 I 是指沸点为 180 ~ 220℃ ,常温水中溶解度 <1% 的酯类溶剂。

酯类溶剂 II 是指沸点为 100 ~ 150℃ ,常温水中溶解度 <3% 的酯类溶剂,可以是醋酸丁酯、醋酸戊酯、丙酸丁酯等。

烃类稀释剂其沸点介于酯类溶剂 I 和酯类溶剂 II 之间,且常温水中溶解度 <3% ,可以是 FT－5 溶剂油(一种石油烃与芳烃的混合物)、200# 溶剂汽油、二甲苯等链烃、芳烃或其混合物。

表面活性剂可以是平平加类、脂肪醇聚氧乙烯醚类、吐温类、斯盘类等非离子型表面活性物质,以及聚乙烯醇、聚乙二醇等高分子表面活性物质。为提高乳化效果和涂饰材料的稳定性,建议采用几种表面活性物质适当配合使用的方式为好,但总的用量不宜过大,以免降低膜层的抗水性能。

添加成分包括硅油、防静电剂、香料。建议将所选用的长效香料,先用羧甲基纤维素、聚乙二醇或环状糊精等经过常规的胶囊化处理后再加入涂饰材料中,这样可以使香料在涂饰膜层中呈非均匀的点状分散分布,既不影响涂膜本身物理机械性能,又可以大大节约香料用量。

【产品应用】 本品可以在皮革(如服装革、手套革、鞋面革等)加工过程中作为其顶层涂饰材料。

【产品特性】 本品与目前的水乳液型涂饰材料相比,具有许多突出的优点。首先是稳定性大大提高,均可超过半年,有些可以达到一年半甚至更长的时间。使用时既可以直接涂饰,也可以根据需要再兑入适量水后使用,而且通过水量的不同,还可以在同一光亮档次中对光亮度作细微调整达到更为满意的程度。对使用的气候、湿度等环境条件无限制要求,喷或涂等各种使用方法均可适用。使用本品所形成的顶层膜层的手感、耐老化性、耐折叠牢度、耐干(湿)摩擦牢度、耐撞击、抗水性等性能和物理机械方面的综合性能都优于现有的溶剂型或水乳液型顶层涂饰材料。除此以外,本品还能使涂膜层带有持久性香味。

实例18　通用皮衣、皮革护理上光液

【原料配比】

原　　料	配比(质量份)
卡那巴蜡	0.9
蜂蜡	3
油酸	2
硅酮	2
聚氧乙烯脂肪醇液	2
对硝基酚	0.5
鱼油	1
矿物油	2.5
松节油	1.5
蒸馏水	75
香料	0.5
稳定剂	1

【制备方法】

（1）将卡那巴蜡、蜂蜡、油酸、硅酮等加入有夹层的容器中，加热至 100℃ 熔融后混合均匀，停止加热。

（2）将聚氧乙烯脂肪醇液、对硝基酚、鱼油、矿物油、松节油和蒸馏水依次以细流慢慢加入步骤（1）所述夹层容器中。

（3）将步骤（2）所得混合液高速搅拌至少 10min 至均匀后，加入香料和稳定剂（添加香料和稳定剂时，混合液温度不能超过 95℃），继续搅拌不少于 30min 至均匀，冷却后灌装即可。

【产品应用】　本品适于喷在皮衣、皮革表面，能够使皮革表面耐水、耐用、耐折、耐热和耐寒，并且对皮革具有特殊的保护功能。

【产品特性】　本品原料易得，配比科学，工艺简单，产品性能优良，使用方便，效果理想。

实例19　阳离子乙烯共聚物/铝盐复合皮革染色加脂助剂

	原　　料	配比（质量份）		
		1#	2#	3#
A组分	甲基丙烯酰氧乙基三甲基季铵盐	10	16	—
	甲基丙烯酰氧羟丙基三甲基季铵盐	—	—	18
	丙烯酰胺	40	30	35
	甲基丙烯酰胺	—	10	—
	甲基丙烯酸	3.2	—	—
	丙烯酸	—	3	—
	马来酸酐	—	—	2
	甲基丙烯酸甲酯	—	—	8
	异丙醇	15	20	17
	水	130	150	140

续表

原　　料		配比（质量份）		
		1#	2#	3#
A组分	过硫酸铵＋水	1＋10	—	1.1＋10
	亚硫酸氢钠＋水	2＋10	2＋10	2＋10
	过硫酸钾＋水	—	1.2＋10	—
B组分	硫酸铝＋水	12.6＋20	—	10＋18
	三氯化铝＋水	—	9.5＋20	—
	柠檬酸钠＋水	1＋5	—	1＋5
	酒石酸钠＋水	—	0.9＋5	—

【制备方法】

（1）将阳离子乙烯基单体、丙烯酰胺单体、（甲基）丙烯酸或马来酸酐、（甲基）丙烯酸酯类单体或烷基取代的丙烯酰胺类单体、异丙醇、水加入带有搅拌器、温度计、回流冷凝器和惰性气体进出口的四颈瓶中，在惰性气体的保护下，于温度40～50℃下加入过硫酸盐、亚硫酸氢钠或硫代硫酸钠（引发剂预先溶解于水中），升温至60～70℃反应5～8h，获得阳离子乙烯共聚物，相对分子质量为5000～8000。

（2）将铝盐溶于水中，将柠檬酸钠或酒石酸钠溶于水中，然后将柠檬酸钠或酒石酸钠的水溶液在搅拌下加入铝盐溶液中备用。

（3）将铝盐溶液（2）在搅拌下缓慢加入共聚物（1）中，然后用碱（如浓度为10%的氢氧化钠溶液）调节pH值为3.8～4，即得成品。

【注意事项】　阳离子乙烯基单体可以是甲基丙烯酰氧乙基三甲基季铵盐、丙烯酰氧乙基三甲基季铵盐、甲基丙烯酰氧羟丙基三甲基季铵盐或丙烯酰氧羟丙基三甲基季铵盐中的至少一种。

烷基取代的丙烯酰胺类单体可以是甲基丙烯酰胺、丁基丙烯酰胺、叔辛基丙烯酰胺或异丁基甲基丙烯酰胺等中的任一种。

【产品应用】　本品适合在皮革染色加脂过程中使用。可以在皮革染色加脂前使用2%左右本品处理，也可以在皮革染色后期使用约

0.5%本品处理,或染色加脂前与染色加脂后同时使用。

【产品特性】

(1)原料配比科学,工艺简单,保证了聚合物与皮革胶原纤维优良的吸着性,在廉价的条件下提供足够的阳离子特性,有利于阴离子染料和皮革加脂剂的吸附和固定作用。

(2)有很强的固色增深作用,对染料的油脂有很好的吸收率,可以节约染料用量30%~50%,可减少皮革染色加脂废液中染料和油脂的含量60%~90%,有利于污水治理,大大降低污水治理难度和成本。

(3)合成物成本较纯季铵盐阳离子聚合物更低,能够更方便地制备不同电荷值的系列产品。

实例20 用于皮革及其制品表面涂饰的含蜡组合物

【原料配比】

原　料		配比(质量份)						
		1#	2#	3#	4#	5#	6#	7#
蜡	巴西棕榈蜡	30	—	—	—	—	—	—
	改性蒙旦蜡 OP 蜡	—	12	—	—	—	—	—
	氧化微晶蜡	—	8	8	—	—	30	—
	氧化聚乙烯蜡	—	—	30	—	—	—	25
	改性蒙旦蜡 E 蜡	—	—	—	15	—	—	—
	改性蒙旦蜡 S 蜡	—	—	—	—	18	—	—
	蜂蜡	—	—	—	—	—	5	—
高分子聚合物乳液	丙烯酸树脂乳液 CSF-7	12	25	—	20	15	18	—
	丙烯酸树脂乳液 CSF-6	—	—	—	8	—	—	—
	聚氨酯乳液 DPU-9159	—	—	20	—	—	2	18

续表

原　　料		配比(质量份)						
		1#	2#	3#	4#	5#	6#	7#
脂肪醇	硬脂醇	4	—	—	—	—	1.5	—
	十二醇	—	1	—	—	—	—	—
	二十二醇	—	1	—	—	—	—	—
	十四醇	—	—	—	2.4	—	—	—
	十六醇	—	—	3.2	—	—	—	2.4
	二十醇	—	—	—	—	—	—	1.4
	二十四醇	—	—	—	—	4.5	—	—
脂肪酰胺	油酸酰胺	2	1.2	—	5	2.5	2	2.2
	硬脂酰胺	—	—	3	—	—	—	—
	双乙撑硬脂酰胺	—	—	—	—	—	0.5	—
表面活性剂	平平加 A20	5	—	—	—	—	—	2
	油酸吗啉皂	—	0.5	—	—	—	—	—
	油酸三乙醇胺皂	—	—	—	1.5	—	—	—
	脂肪醇聚氧乙烯醚	—	7	6.4	1.5	7.5	0.4	—
	硬脂酸-乙醇胺皂	—	—	—	—	3.5	—	—
	月桂酸二乙醇胺皂	—	—	—	—	—	0.4	—
	油酸钾皂	—	—	—	—	—	0.2	—
	棕榈酸钠皂	—	—	—	—	—	—	2
油溶黑601		—	4	—	—	—	—	—
丁酸香叶酯		—	—	—	—	0.5	—	—
水		余量	余量	余量	余量	余量	余量	余量

注　以上实例中所用氧化微晶蜡是以 75# 微晶蜡为原料制备的,滴点 70℃,酸值 28mgKOH/g;氧化聚乙烯蜡 OPE-4 酸值 25mgKOH/g;聚氨酯乳液 DPU-9159 为非离子型和阴离子型树脂乳液,固含量 20%;丙烯酸树脂乳液 CSF-7 为非离子型和阴离子型中硬性树脂乳液,固含量 40%;丙烯酸树脂乳液 CSF-6 为非离子型和阴离子型软性树脂乳液,固含量 40%。

【制备方法】　将蜡、脂肪醇、脂肪酰胺充分混合加热至 120 ~ 150℃，搅拌状态下，加入含表面活性剂的 85 ~ 95℃的热水，保持温度在 90℃以上，反应 30 ~ 60min，冷却至室温后，加入高分子聚合物乳液和其他原料，充分混合搅拌，出料即得。

【注意事项】　氧化聚乙烯蜡的酸值一般为 10 ~ 50mgKOH/g，最好大于 15mgKOH/g；氧化微晶蜡酸值一般为 20 ~ 50mgKOH/g，最好大于 25mgKOH/g。

丙烯酸树脂乳液固含量最好为 35% ~ 55%，聚氨酯乳液固含量最好为 10% ~ 30%。

【产品应用】　本品用于皮革及其制品表面涂饰，可以直接用海绵、棉布等手工涂覆，也可以利用机械涂覆。

【产品特性】

(1)成膜材料以蜡为主，辅以高分子聚合物、脂肪醇、脂肪酰胺。形成的涂饰膜与皮革亲和力强，抗磨性好，光泽自然柔和，手感细腻，具有真皮感。

(2)不含有机溶剂、水溶性低分子醇、矿物油。常温呈膏体状态，有利于高速加工。

(3)使用脂肪酰胺作为助溶剂，脂肪酰胺和蜡、脂肪醇、高分子聚合物及其他固体组分互溶性好，能提高涂饰组合物体系的稳定性，保证涂饰膜的连续、致密。

(4)具有良好的低温韧性、抗尘性、抗水性、抗磨性，并减少污染，涂覆容易，操作简单。

参考文献

[1]胡友平. 狐臭膏:中国,200410041989.7[P].2005-5-18。

[2]宋国强. 皮革去污防霉膏:中国,200510015039.1[P].2007-3-14。

[3]仲齐和,李家荣. 金属零件清洗剂及其制备方法:中国,200610014601.3[P].2006-12-6。

[4]李建章. 一种纯中药饲料添加剂:中国,200610032019.X[P].2007-1-24。

[5]袁宇. 四氯化钛催化高酸值废弃油脂制备生物柴油的方法:中国,200710020053.X[P].2007-8-15。

[6]崔雪花. 一种隔热保温涂料:中国,201010230484.0[P].2010-12-15。

[7]李朝,龚永壮,周春销,等. 低挥发低毒脱漆剂:中国,200710018873.5[P].2009-4-22。

[8]王志玲,王元秀,张书香,等. 一种单组分聚氨酯胶黏剂及其制备方法与应用:中国,200710113260.X[P].2008-3-12。

[9]高云书. 黄色抛光膏:中国,200810117658.5[P].2010-02-10。

[10]宋仁军,程功,豆忠颖,等. 金属防锈剂及其制备方法:中国,200910116839.0[P].2009-10-28。

中国国际贸易促进委员会纺织行业分会

中国国际贸易促进委员会纺织行业分会成立于 1988 年,成立以来,致力于促进中国和世界各国(地区)纺织服装业的贸易往来和经济技术合作,立足为纺织行业服务,为企业服务,以我们高质量的工作促进纺织行业的不断发展。

简况

每年举办(或参与)约 20 个国际展览会
涵盖纺织服装完整产业链,在中国北京、上海和美国、欧洲、俄罗斯、东南亚、日本等地举办
广泛的国际联络网
与全球近百家纺织服装界的协会和贸易商会保持联络
业内外会员单位 2000 多家
涵盖纺织服装全行业,以外向型企业为主
纺织贸促网 www.ccpittex.com
中英文,内容专业、全面,与几十家业内外网络链接
《纺织贸促》月刊
已创刊十八年,内容以经贸信息、协助企业开拓市场为主线
中国纺织法律服务网 www.cntextilelaw.com
专业、高质量的服务

业务项目概览

中国国际纺织机械展览会暨 ITMA 亚洲展览会(每两年一届)
中国国际纺织面料及辅料博览会(每年分春夏、秋冬两届,分别在北京、上海举办)
中国国际家用纺织品及辅料博览会(每年分春夏、秋冬两届,均在上海举办)
中国国际服装服饰博览会(每年举办一届)
中国国际产业用纺织品及非织造布展览会(每两年一届,逢双数年举办)
中国国际纺织纱线展览会(每年分春夏、秋冬两届,分别在北京、上海举办)
中国国际针织博览会(每年举办一届)
深圳国际纺织面料及辅料博览会(每年举办一届)
美国 TEXWORLD 服装面料展(TEXWORLD USA)暨中国纺织品服装贸易展览会(面料)(每年 7 月在美国纽约举办)
纽约国际服装采购展(APP)暨中国纺织品服装贸易展览会(服装)(每年 7 月在美国纽约举办)
纽约国际家纺展(HTFSE)暨中国纺织品服装贸易展览会(家纺)(每年 7 月在美国纽约举办)
中国纺织品服装贸易展览会(巴黎)(每年 9 月在巴黎举办)
组织中国服装企业到美国、日本、欧洲及亚洲等其他地区参加各种展览会
组织纺织服装行业的各种国际会议、研讨会
纺织服装业国际贸易和投资环境研究、信息咨询服务
纺织服装业法律服务

更多相关信息请点击**纺织贸促网** www.ccpittex.com